“东北林业大学优秀教材及学术专著
出版与奖励专项资金”资助出版

生物质纳米纤维素及其功能材料的制备和表征

刘志明　著
方桂珍　审

東北林業大學出版社
Northeast Forestry University Press
·哈尔滨·

图书在版编目（CIP）数据

生物质纳米纤维素及其功能材料的制备和表征 / 刘志明著. — 哈尔滨　：东北林业大学出版社，2016. 12（2024.1重印）
ISBN 978 - 7 - 5674 - 0960 - 6

Ⅰ. ①生…　Ⅱ. ①刘…　Ⅲ. ①生物质-纳米材料-纤维素-研究　Ⅳ. ①TB383

中国版本图书馆 CIP 数据核字（2017）第 004192 号

生物质纳米纤维素及其功能材料的制备和表征
Shengwuzhi Nami Xianweisu Jiqi Gongneng Cailiao De Zhibei He Biaozheng

责任编辑：陈珊珊
责任校对：姚大彬
封面设计：乔鑫鑫
出版发行：东北林业大学出版社
（哈尔滨市香坊区哈平六道街 6 号　邮编：150040）
经　　销：全国新华书店
印　　装：三河市元兴印务有限公司
开　　本：787 mm×1092 mm　1/16
印　　张：17. 5
字　　数：314 千字
版　　次：2019 年 4 月第 1 版
印　　次：2024 年 1 月第 2 次印刷
定　　价：60. 00 元

前　言

由植物、动物和微生物等生命体所生成的物质被称为生物质，对其主要化学组成进行有效分离、结构研究和高值利用已成为研究热点之一。纳米纤维素的制备原料可以是棉花、木材、竹材、秸秆、脱脂棉、木浆、草浆、竹浆、木纤维、竹纤维等富含纤维素的生物质。通常将用物理机械方法制备的纳米纤维素称为纳米纤丝化纤维素（Nanofibrillated cellulose，NFC）；用酸水解或酶解方法制备的纳米纤维素称为纳米纤维素晶体或纳米结晶纤维素（Nanocrystalline cellulose，NCC）。2010 年，由 Inventia 公司在瑞典斯德哥尔摩投资兴建了全球首个纳米纤维素大型中试基地。2011 年，加拿大森林纳米产品研发技术联盟（ArboraNano）在加拿大蒙特利尔市开业的 CelluForce 工厂是世界上第一家木质纳米纤维工厂。2012 年，在威斯康星州麦迪逊市开办了美国第一家纳米纤维工厂。木质纳米纤维素的可控制备在国内目前还没有中试基地或建厂。本书作者将纳米纤维素及其功能材料的制备和表征加以介绍，旨在为纳米纤维素及其功能材料的产业化提供参考。

本书共分 7 章，其中第 1 章为生物质纳米纤维素的制备和表征；第 2 章为纳米纤维素复合相变储能材料的制备和表征；第 3 章为纳米纤维素复合抑菌材料的制备和表征；第 4 章为纳米纤维素复合增强膜的制备和表征；第 5 章为纳米纤维素复合磁性功能材料的制备和表征；第 6 章为纳米纤维素复合转光膜的制备和表征；第 7 章为纳米纤维素复合气凝胶球的制备和表征。东北林业大学刘志明教授撰写 21.4 万字，吴鹏、谢成、孟围、杨少丽、王钰各撰写 2 万字。全书由刘志明教授负责统稿，方桂珍教授主审。本书可为从事林产化学加工等研究领域的科研人员提供参考。

本书的研究工作得到林业公益性行业科研专项（201504602）、国家自然科学基金项目（31070633）、黑龙江省自然科学基金项目（C2015055）、人力资源和社会保障部留学回国人员科技活动择优资助项目

(07041311401) 和哈尔滨市科技创新人才项目（2014RFXXJ038）资助。

特别感谢东北林业大学出版社对本书撰写、出版的支持和帮助。在撰写本书的过程中，作者曾参阅国内外著作、期刊论文和相关网站，从中也引用了许多珍贵的数据和资料，并将这些论著列入参考文献，在此向这些论著的作者们表示由衷的感谢！限于水平，疏漏、不妥之处在所难免，恳请读者批评指正。

著 者

2016 年 11 月

目　录

1　生物质纳米纤维素的制备和表征

美国中密歇根大学（Central Michigan University）Fahlman 博士在 *Materials Chemistry* 一书中将材料定义为可用于解决当前或未来社会需要的任何固态组件和设备。例如，木材是一种环境友好型的天然有机高分子材料[1]。1965 年美国贝尔试验室 Morton 博士提出功能材料的概念，20 世纪 70 年代日本材料科技界完善确立，20 世纪 80 年代在我国逐渐被人们接受。功能材料是指那些具有优良的电学、磁学、光学、热学、声学、力学、化学、生物医学功能，特殊的物理学、化学、生物学效应，能完成功能相互转化，并被用于非结构用途的高技术材料[2]。20 世纪 70 年代，日本科学家最早引用纳米概念。20 世纪 80 年代中期，人们正式把这种材料命名为纳米材料。纳米材料是指物质的粒径至少有一维在 1～100 nm，具有特殊物理化学性质的材料[3]。生物质（Biomass）是指由植物、动物和微生物等生命体所生成的物质[4]。植物纤维富含纤维素等化学成分。纤维素具有埃米①级的纤维素分子层、纳米级的纤维素晶体超分子层和原纤超分子结构层 3 层结构。纤维素有纤维素Ⅰ型、纤维素Ⅱ型、纤维素Ⅲ型、纤维素Ⅳ型和纤维素Ⅴ型共计 5 种结晶变体。氢键决定了纤维素具有自组装的超分子特性、结晶性、吸水性、可及性和化学活性等。通过物理机械、化学或其他方法得到的纳米纤维素通常是纤维素的横截面尺寸（直径）在 1～100 nm。纳米纤维素超分子根据形貌可分为纳米纤维素晶体（晶须）、纳米纤维素复合物和纳米纤维素纤维（纳米纤丝化纤维素）3 种类型[5-6]。纳米纤维素（Nanocellulose，NC）的制备主要以富含纤维素的植物及其加工物为原料，如棉花、木材、竹材、秸秆、脱脂棉、木浆、草浆、竹浆、微晶纤维素、木纤维、竹纤维等。[7] 1947 年 Nickerson 和 Habrle 最早用盐酸和硫酸水解木材和棉絮制备出纳米纤维素胶体悬浮液。通常将用物理机械方法制备的纳米纤维素称为纳米纤丝化纤维素（Nanofibrillated cellulose，NFC）；用酸水解或酶解方法制备的纳米纤维素称为纳米纤维素晶体（Nanocrystalline cellulose，NCC）。2010 年，由 Inventia 公司在瑞典斯德哥尔摩投资兴建了全球首个纳米纤维素大型中试基

① 注：埃米（Å）非法定计量单位，1Å = 10^{-10}m。

地，生产纳米纤丝化纤维素（NFC）。加拿大森林纳米产品研发技术联盟（ArboraNano）由 FPInnovations 和 NanoQuébec 于 2009 年联合创建。2011 年在加拿大蒙特利尔市开业的 CelluForce 工厂是世界上第一家木质纳米纤维工厂，生产纳米纤维素晶体（NCC）。美国于 2012 年在威斯康星州麦迪逊市开办了美国第一家纳米纤维工厂，生产纳米纤维素晶体和纳米纤维丝；美国国家科学基金会预测，木质纳米纤维产业在 2020 年将实现 60 亿美元的工业产值。[8-10] 但木质纳米纤维素的可控制备在我国国内目前还没有中试基地或建厂。本书现将纳米纤维素及其功能材料的制备和表征加以介绍，旨在为纳米纤维素及其功能材料的产业化提供参考。本章主要介绍生物质纳米纤维素的制备和表征，涉及的纳米纤维素种类有 NCC 和 NFC，生物质原料有芦苇浆、桉木浆、竹浆、脱脂棉、微晶纤维素、秸秆、毛竹、竹纤维等。

1.1 芦苇浆的酸水解和助催化酸水解 NCC 制备及表征

1.1.1 引言

近年来，随着纳米技术的飞速发展，纳米材料的颗粒粒度分布已经成为纳米材料研究的重要对象和重要指标[11]。因此，有关材料颗粒的粒度分析技术已经受到人们的重视，逐渐成为分析测量学中的一个重要分支。粒度的分析方法很多[12]，其中以电子显微镜法、X 射线衍射线宽法、激光粒度分析法、颗粒沉降法、小角 X 射线散射法、扫描探针显微术及比表面积法等几种最为常见。激光粒度分析法，作为一种精度高、快速测定从纳米到微米量级范围的颗粒粒度分布的方法[13-16]，基于光散射原理的激光粒度仪被广泛应用于材料工程、食品工程、制药工程等领域的粒度检测[17]。通常，纳米颗粒的激光粒度分析方法中，根据粒径定义被测颗粒的某种物理特性或物理行为与某一直径的同质球体（或其组合）最相近时，就把该球体的直径（或其组合）作为被测颗粒的等效粒径（或粒度分布）。因此激光法粒度分析的理论模型是建立在颗粒为球形、单分散条件上的，当被测颗粒为不规则形和呈多分散性时，测量结果将产生一定误差[18]。韩喜江等[19]通过对比 X 射线衍射线宽法、透射电子显微镜法、比表面积法和激光粒度分析法，得出不规则形状颗粒需采用不同的分析方法，比较分析结果以得出可信的颗粒尺寸，并以透射电子显微镜与激光粒度分析结果最为接近。基于电子显微镜法，分辨率在 0.1~0.2 nm，因此电子显微镜以其形象直观等特点成为纳米颗粒测量和表征的主要手段之一，但因电子显微镜观察所用纳米粉体很少，有可能会导致观察到的粉体粒子分布范围并不代表整体粉体的粒径范围，使测量结果缺乏统计性[12]。研究表明激光粒度分析仪的测试结果与电子显微镜的图像存在着一定的联系[20]，因此，电镜法与激光粒度法相结合，获取不规则形状颗粒颗粒尺寸分布是具有可信度的。纳米纤维素晶体（NCC）的制备方法一般都是通过水解去除纤维素的无定形区，得到规整的结晶区[5]，而结晶区中的β-1，4-糖苷键在水解过程中也伴随着一定程度的裂解和断链，其聚合度明显下降直至纳米尺度[21]。因此，可以通过改变酸的浓度、水解温度、水解时间等条件，由酸降解纤维素得到具有尺度可控的 NCC。禾本科（Poaceae）芦苇属芦苇［*Phragmites australis*（Cav.）Trin. ex Steud.］，其秆为优良造纸原料，也是编织原料，芦苇纤维按其存在部位属于茎秆纤维。因产地不同，纤维素含量有差异，其纤维素含量范围为 41.57%~57.91%，纤维平均长 1.40~2.27 mm，平均宽 13.83~17.92 μm[22-23]。因其原料便宜易得，为优良的纤维素原料来源。硫酸作催化剂时，主要使纤维素的β-1，4-糖苷键裂解，纤维素的表面部分羟基与硫酸中的磺酸基团发生酯化反应，生成硫酸酯，减少了纤维素表面上羟基的数量，降低了纤维素之间的氢键强度，使 NCC 的水分散体系稳定性增强[24]，利于纤维素水解反应的进行。经研究表明，Fe^{2+}，Fe^{3+}，Ca^{2+} 和 Cu^{2+} 等金属离子也具有减低纤维素之间的氢键强度，能促进纤维素的水解和分子降解[25-26]。基于具有降低纤维素之间的氢键强度的助剂可以有效地促进纤维素的水解和分子降解，在酸解制备 NCC 过程中通过加入间硝基苯磺酸钠（SMS）、十二烷基苯磺酸钠（SDBS）和硫酸铜（$CuSO_4$）促进纤维素的水解，起到助催化作用。并且，通过透射电子显微镜结合激光粒度分析讨论三种助催化剂对 NCC 的粒度分布影响，得到 NCC 的较佳制备工艺，为 NCC 的产品质量及 NCC 复合相变储能材料的制备提供基础数据。

1.1.2 试验

1.1.2.1 材料与仪器

漂白芦苇浆购于黑龙江省牡丹江恒丰纸业集团有限责任公司；硫酸、间硝基苯磺酸钠（SMS）、十二烷基苯磺酸钠（SDBS）、无水硫酸铜（$CuSO_4$），分析纯等购自天津市科密欧化学试剂开发中心。

MAGNA-IR 560 型傅里叶变换红外光谱仪（FT-IR），美国 NICOLET 仪

器有限公司；ZetaPALS 高分辨 Zeta 电位及粒度分析仪，美国 Brookhaven 仪器有限公司；JY98-3D 超声波细胞粉碎仪，宁波新枝生物科技股份有限公司；101-2A 型电热鼓风干燥箱中，天津市泰斯特仪器有限公司；H-7650 型透射电子显微镜（TEM），日本 Hitachi 仪器有限公司；Quanta 200 型扫描电子显微镜（SEM），美国 FEI 公司。

1.1.2.2　NCC 的制备

采用硫酸酸水解芦苇浆制备 NCC。配置质量分数为 55% 的硫酸溶液，取 100 mL 硫酸溶液加入自制恒温搅拌装置中，待温度上升设定值后，加入 2.0 g 打磨芦苇浆，按照一定的质量比加入助催化剂，在不同温度下控制反应时间分别为 1.0，2.0，3.0，4.0 和 5.0 h，分别各自取 10 mL 反应液，离心洗涤多次至 pH=6~7，得到 NCC 溶胶。取样测产率、粒度及进行透射电子显微镜分析；真空冷冻干燥 NCC，取样用傅里叶变换红外光谱仪测量及进行扫描电子显微镜分析。

1.1.2.3　表征

（1）傅里叶变换红外光谱分析。

真空冷冻干燥 NCC 水溶胶，得到冷冻干燥样品，并取样品与溴化钾以 1∶100 比例压片，扫描范围 4 000~399 cm^{-1}，测红外图谱。

（2）粒度分析。

取 5 mL 固溶物含量（由产率计算得出）在 3~5 mg/mL 的纳米纤维素水溶胶，在超声波为 100 W、45 Hz 的条件下超声处理 3 min，控制计数率在 40~80 kHz，扫描时间为 1.5 min，扫描 3 次得出粒度值。

（3）产率计算。

把去离子水加入到经过离心洗涤 pH=6~7 的 NCC 溶胶中，使总体积至 40 mL，在 500 W、工作 0.5 s、间隔 1.0 s 的条件下对产物进行超声波分散 5 min，在 50 mL 定容瓶中定容。用 10 mL 移液管取 V mL 溶液测粒度备用，其余所有溶液放入称量瓶中，并移到干燥箱中，调温至 60 ℃，恒温干燥至恒重 m。NCC 产率由以下计算公式得出：

$$\omega = \frac{500\ m}{50-V} \tag{1-1}$$

（4）透射电子显微镜分析。

首先取 NCC 水溶胶在超声波条件为 100 W、45 Hz 超声处理 2 min，取一滴 NCC 溶胶滴在玻璃纸上，用铜网置于溶胶底部后开始计吸附时间，吸附 8 min，并在质量分数为 2% 的 UO_2 溶液中染色 5 min，在透射电子显微镜下观察。

（5）扫描电子显微镜分析。

取真空冷冻干燥样品撒在已黏结双面胶纸的样品座上，用洗耳球吹去未黏住的粉末，喷金，在扫描电子显微镜下观察。

1.1.3 结果与分析

1.1.3.1 NCC 的傅里叶变换红外光谱分析

图 1-1 为 NCC 傅里叶变换红外光谱图，其中 a 为反应温度 50 ℃、反应 3.0 h、m（SMS）/m（Reed）= 10%时，b 为相同制备条件下无添加助催化剂硫酸酸解芦苇浆反应 4.0 h 所得 NCC 的红外光谱图[27-28]。由图 1-1 可知，添加 SMS 与无助催化剂所得 NCC 所示的特征峰几乎相同，都为纤维素 I 型特征吸收峰[29]，说明 SMS 助催化所得产品为纤维素类物质。

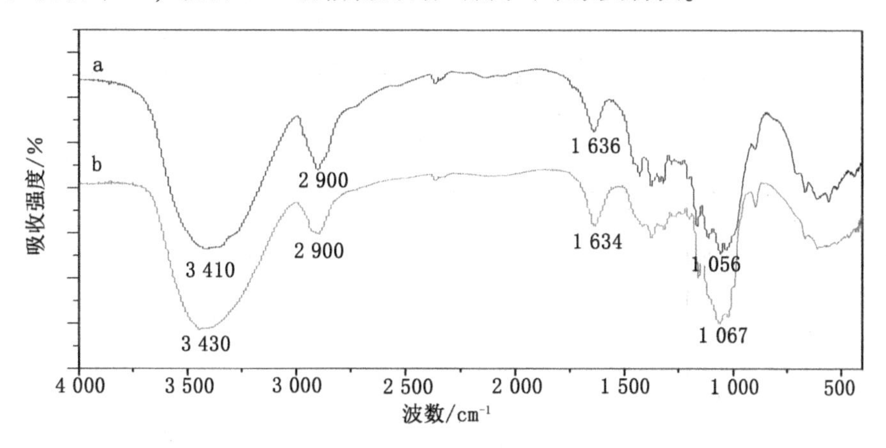

图 1-1 NCC 傅里叶变换红外光谱图[27-28]

1.1.3.2 反应温度对 NCC 产率和粒径的影响

图 1-2 为不同温度下 NCC 产率（a）和粒径（b）随着温度的变化[27-28]。从图 1-2（a）可知，NCC 产率随温度的升高而降低；从图 1-2（b）可知，NCC 粒径随温度升高先出现降低，其后无明显变化趋势。可能原因是：一方面随着温度升高，氢离子活性增加，加快纤维素分子中的糖苷链断裂，使得聚合度下降得更快，同时促使纤维素进一步水解，增加可溶性多聚糖或葡萄糖等糖类物质，导致 NCC 产率减低[24]；另一方面，纤维素表面可及度随温度增加的而提高，氢离子更易进攻纤维素分子中的糖苷链，加速糖苷链的断裂速度，故出现了温度越高，NCC 粒径反而越小。通过对比图 1-2（a）中的 3 条曲线，50 ℃具有较快水解速率，能获得较高产率，故能更好地控制 NCC 尺寸和形貌。综合考虑产率和粒径，反应温度选取 50 ℃。

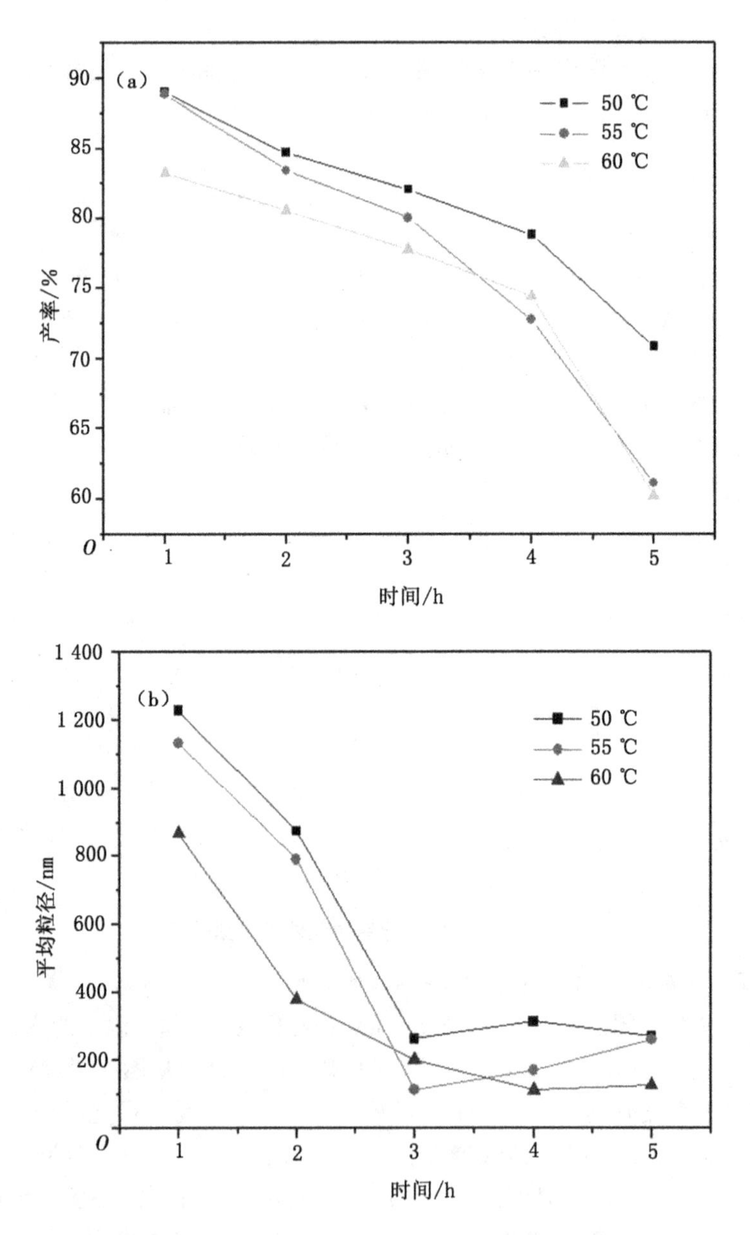

图 1-2 不同温度下 NCC 随时间的变化[27-28]

(a) 产率；(b) 平均粒径

1.1.3.3 反应时间对 NCC 产率和粒径的影响

从图 1-2 可知，随着反应时间的增加，NCC 产率逐渐下降，粒径先减少后增加，可能原因是水解反应初期，纤维素大分子首先被润胀并逐步断裂生成小的晶体颗粒；随着反应时间的延长，纤维素表面的可及度明显得到增加，水解速率进一步加大。由图 1-2（b）可知 NCC 颗粒在反应 2.0 h 后粒径明显降低；反应 4.0 h 后，NCC 粒径已处于较小尺寸（200 nm），其高比表面促使水解加剧，故产率明显下降。较小粒径的 NCC 易团聚形成较大颗粒，故出现 NCC 粒径在反应后期反而变大。通过对比图 1-2（b）中三条曲线，高温获得 NCC 粒度较小，但过快水解速率不利于大小均一的 NCC 生成。因此可通过控制合适的时间，温度获得尺寸易控的 NCC。综上所述，水解温度为 50 ℃、时间为 4.0 h，为较佳优化水解条件。

1.1.3.4 助催化剂的影响

（1）SMS 添加量对 NCC 产率和粒径的影响。

图 1-3 为较优水解条件下通过添加不同质量的 SMS 对 NCC 产率（a）和粒径（b）的影响[27-28]。

从图 1-3（a）可知，随着 SMS 量的增加，NCC 产率先增加后减少；从图 1-3（b）可知，NCC 粒径随 SMS 量的增加而明显增加，但无明显变化规律，其反应历程如图 1-4 所示[27-28]，SMS 在酸解过程中首先反应生成间硝基苯磺酸[30]，在硫酸催化下与纤维素的羟基发生磺酸化反应[31]，破坏纤维素氢键之间的电荷平衡，降低纤维素之间氢键强度，促进 NCC 水分散体系的稳定[24]。但过多 SMS，纤维素表面可及度进一步加大，大量氢离子进入纤维素的表面和内部，破坏纤维素氢键之间电荷平衡，降低 NCC 的水溶性稳定性，导致纤维素水解加剧，故产率和粒度都出现下降，而较小粒度因纳米效应易团聚，粒度反而增加。可能原因是适量的 SMS 能控制纤维素水解速率处于最佳，起到助催化作用。由图 1-3 可知，当 m（SMS）/m（Reed）= 5%~15%时，NCC 产率较高，颗粒较小。

（2）SMS 助催化在不同反应时间下对 NCC 产率和粒径的影响。

图 1-5 为 NCC 的产率和粒径在不同助催化剂下随时间的变化[27-28]。

图 1-6 为不同助催化剂在不同时间下 NCC 的产率和粒径[27-28]。

通过选择 m（SMS）/m（Reed）分别为 5%，10% 和 15%，得到不同 SMS 添加量对 NCC 产率和粒径的影响，如图 1-5 和图 1-6 所示[27-28]。从图 1-5（a）和图 1-6（a）可知，NCC 产率随时间的增加而逐渐减少，而添加量为 10% 获得 NCC 产率最高；从图 1-5（b）和图 1-6（b）可知，NCC 粒径随时间的增加先减少后增加，高添加量的 SMS 在反应初期（1.0 h）粒径明显较大，反应中期（3.0 h）粒径几乎都为最低值，而反应后期（4.0 h）粒径反而增大。通过对比图 1-5 中不同 SMS 添加量的对比，在 m（SMS）/m（Reed）= 10% 时，在反应 3.0 h 时即可获得较小粒径（200 nm），其产

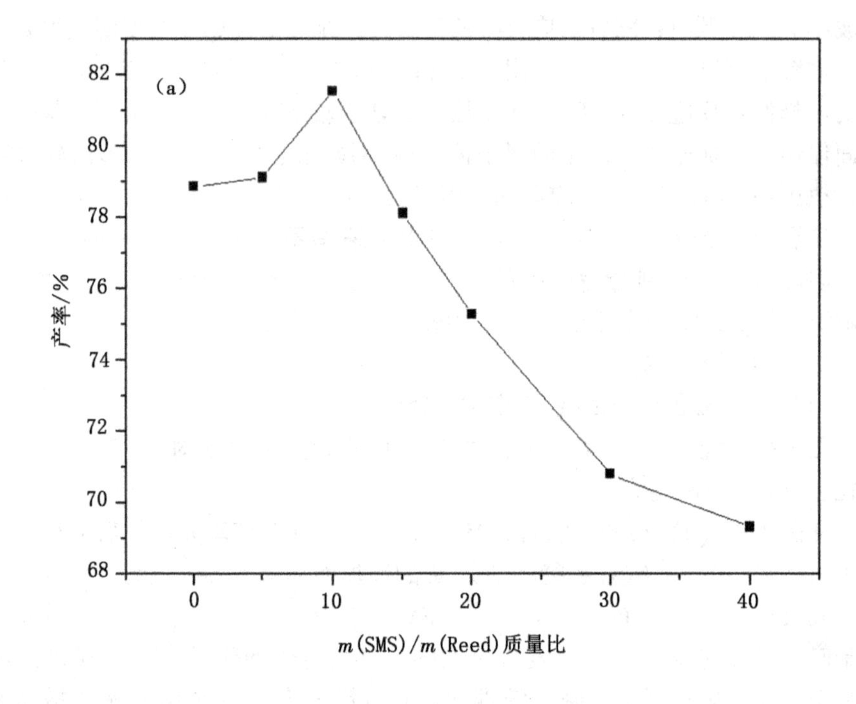

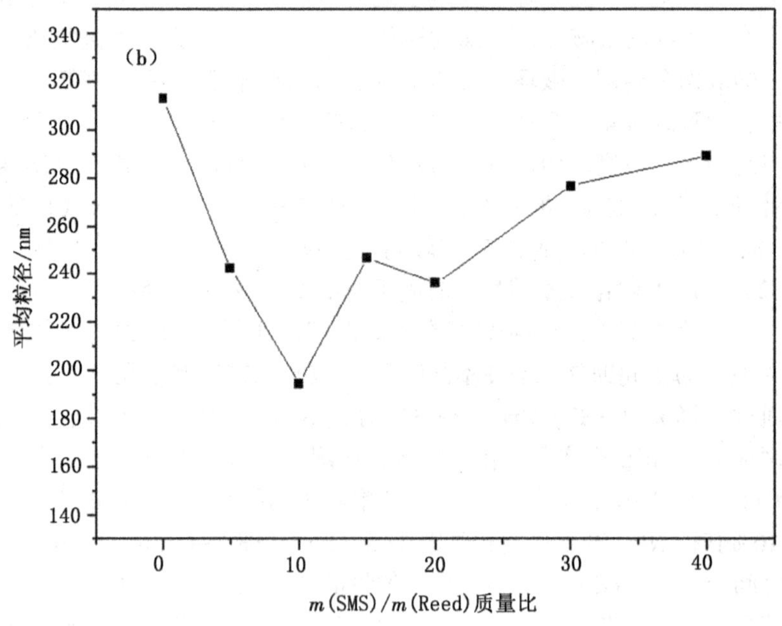

图 1-3 NCC 的产率（a）和粒径（b）随 SMS 添加量的影响[27-28]

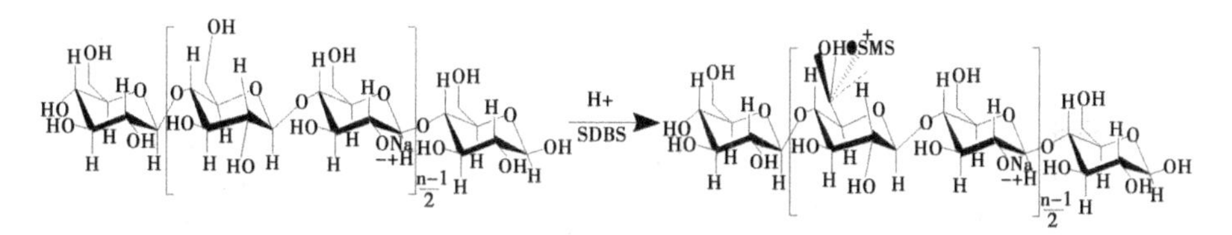

图 1-4　SMS 催化机理图[27-28]

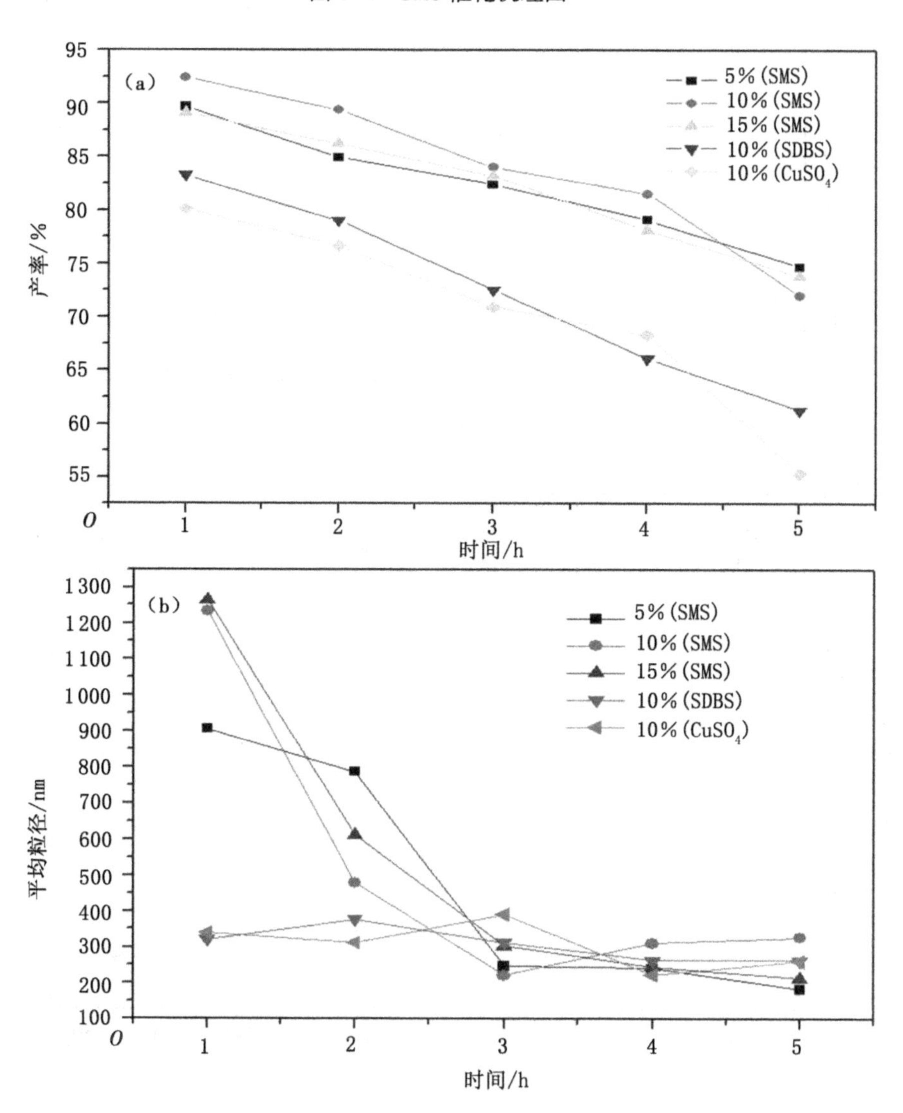

图 1-5　NCC 的产率（a）和粒径（b）在不同助催化剂下随时间的变化[27-28]

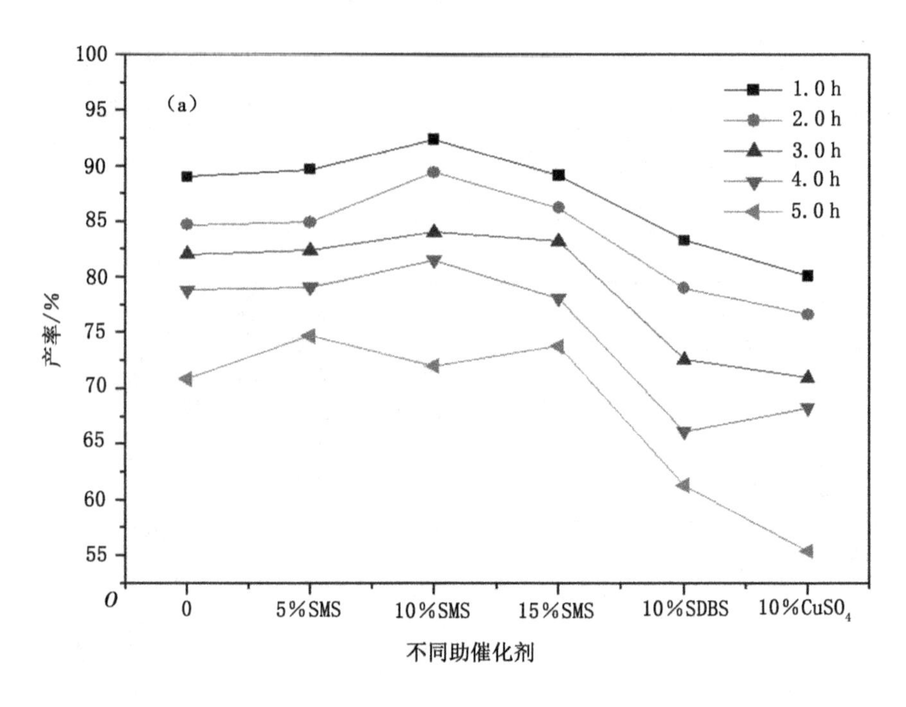

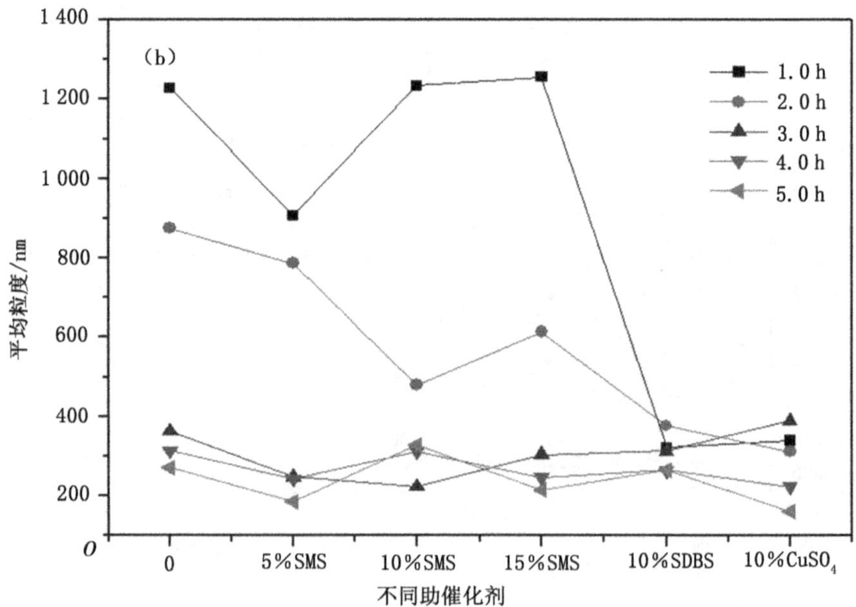

图 1-6　不同助催化剂在不同时间下 NCC 的产率（a）和粒径（b）[27-28]

率高达 84.03%，能有效地缩短水解时间。

（3）不同助催化剂对 NCC 产率和粒径的影响。

从图 1-5（a）和图 1-6（a）可知，发现添加 SDBS 和 $CuSO_4$后，NCC 产率明显低于 SMS；图 1-5（b）和图 1-6（b）显示通过添加 SDBS 和 $CuSO_4$后，NCC 粒度在反应初期就出现较低值，在反应中期和后期粒度变化与 SMS 相似。试验结果表明，SDBS 和 $CuSO_4$的助催化效果在反应前期明显优于 SMS，说明 SDBS 的优良乳化能力和 $CuSO_4$的强络合羟基能力都能有效地促进纤维素的水解。从图 1-6（a）可以看出，SDBS 和 $CuSO_4$助催化所得 NCC 产率明显偏低，说明其助催化促进水解速率尽管优于 SMS，但过快的水解速率不利于 NCC 形貌的控制[32]。因此，兼有微弱乳化和与较弱的羟基磺酸化功效的 SMS，相比 SDBS 和 $CuSO_4$能更好地控制纤维素水解速率，对于 NCC 形貌具有较佳的控制能力。

1.1.3.5 SMS 对 NCC 形貌的影响

（1）透射电子显微镜图分析。

图 1-7 为 NCC 的透射电子显微镜图，其中 a，b 的制备条件分别为反应温度 50 ℃，m（SMS）/m（Reed）= 10%，反应时间为 3.0 h 和 4.0 h；c 为反应温度 50 ℃，反应时间为 4.0 h 和无添加助催化剂硫酸酸解芦苇浆所得 NCC[27-28]。通过对比发现，助催化后的 NCC 在反应 3.0 h 时较反应 4.0 h 其形貌规整有致，大小均匀，其长径比高，结合图 1-5 和图 1-6 可知 SMS 助催化在反应 3.0 h 和反应 4.0 h 粒度大小相似，进一步证明了本法粒度测量符合 NCC 的粒度本征。在 SMS 助催化 4.0 h 下[图 1-7(b)]，较未添加助催化[图 1-7(c)]所得形貌更规整有致，长径比也较大，说明 SMS 对 NCC 的形貌具有优良的控制能力。

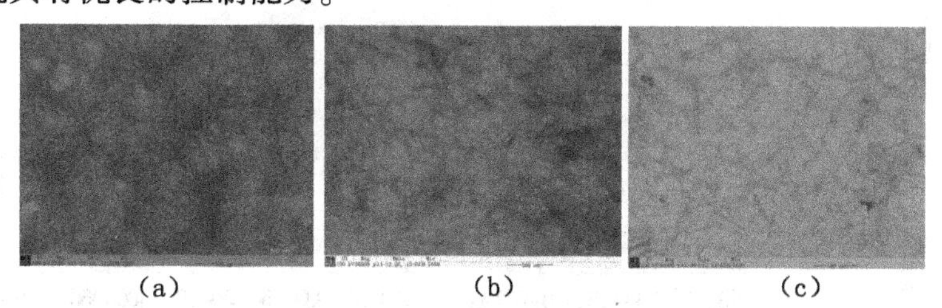

（a）　　（b）　　（c）

图 1-7 NCC 的透射电子显微镜图[27-28]

（a）反应 3.0 h；（b）反应 4.0 h；（c）反应 4.0 h

根据文献［33］选择对图 1-7（b）和图 1-7（c）中 NCC 样品的直径和长度进行测量统计，得到样品直径与长度分布图（图 1-8）。由图 1-8 可知 SMS 助催化所得 NCC 其直径主要分布为 6~24 nm，其中约 34%为 12~15 nm；

长度主要分布为200~450 nm，其中约62%长度为250~400 nm。而无助催化剂所得NCC其直径主要分布为3~24 nm，其中约29%为12~15 nm；长度主要分布为100~450 nm，其中约53%长度为250~400 nm。综上可知，在SMS助催化下，所得NCC粒度分布更均匀，主要粒度分布宽度更窄。

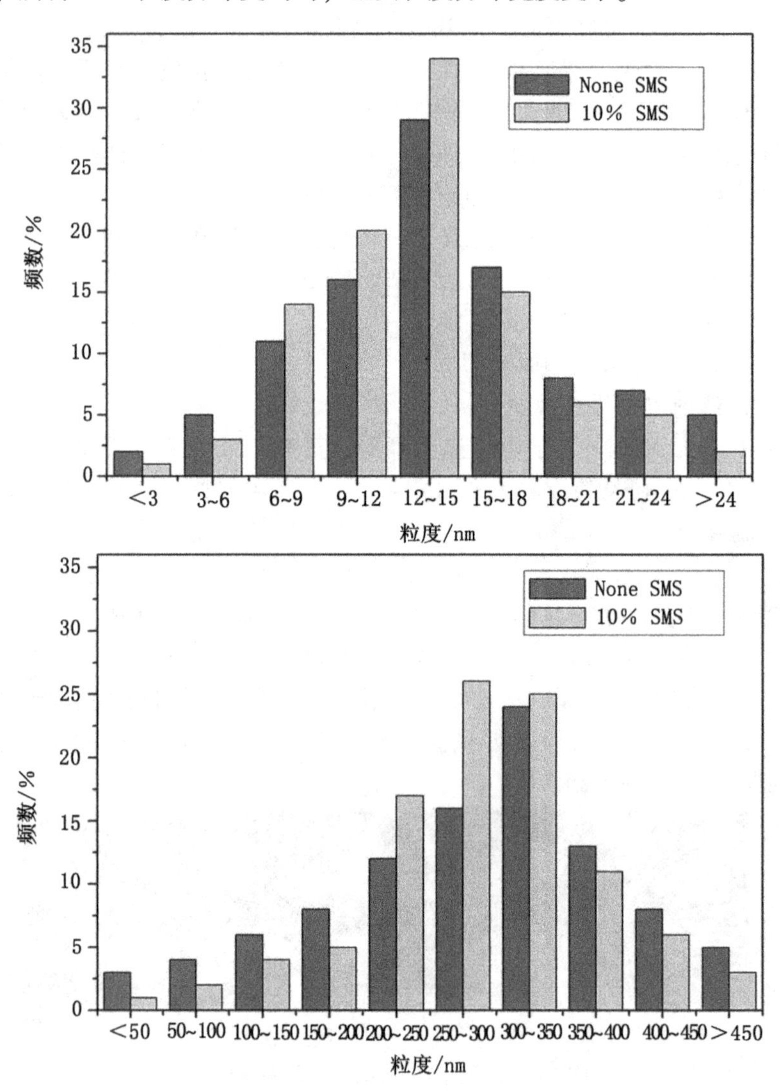

图1-8 NCC的直径与长度尺寸分布[27]

(2) NCC的激光粒度分析。

图1-9 (1) 和 (2) 为芦苇浆NCC激光粒度分析图，其中 (a) ~

(b) 分别为反应温度为 50 ℃，反应时间为 4.0 h 条件下添加无助催化剂、m (SMS) /m (Reep) = 10%的助催化剂、m ($CuSO_4$) /m (Reep) = 10%的助催化剂和 m (SDBS) /m (Reep) = 10%的助催化剂所得 NCC 激光粒度分析图[27-28]。

通过分析图 1-9 得知，4 种 NCC 粒度分布分析结果如表 1-1 所示[27-28]。

表 1-1 不同纳米纤维素粒度分析结果[27-28]

纳米纤维素	体积数均粒度/nm	粒度分布				粒度分布宽度/nm
		粒度/nm	强度/%	粒度/nm	强度/%	
无助催化剂	313.2	11.3	3	13.1	4	3.9
		15.2	2			
		42.4	4	49.1	5	14.4
		56.8	4			
		246	35	284.8	69	196.1
		329.8	100	381.8	67	
		442.1	33			
SMS	312.03	307.1	25	309.2	62	10.8
		11.3	100	313.5	87	
		315.7	50	317.9	11	
$CuSO_4$	223.3	12.9	3	14.6	7	5.7
		16.5	7	18.6	5	
		167.4	9	189.1	46	140.8
		213.7	80	241.4	100	
		272.8	64	308.2	29	
SDBS	264.2	11.6	3	16.4	7	20.7
		23.0	9	32.3	7	
		89.4	16	125.6	48	597.6
		176.5	86	247.9	100	
		348.2	87	489.1	47	
		687.0	17			

由图 1-9 (a) 得出无助催化剂所得 NCC 体积数均粒度为 313.3 nm，与透射电子显微镜分析结果接近。由表 1-1 中可知无助催化剂所得 NCC 粒度分布较广，主要分为 3 个粒度分布区域，用不同粒度所在强度值比总粒度强

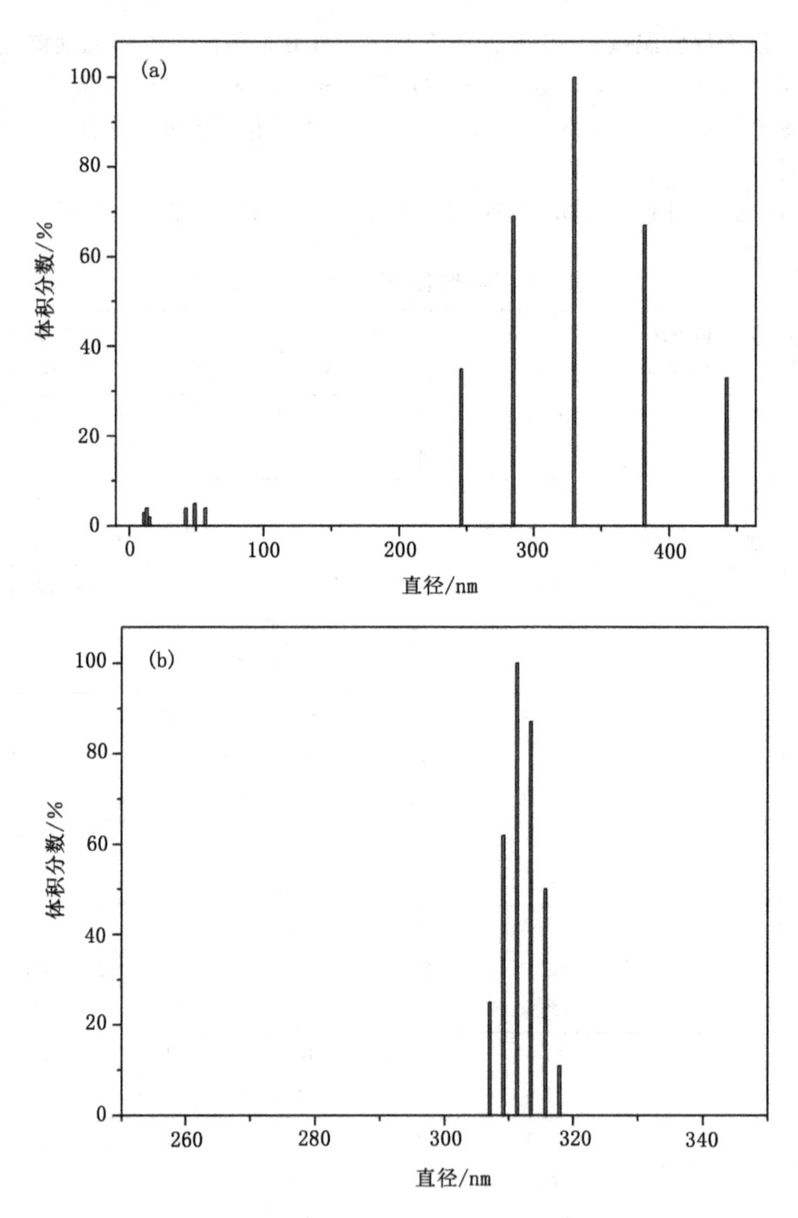

图 1-9　芦苇浆 NCC 的激光粒度分析（1）[27-28]

（a）无助催化剂；（b）SMS

度值之和，得出粒度分布在 11.3~15.2 nm 的为 2.76%，在 42.4~56.8 nm 的为 3.99%，在 246.0~442.1 nm 的高达 93.25%，其中有 72.39% 分布在 250~400 nm，高于图 1-8 分析结果 53%，可能原因是本法制备 NCC 为长径

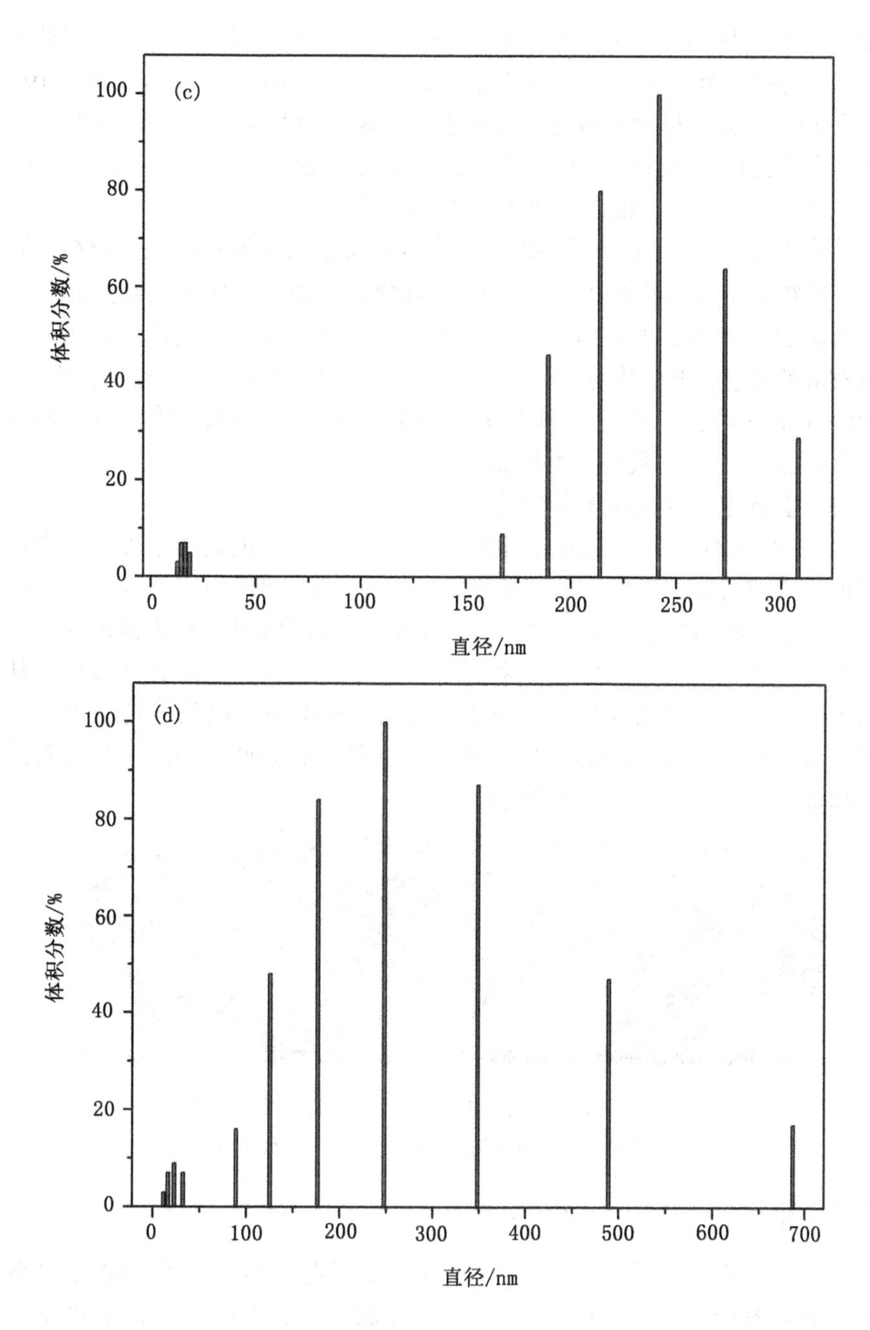

图 1-9 芦苇浆 NCC 的激光粒度分析（2）[27-28]

(c) $CuSO_4$；(d) SDBS

比较高的不规则颗粒，对于基于激光法粒度分析的理论模型是建立在颗粒为球形、单分散条件上的，测量结果本身将产生一定误差[18]；由文献［19-20］可知，电镜法与激光粒度法相结合，获取不规则形状颗粒，颗粒尺寸分布具有可信度，通过仔细对比透射电子显微镜与激光粒度分析结果可知，上述粒度测试方法能正确地反映 NCC 粒度的本征。

从表 1-1 可知，$CuSO_4$和 SDBS 能促进芦苇浆的水解速度，从而在相同条件下获得更小粒径的 NCC[5,21]，进一步说明 $CuSO_4$和 SDBS 具有助催化能力；而添加 SMS 后，即使体积数均粒度几乎无明显变化，但是其最大强度值所对应的粒度及其粒度分布区域明显变小，而且粒度分布区也变得更窄，为 10.8 nm，远远小于其他三种 NCC 粒度分布区，说明 SMS 对于 NCC 的形貌具有可控作用[24]，具有助催化能力。

（3）扫描电子显微镜图分析。

图 1-10 为 NCC 的扫描电子显微镜图，其中 a，b 的制备条件分别为反应温度为 50 ℃，m（SMS）/m（Reed）= 10%，反应时间为 3.0 h 和 4.0 h；c 为反应温度为 50 ℃，反应时间为 4.0 h 和无添加助催化剂硫酸酸解芦苇浆所得 NCC[27-28]。如图 1-10（a）和图 1-10（b）所示，NCC 为薄膜状，其表面光滑，NCC 丝状交织形成孔隙较为均匀，从图中可以明显地看出该产品颗粒极细且分布均匀，优于图 1-10（c），进一步说明了 SMS 不仅具有助催化功效，还能有效控制 NCC 形貌。

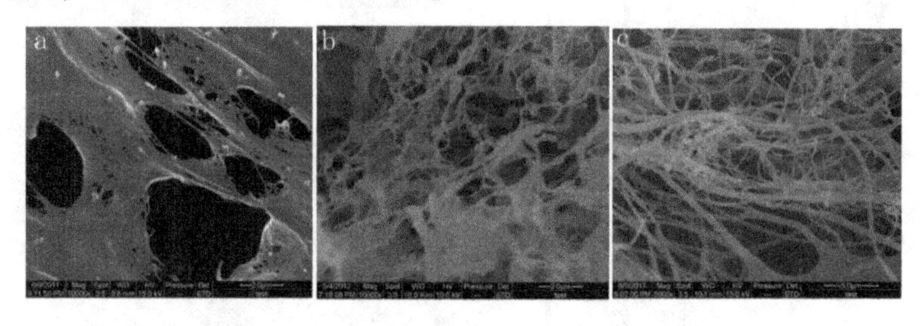

图 1-10　NCC 的扫描电子显微镜图[27-28]

（添加 10%，a—反应 3 h；b—反应 4 h；c—反应 4 h）

1.1.4　结论

采用 55%质量分数的硫酸，通过讨论不同温度对芦苇浆的水解制备 NCC 的粒径及产率影响，得出 50 ℃为较佳温度；通过添加 SMS 为助催化剂，在 50 ℃条件下酸解芦苇浆，考察了不同反应时间和 SMS 的添加量对 NCC 的产率及粒径影响，得出反应温度为 50 ℃，反应时间为 3.0 h，助催

化剂投入量以 m（SMS）/m（Reed）= 10%时为较佳工艺条件；通过添加SMS，可有效缩短反应时间，提高反应效率和产率，使得NCC颗粒大小更均匀，形貌更规整有致，粒子的长径比较大；通过透射电子显微镜分析芦苇浆NCC，结合粒度分析说明上述粒度测试方法能正确地反映NCC粒度的本征，得出助催化剂在相同条件下可获得粒度分布更窄的NCC，对于NCC的形貌具有可控作用，其中以SMS对NCC粒度分布具有较明显的作用。芦苇浆的酸水解和助催化酸水解NCC制备及表征试验结果表明助催化酸水解芦苇浆可以制备形貌可控的NCC。

1.2　芦苇浆超声波辅助酸水解NCC的响应面法优化制备及表征

1.2.1　引言

纳米纤维素晶体（NCC）与普通的纤维素相比，除具有纳米级的尺寸外，还具有高纯度、高结晶度、高弯曲强度、高杨氏模量、高剪切模量、高长径比及大的比表面积、良好的透明性和较高的表面活性[34-36]，同时它也具有普通生物质材料质轻、可降解、生物相容性好及可再生等特点[37-38]，成为高分子复合材料中具有广阔的应用前景的部分[39]。纳米纤维素制备通常依靠物理粉碎、化学水解和生物酶解等手段[6,40]，其中化学水解法以其装置简单、操作方便等优点受到研究者的青睐。超声波是一种高频声波[41]，已经成为天然产物的提取[42-43]和化学合成反应[44]的重要辅助手段，它对反应体系主要起到了搅拌、分散、去气、破碎和解聚等作用[45]，因此，在纳米纤维素的制备过程中采用该手段进行前处理可以提高水解液对纤维素非结晶区的润胀程度，加速水解反应的进程，从而起到提高反应效率、降低制备成本的作用。以芦苇浆为原料，探讨超声预处理酸解法制备NCC的较佳工艺条件，为纳米纤维素的制备及其在复合材料中的应用提供基础数据。

1.2.2　试验

1.2.2.1　材料与仪器

漂白芦苇浆，黑龙江省牡丹江恒丰纸业集团有限责任公司；硫酸，分析纯，天津市科密欧化学试剂开发中心；碳酸氢钠，分析纯，汕头市西陇化工厂有限公司。

FZ102 型微型植物粉碎机，天津市泰斯特仪器有限公司；DC-1006 型低温恒温槽，深圳市超杰试验仪器有限公司；101-2A 型电热鼓风干燥箱，天津市泰斯特仪器有限公司；KQ-200VDE 型三频数控超声波清洗器，昆山市超声仪器有限公司；SCIENTZ-IID 型超声波细胞粉碎机，宁波新芝生物科技股份有限公司；FD-1A-50 型冷冻干燥机，北京博医康试验仪器有限公司；MAGNA-IR560 型傅里叶变换红外光谱仪，美国 NICOLET 仪器有限公司；D/MAX-RB 型 X 射线粉末衍射仪，日本 RIGAKU 仪器有限公司；Zeta-PALS 高分辨 Zeta 电位及粒度分析仪，美国 BROOKHAVEN 仪器有限公司；H-7650 型透射电子显微镜，日本 HITACHI 仪器有限公司。

1.2.2.2　NCC 的制备

先将芦苇纸浆用粉碎机磨成粉末，称取一定量放入烧杯中，然后倒入适量体积的一定浓度的浓硫酸，利用超声清洗仪超声预处理一定时间，倒入事先设置好温度的恒温槽中搅拌水解 4 h，得到纳米纤维素悬浮液。用去离子水将悬浮液离心洗涤数次至 pH=6~7，将最后一次离心得到的溶胶沉淀加入适量水后在细胞粉碎仪中破碎处理数分钟，得到稳定的纳米纤维素胶体，真空冷冻干燥后得到固体纳米纤维素。

1.2.2.3　单因素优化试验

在相同的水解时间下，分别以不同的超声预处理时间（20，30，40 min）、硫酸质量分数（50%，55%，60%）和反应温度（45，50，55 ℃）为单因素，观察各因素对 NCC 得率的影响。

1.2.2.4　Box-Behnken 优化试验

在单因素优化试验的基础上，确定 Box-Behnken 设计的自变量，以纳米纤维素得率为响应值，响应面法进行纳米纤维素制备工艺条件的优化。

1.2.2.5　NCC 得率的计算

NCC 得率的计算参考文献［33］中的方法。将得到的稳定的纤维素溶胶倒入 250 mL 容量瓶中，定容至刻度线，静置两天。吸取上层清液 25 mL 于事先恒重的称量瓶中，在 60 ℃下烘干至恒重。计算公式如下：

$$得率/\% = \frac{(m_1 - m_2)V_1}{m_3V_2} \times 100$$

式中：m_1——样品与称量瓶恒重时总质量，g；

m_2——称量瓶恒重时的质量，g；

m_3——原料总质量，g；

V_1——纳米纤维素溶胶的总体积，mL；

V_2——移取的纳米纤维素溶胶的体积，mL。

1.2.3 结果与分析

1.2.3.1 单因素优化试验结果

（1）超声预处理时间对纳米纤维素得率的影响。

超声时间对纳米纤维素得率的影响见表 1-2。图 1-11 为超声波预处理制备纳米纤维素的机理图[46-48]。在硫酸质量分数 55%，反应温度 50 ℃，水解时间 4 h，研究不同超声时间对 NCC 得率的影响，试验结果见表 1-2。由表 1-2 可知，随着超声时间的逐渐延长，NCC 得率先升高后降低，超声时间为 30 min 时，NCC 得率最高为 73.95%。纤维素由结晶区和无定形区两部分组成，见图 1-11（a）。芦苇浆置于质量分数 55% 的浓硫酸中，用超声波进行预处理时，超声波的超声次空化使得纤维素中结晶区出现晶形缺陷及无定形区中出现孔隙，见图 1-11（b）。超声波使得纤维素分子间的氢键减弱[49]，同时超声波可以提高纤维素表面的可及度，这样氢离子就能更有效地破坏无定形区的氢键，使之先水解生成水溶性糖类物质，见图 1-11（c）。纤维素的结晶区中存在晶形缺陷的部分也会逐渐被破坏，而规整的晶区结构得到保留[21]，即水解得到纳米纤维素，见图 1-11（d），故提高了产率。随着超声时间的延长，纤维素分子间氢键减弱到最劣状态，纤维素表面可及度几乎不会增加，与此同时将会有更多高浓度氢离子进入纤维素链内，将会使得纤维素无定形区先被水解后，有更多晶区被酸解成更多水溶性糖类物质，故产率将会减低。因此，超声预处理时间应在 30 min 时为最佳。

表 1-2 超声时间对纳米纤维素得率的影响[46-48]

No.	超声时间/min	硫酸质量分数 /%	反应温度/ ℃	NCC 得率 /%
1	20	55	50	72.30
2	30	55	50	73.95
3	40	55	50	73.20

（2）硫酸质量分数对纳米纤维素得率的影响。

超声时间 30 min，反应温度 50 ℃，水解时间 4 h，研究硫酸质量分数对 NCC 得率的影响，试验结果见表 1-3[46-48]。由表 1-3 可知，随着硫酸质量分数的逐渐增加，NCC 得率先升高后降低，当硫酸质量分数为 55%时，NCC 得率最高为 72.90%。这可能是由于硫酸溶液的质量分数较高时发生均相水解，纤维素一部分降解为葡萄糖[33]。因此，硫酸质量分数以 55%为最佳。

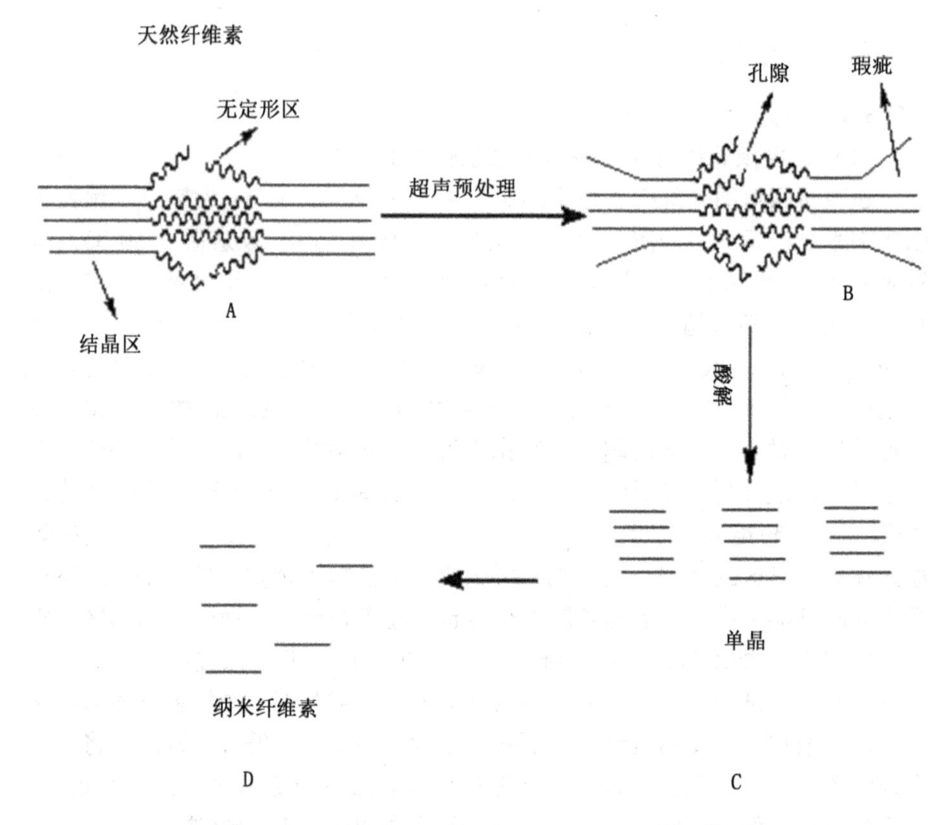

图 1-11　超声波预处理制备纳米纤维素的机理图[46-48]

表 1-3　硫酸质量分数对纳米纤维素得率的影响[46-48]

No.	超声时间/min	硫酸质量分数 /%	反应温度/ ℃	NCC 得率/%
1	30	50	50	70. 05
2	30	55	50	72. 90
3	30	60	50	28. 55

（3）反应温度对纳米纤维素得率的影响。

超声时间 30 min，硫酸质量分数 55%，水解时间 4 h，研究反应温度对 NCC 得率的影响，试验结果见表 1-4[46-48]。由表 1-4 可知，随着反应温度的升高，NCC 得率先升高后降低，当反应温度为 50 ℃时，NCC 得率最高，为 73. 10%。纤维素的超分子结构是由无定形区和结晶区构成的[50]，最初的水解过程除去的是纤维素的无定形区，进一步水解导致一些易于可及的非结晶区的长链的葡萄糖部分断裂[51]，所以随着温度的升高，NCC 得率会逐渐升高；但温度继续升高时，纤维素进一步水解为葡萄糖，所以导致 NCC 得率降低[33]。因此，反应温度以 50 ℃为最佳。

表 1-4 反应温度对纳米纤维素得率的影响[46-48]

No.	超声时间/min	硫酸质量分数/%	反应温度 / ℃	NCC 得率/%
1	30	55	45	63.50
2	30	55	50	73.10
3	30	55	55	66.20

（4）单因素统计分析结果。

各个单因素不同水平间差异性如表 1-5 所示[46-48]。

表 1-5 单因素统计分析结果[46-48]

试验因素		平方和	自由度	均方	F	显著性 P
超声时间	组间	2.717	2	1.359	5.615	0.042
	组内	1.452	6	0.242		
	总数	4.169	8			
硫酸质量分数	组间	3 697.295	2	1 848.647	3 164.589	0.000
	组内	3.505	6	0.584		
	总数	3 700.800	8			
反应温度	组间	147.060	2	73.530	109.068	0.000
	组内	4.045	6	0.674		
	总数	151.105	8			

由表 1-5 中数据可知，三个单因素组间的显著性 P 值分别为 0.042，0.000，0.000，三者均小于 0.05，表明超声时间、硫酸质量分数和反应温度三个单因素的三组水平间均具有较明显的差异，因素水平的选取是可靠的。

1.2.3.2 响应面法优化 NCC 制备工艺条件

（1）响应面法分析因素水平的选取。

在单因素优化试验的基础上，选取超声时间（X_1）、硫酸质量分数（X_2）、反应温度（X_3）3 个因素进行 Box-Behnken 设计，利用 Design-Expert 7.0.0 软件进行数据拟合，以-1，0，1 分别代表自变量的低、中、高水平，响应面分析因素与水平见表 1-6[46-48]。

表 1-6 响应面分析因素与水平[46-48]

试验因素	水平		
	-1	0	1
X_1超声时间/min	20	30	40
X_2硫酸质量分数/%	50	55	60
X_3反应温度/ ℃	45	50	55

(2) 响应面法分析方案及结果。

以 X_1，X_2，X_3 为自变量，以 NCC 得率为响应值（Y），采用 Box-Behnken 设计，响应面法分析方案及试验结果见表 1-7[46-48]。

表 1-7 响应面法试验设计及数据处理[46-48]

试验号	X_1超声时间/min	X_2硫酸质量分数/%	X_3反应温度/ ℃	NCC 得率/%
1	-1	1	0	21.00
2	0	0	0	73.05
3	0	0	0	73.50
4	1	0	-1	30.15
5	1	-1	0	63.60
6	1	0	1	60.95
7	0	0	0	72.90
8	0	-1	-1	20.80
9	1	1	0	21.55
10	0	1	1	17.60
11	-1	0	1	63.00
12	0	-1	1	62.85
13	-1	-1	0	36.70
14	0	1	-1	51.70
15	0	0	0	73.10
16	0	0	0	73.95
17	-1	0	-1	26.35

通过 Design-expert 7.1.1 对响应面数据进行分析，得到纳米纤维素对超声时间（X_1）、硫酸质量分数（X_2）和反应温度（X_3）的二次多向回归模型为

$$Y=73.30+3.65X_1-9.01X_2+9.43X_3-6.59X_1X_2-1.46X_1X_3-19.04X_2X_3-15.36X_{12}-22.23X_{22}-13.83X_{32}$$

对该模型进行回归分析，结果见表 1-8[46-48]。

表 1-8　提取回归分析的结果[46-48]

方差来源	平方和	自由度	均方	F 值	P 值（Prob>F）	显著性
模型	7 275.73	9	808.41	7.43	0.007 5	* *
X_1	106.58	1	106.58	0.98	0.355 2	
X_2	649.80	1	649.80	5.98	0.044 5	*
X_3	710.65	1	710.65	6.53	0.037 8	*
X_1X_2	173.58	1	173.58	1.60	0.246 9	
X_1X_3	8.56	1	8.56	0.079	0.787 2	
X_2X_3	1 449.71	1	1 449.71	13.33	0.008 2	* *
X_{12}	992.90	1	992.90	9.13	0.019 3	*
X_{22}	2 080.96	1	2 080.96	19.13	0.003 3	* *
X_{32}	693.23	1	693.23	6.37	0.039 5	

注：* * P 值小于 0.01 为差异极显著；* P 值小于 0.05 为差异显著。

对该模型进行方差分析，回归方程中，概率 P 值越小，则相应变量对响应值影响显著程度越高。模型的一次项 X_1 超声时间、X_2 硫酸质量分数、X_3 反应温度的 P 值依次减小，因此，对于纳米纤维素得率，反应温度对其影响最大，其次是硫酸质量分数，超声时间对其影响最小；二次项 X_{12} 显著，X_{22} 极显著，X_{32} 不显著；交互项 X_1X_2，X_1X_3 不显著，X_2X_3 极显著。

纳米纤维素得率的实际值与预测值拟合情况见图 1-12[46-48]。

从纳米纤维素得率的实际值与预测值拟合情况可知，试验值和预测值拟合良好。整体的回归方程的 P 值小于 0.01，决定系数 R^2 为 0.91，响应变量高于 0.80，证明此模型显著，可充分地反映各变量之间的关系[52]。

响应面法优化制备工艺条件为超声时间 32.12 min、硫酸质量分数 53.46%，反应温度 52.28 ℃，但考虑到实际操作的便利，将优化制备工艺条件修正为超声时间 32 min、硫酸质量分数 53.5%，反应温度 52 ℃。在此工艺条件下，实际测得纳米纤维素得率为 78.67%，与响应面法预测的值 78.646% 相接近，故响应面试验设计准确。预测值与试验值之间的差异可能

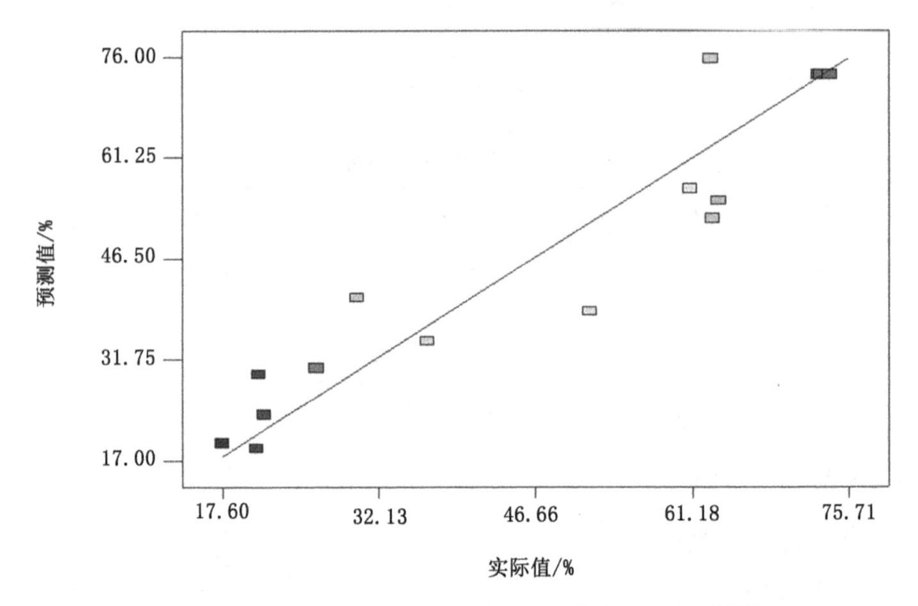

图 1-12 纳米纤维素得率的预测值和实际值的对应关系[46-48]

由试验操作等因素引起。

根据拟合函数，每两个因素对 NCC 得率做出响应面。考虑到定性分析各因素与 NCC 得率的关系，固定另外两个因素时，均做“0”处理，具体因素水平见表 1-7，图 1-13 至图 1-15 直观地反映了各因素对响应值的影响[46-48]。

由图 1-13 可知，超声时间和硫酸质量分数对 NCC 得率的影响具有协同作用，即在一定区域内，只有两者同时升高或者同时降低，才能提高纳米纤维素的得率。当超声时间为 25~35 min，硫酸质量分数在 53%~56%时，纳米纤维素的得率最高。

由图 1-14 可知，随着超声时间的延长和反应温度的升高，纳米纤维素的得率在不断地增大，当响应值达到最大值后出现下降的现象。说明超声时间过长或过短和反应温度过高或过低，都不能使响应值即 NCC 得率达到最高水平，只有他们取某个适中值，在两者的共同作用下才会出现 NCC 得率的最高值。

由图 1-15 可知，控制一定的水解温度时，响应值即 NCC 得率会随着硫酸质量分数的增加先升高后降低，这与单因素试验结果相一致；当硫酸质量分数一定时，随着反应温度的升高，NCC 得率升高到一定程度后基本保持不变。

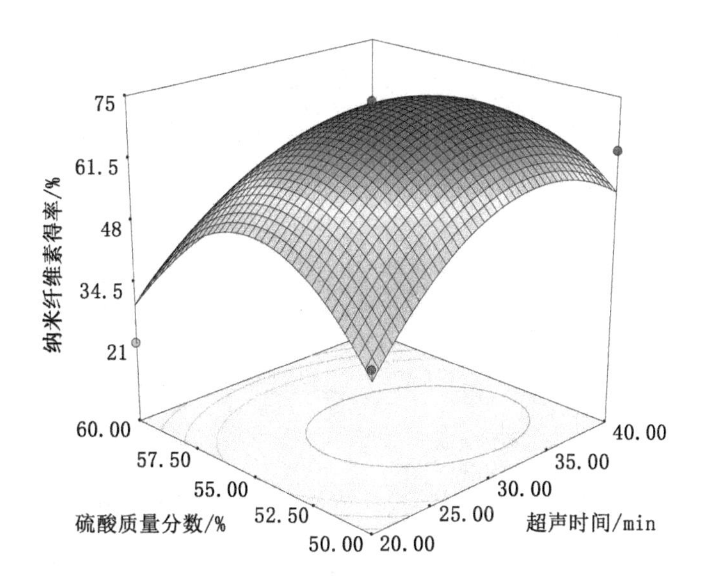

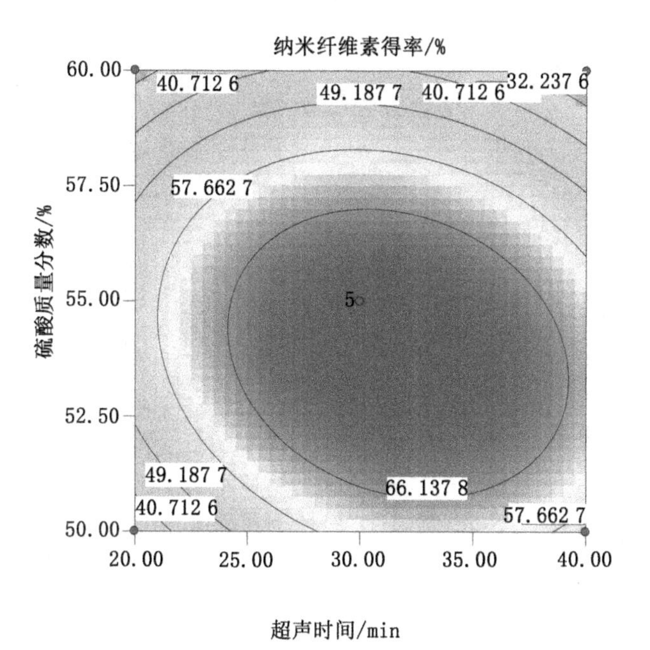

图 1-13 超声时间（X_1）和硫酸质量分数（X_2）对芦苇浆纳米纤维素得率的影响（$X_3=0$）[46-48]

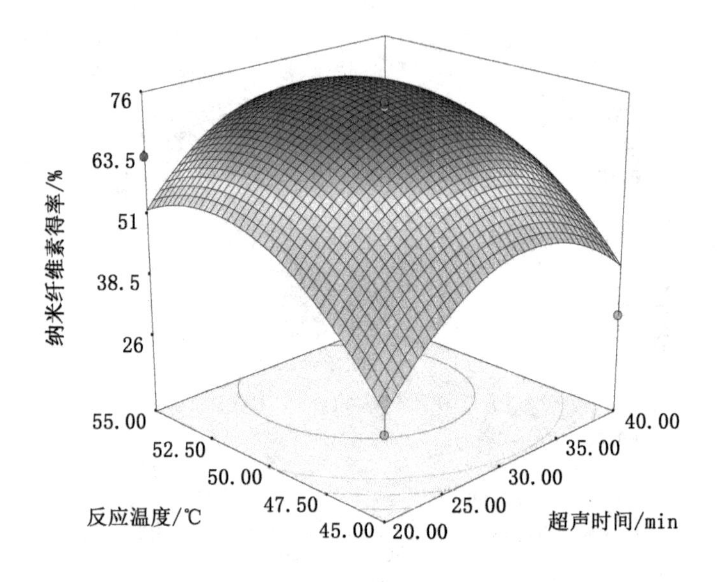

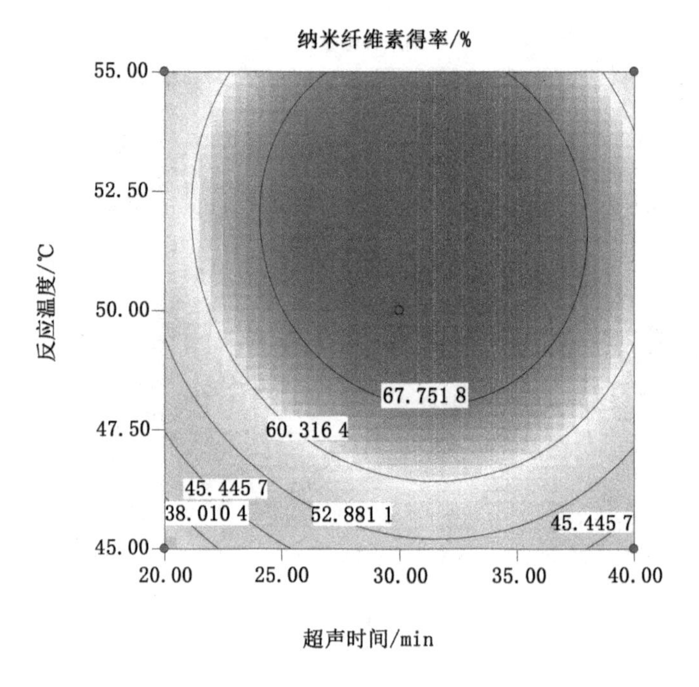

图 1-14　超声时间（X_1）和反应温度（X_3）对芦苇浆纳米纤维素得率的影响（$X_2=0$）[46-48]

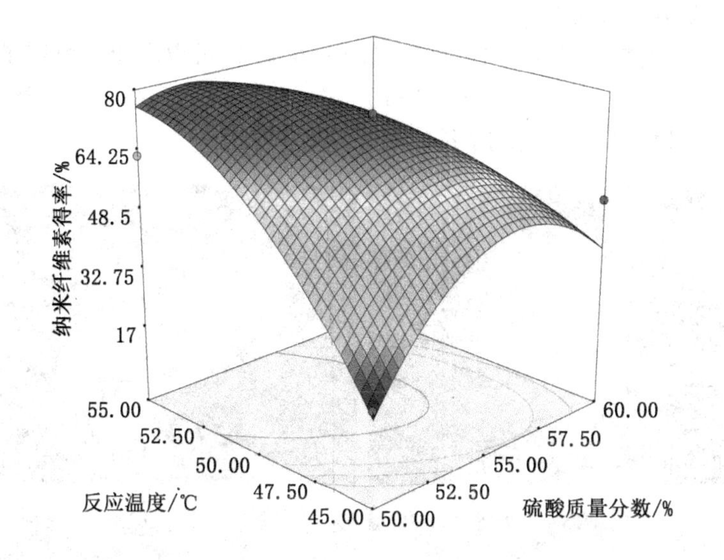

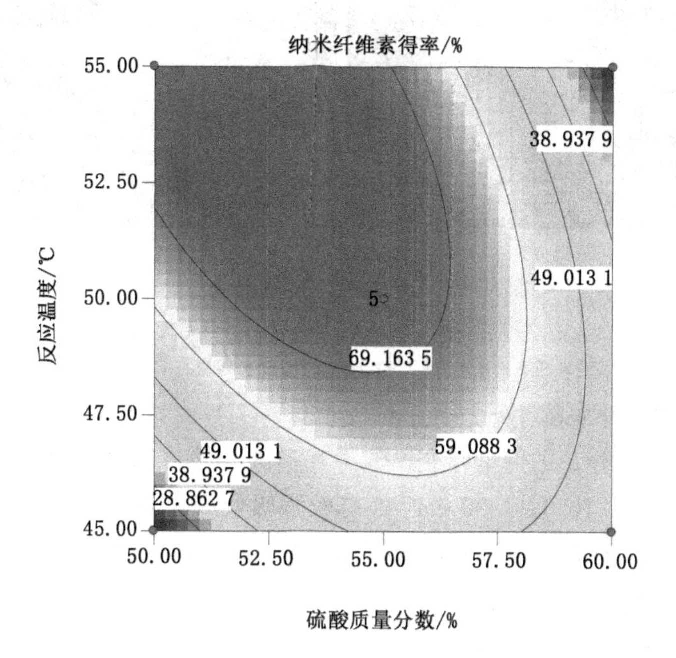

图 1-15 硫酸质量分数（X_2）和反应温度（X_3）对芦苇浆纳米纤维素得率的影响（$X_1=0$）[46-48]

1.2.3.3 表征

(1) 宏观形貌分析。

图 1-16 为样品的宏观形貌。由图 1-16（c）可以看出，所得纳米纤维素悬浮液是均一、透明的，由图 1-16（d）可以观察到明显的丁达尔效应，表明所得产物为胶体，达到了纳米级[48]。

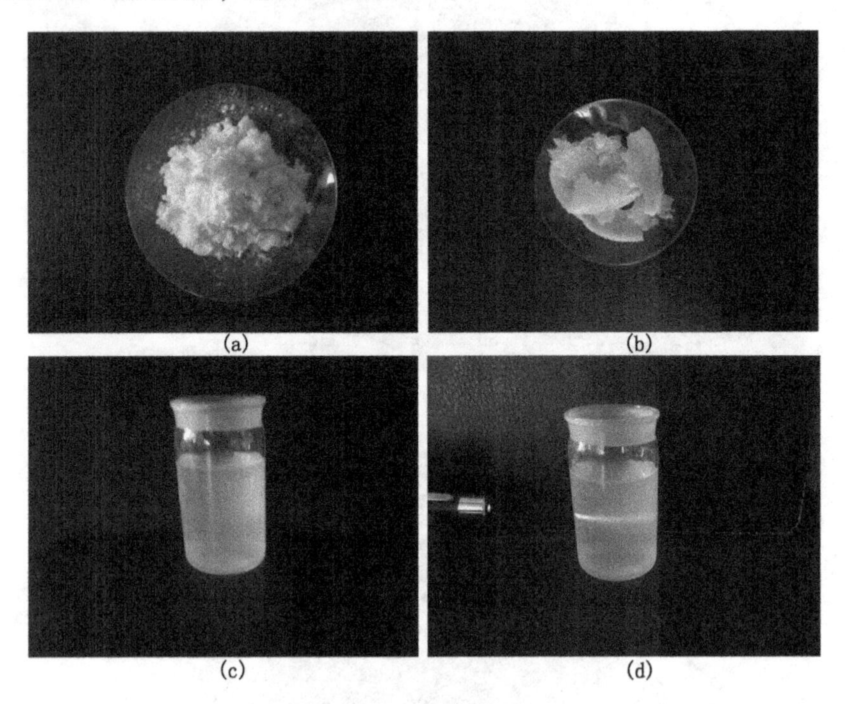

图 1-16 样品的宏观形貌

（a）粉碎后的芦苇浆粉末；（b）冷冻干燥后的 NCC；

（c）纳米纤维素水溶胶；（d）纳米纤维素水溶胶的丁达尔效应[48]

(2) 傅里叶变换红外光谱分析。

图 1-17 为样品的傅里叶变换红外光谱图[47-48]。从图 1-17 可知，NCC 在 3420，2890，1630，1430 cm^{-1}处有较强吸收峰，与 MCC 的峰值基本一致，而 3420，2900，1430 cm^{-1}分别是羟基、C—H、纤维素葡萄糖上—CH_2吸收峰[53]，说明所得产品是纤维素类物质[5]。

(3) X 射线衍射分析。

图 1-18 为芦苇浆纳米纤维素的 X 衍射线衍射图谱[47-48]。从 NCC 的 X 射线衍射图谱可知，NCC（a）中 $2\theta=14.8°$，16.3°和 22.6°处的衍射峰分别对应I型纤维素晶面（$10\bar{1}$）（1 0 1）和（0 0 2）的衍射峰[54]，说明超声

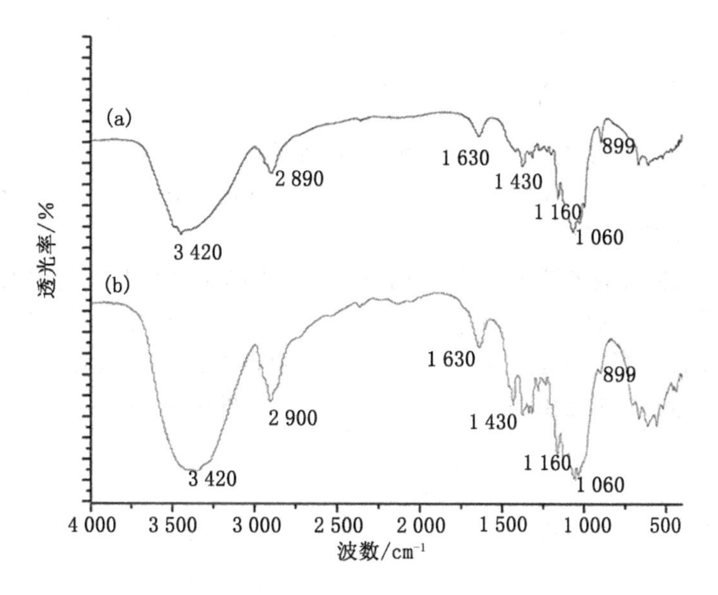

图 1-17 样品的傅里叶变换红外光谱

(a) 纳米纤维素；(b) 微晶纤维素[47-48]

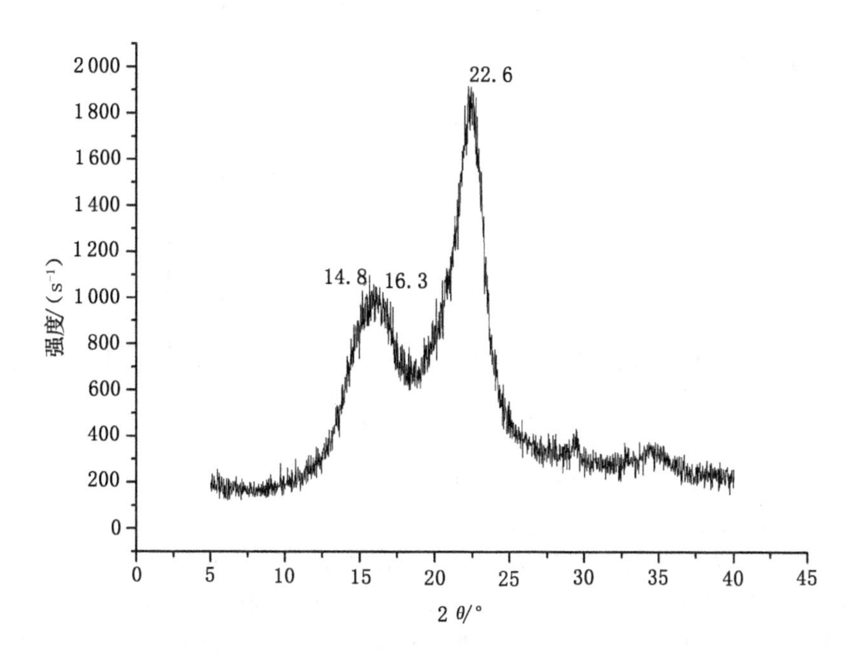

图 1-18 纳米纤维素 X 衍射线衍射图谱[47-48]

预处理后得到的纳米纤维素为I型纤维素。NCC试样的结晶度 X_c（%）通过以下关系式计算：C_{Ir}（%）$=\frac{I_{200}-I_{18.0}}{I_{200}}\times100$，其中，$C_{Ir}$为纤维素I型结晶度，$I_{200}$和 $I_{18.0}$分别对应纤维素I型的结晶区的峰强度和非结晶区部分峰强度，即分别对应 2θ 为22.6°和18.0°，计算可知，NCC的 X_c值为69.36%。

（4）粒度分析。

图1-19为纳米纤维素的粒度图[46-48]。由图1-19可知，图中出现了两个正态分布峰，而产物NCC为纯物质，表明芦苇纳米纤维素的颗粒是非球形的，而且不同方向上尺寸差距较大[56]。超声波预处理酸解芦苇浆制备的纳米纤维素，其粒径以383~612 nm居多，少部分在58.4~85.1 nm，平均粒径为366.1 nm。

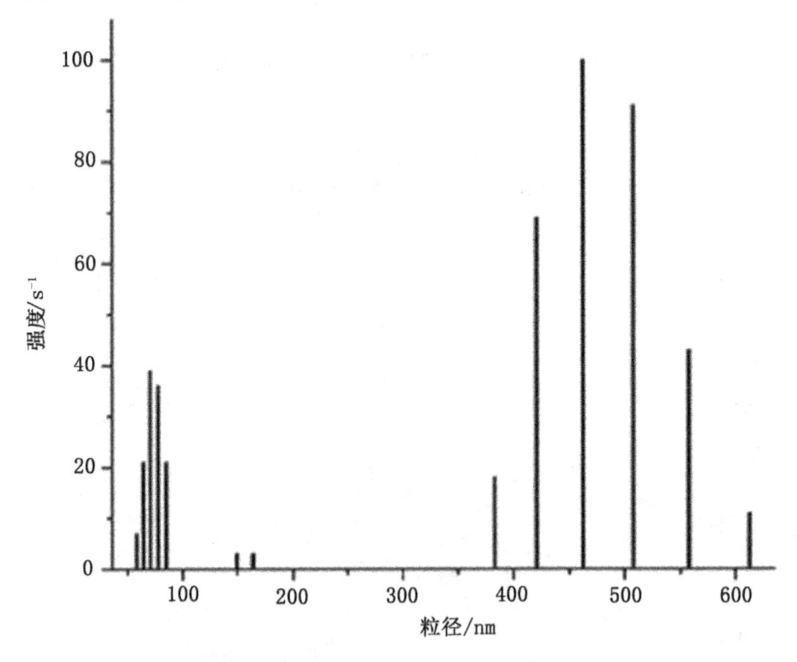

图1-19　纳米纤维素粒度[46-48]

（5）透射电子显微镜分析。

图1-20为纳米纤维素的透射电子显微镜图[46-48]。由图1-20可知，经超声预处理后得到的纳米纤维素是呈棒状的，但与未经超声波预处理的相比，颗粒分布更均匀，外观更为规整，说明超声预处理除了能提高纳米纤维素得率外，也使其排列更加规整。

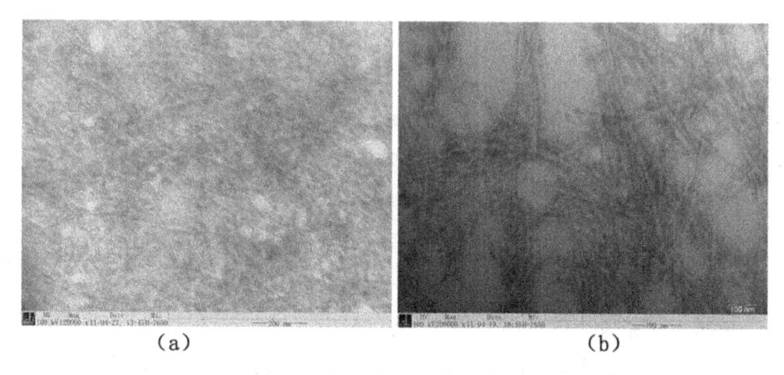

（a）　　　　（b）

图 1-20 不同条件下制备的纳米纤维素透射电子显微镜图[46-48]
（a）未经过超声预处理；（b）超声预处理

1.2.4 结论

响应面法优化超声辅助硫酸水解芦苇浆制备纳米纤维素结果表明，反应温度对 NCC 得率影响最大，其次是硫酸质量分数，超声时间对其影响最小；响应面法优化超声辅助硫酸水解芦苇浆制备纳米纤维素的优化制备工艺条件为超声时间 32 min，硫酸质量分数 52%，反应温度 54 ℃，纳米纤维素得率最高，为 78.67%。响应面法优化制备工艺条件制备的纳米纤维素为纤维素Ⅰ型；形貌规整，呈棒状，交织成网状。芦苇浆超声波辅助酸水解 NCC 的响应面法优化制备及表征试验获得的 NCC 制备工艺优化模型为芦苇浆纳米纤维素的产业化提供新思路。

1.3 芦苇浆微波辅助酸水解 NCC 的响应面法优化制备及表征

1.3.1 引言

1967 年，Williams 报道了微波加快化学反应的试验结果，现微波被广泛应用于石油化工、微波辅助催化化学反应、微波处理材料、微波等离子体技术合成新材料等领域[57-60]。酸水解法是纳米纤维素（NCC）的常见制备方法之一[6,8,47,61-63]。采用微波辅助硫酸水解芦苇浆制备纳米纤维素，响应面法优化其制备工艺条件，为纳米纤维素的产业化提供了基础数据。

1.3.2 试验

1.3.2.1 材料与仪器

漂白芦苇浆，黑龙江省牡丹江恒丰纸业集团有限责任公司；硫酸（分析纯），天津市科密欧化学试剂开发中心。

海尔 MD-2270EGC 型微波炉，海尔公司；101-2A 型电热鼓风干燥箱，天津市泰斯特仪器有限公司。

1.3.2.2 NCC 的制备

采用质量分数 50% 的硫酸水解芦苇浆微波辅助制备 NCC。将质量分数 50% 的硫酸溶液倒入装有一定质量芦苇浆的烧杯中，微波预处理一定时间，然后在一定温度下水解，得到悬浮液，离心洗涤至 pH=6~7，对产物进行超声处理数分钟，得到稳定的 NCC 胶体，60 ℃ 干燥至恒重，得到固体 NCC。

1.3.2.3 单因素优化试验

质量分数 50% 的硫酸水解法微波辅助制备 NCC，分别以不同的微波时间（5，10，15 min）、反应温度（50，55，60 ℃）和反应时间（2，3，4 h）为单因素，考察各因素对 NCC 得率的影响。

1.3.2.4 Box-Behnken 优化试验

在单因素试验的基础上，确定 Box-Behnken 设计的自变量，以 NCC 得率为响应值，响应面法进行 NCC 制备工艺条件的优化。

1.3.3 结果与分析

1.3.3.1 单因素优化试验结果

（1）微波时间对 NCC 得率的影响。

硫酸质量分数 50%，反应温度 55 ℃，反应时间 3 h，研究微波时间对 NCC 得率的影响，试验结果见表 1-9[64]。从表 1-9 可知，微波时间 10 min 为最佳。

（2）反应温度对 NCC 得率的影响。

硫酸质量分数 50%，反应时间 3 h，微波时间 10 min，研究反应温度对 NCC 得率的影响，试验结果见表 1-9。从表 1-9 可知，反应温度 55 ℃ 为最佳。

（3）反应时间对 NCC 得率的影响。

硫酸质量分数 50%，微波时间 10 min，反应温度 55 ℃，研究反应时间对 NCC 得率的影响，试验结果见表 1-9。从表 1-9 可知，反应时间 3 h 为最佳。

表 1-9 单因素优化试验结果[64]

项目		NCC 得率/ %
微波时间/min	5	30.96
	10	55.48
	15	34.53
反应温度/ ℃	50	41.91
	55	55.42
	60	37.09
反应时间/h	2	43.83
	3	55.55
	4	51.19

1.3.3.2 响应面法优化 NCC 制备工艺条件

(1) 响应面分析因素水平的选取。

在单因素优化试验的基础上，选取微波时间 (X_1)、反应温度 (X_2)、反应时间 (X_3) 3 个因素进行 Box-Behnken 设计，利用 Design-Expert 7.0.0 软件进行数据拟合，以-1，0，1 分别代表自变量的低、中、高水平，响应面分析因素与水平见表 1-10[64]。

表 1-10 响应面分析因素与水平[64]

因素	水平		
	-1	0	1
X_1/min	5	10	15
X_2/ ℃	50	55	60
X_3/h	2	3	4

(2) 响应面分析方案及试验结果。

以 X_1，X_2，X_3为自变量，以 NCC 得率为响应值 (Y)，采用 Box-Behnken 设计，响应面分析方案及试验结果见表 1-11[64]。

表 1-11 响应面分析方案及试验结果[64]

试验号	X_1/min	X_2/ ℃	X_3/ h	Y/%	响应面法预测值 Y/%
1	1	-1	0	43.45	43.59
2	-1	-1	0	29.59	29.96

续表

试验号	X_1/min	X_2/ ℃	X_3/ h	Y/%	响应面法预测值 Y/%
3	0	0	0	55.48	55.39
4	-1	0	-1	27.04	26.99
5	-1	1	0	39.04	38.90
6	1	0	-1	44.60	44.78
7	0	-1	1	48.03	47.84
8	1	0	1	30.96	31.01
9	0	1	1	28.69	29.02
10	-1	0	1	42.36	42.18
11	0	1	-1	45.56	45.75
12	0	0	0	54.50	55.39
13	0	0	0	55.42	55.39
14	0	0	0	56.00	55.39
15	1	1	0	32.25	31.88
16	0	0	0	55.55	55.39
17	0	-1	-1	30.03	29.70

对试验数据进行拟合回归，回归方程为

$$Y=55.39+1.65X_1-0.70X_2+0.35X_3-5.16X_1X_2-7.24X_1X_3-8.72X_2X_3-10.57X_{12}-8.73X_{22}-8.58X_{32}$$

对该模型进行方差分析，该模型的总体回归方程的 P 值小于 0.000 1，为极显著，失拟项检验为不显著，模型拟合有效；模型决定系数 R^2 为 99.90%，模型校正决定系数 adj R^2 为 99.77%，响应变量高于 0.80，说明该模型可以充分地反映各变量之间的关系[52]。3 个因素对 NCC 得率的影响依次为微波时间>反应温度>反应时间。NCC 优化制备工艺条件为微波时间为 10.45 min，反应温度为 54.61 ℃，反应时间为 3.02 h。考虑到实际操作的便利，将优化工艺条件修正为微波时间为 10 min，反应温度为 54.61 ℃，反应时间为 3.02 h。修正优化工艺条件下，三次平行试验测得 NCC 得率分别为 56.06%，55.37% 和 55.58%，平均为 55.67%，与响应面法 NCC 得率预测值 55.49% 相接近。说明该模型能很好地预测各因素与 NCC 得率的关系。预测值与试验值之间的差异可能是由试验操作等误差因素引起的。

根据拟合函数，每两个因素对 NCC 得率做出响应面。考虑到定性分析各因素 NCC 得率的关系，固定另外两个因素时，均做“0”处理，具体因素水平见表 1-11。图 1-21 至图 1-23 直观地反映了各因素对响应值的影响，从图中可知，各因素间均具有较强的交互作用[64]。

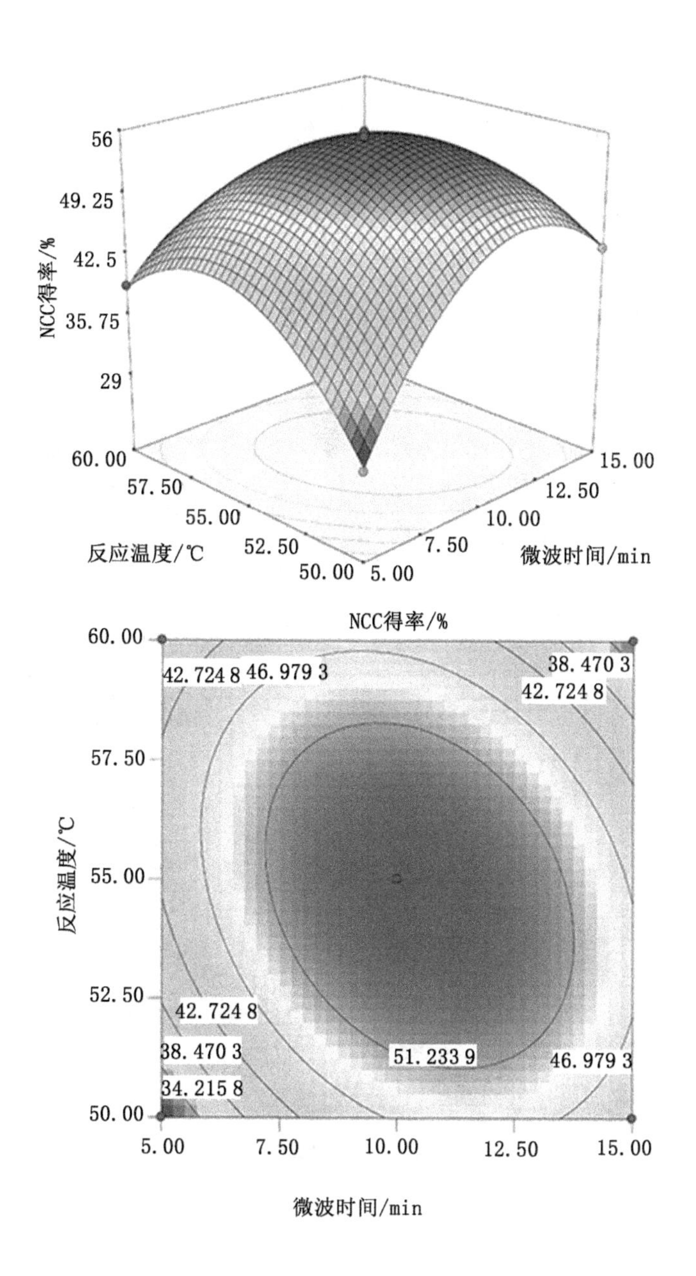

图 1-21 微波时间和反应温度交互影响 NCC 得率的响应曲面图和等高线图[64]

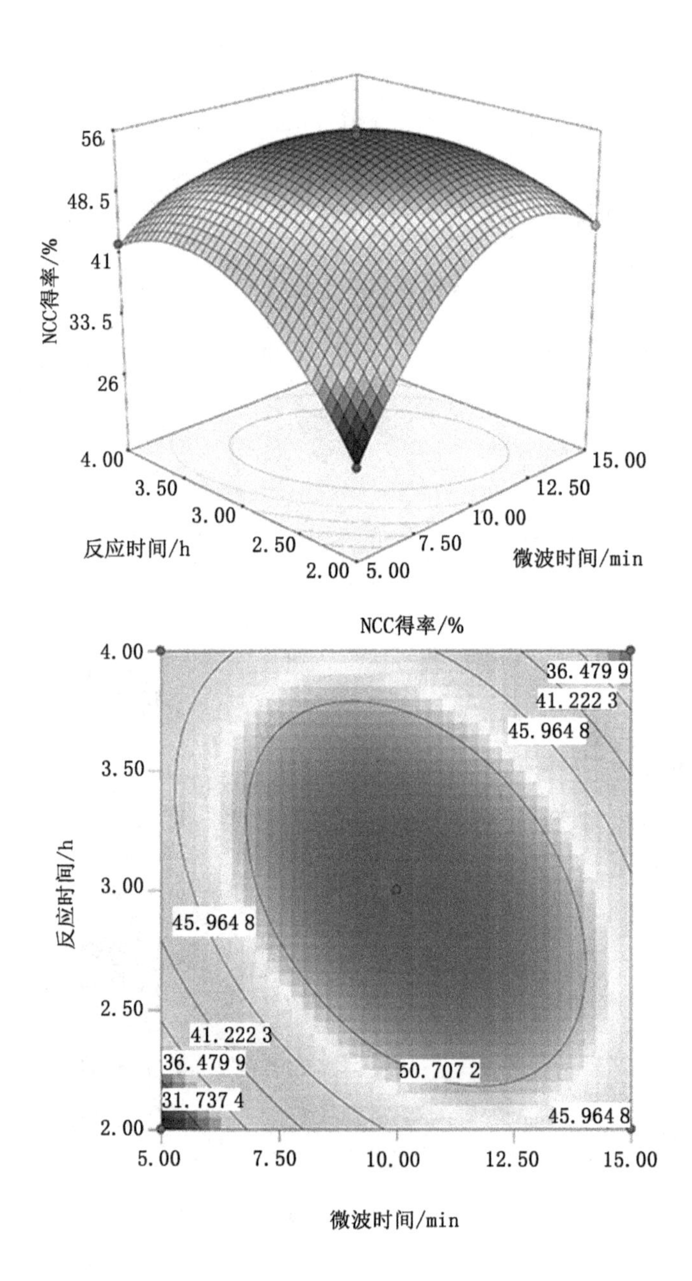

图 1-22 微波时间和反应时间交互影响 NCC 得率的响应曲面图和等高线图[64]

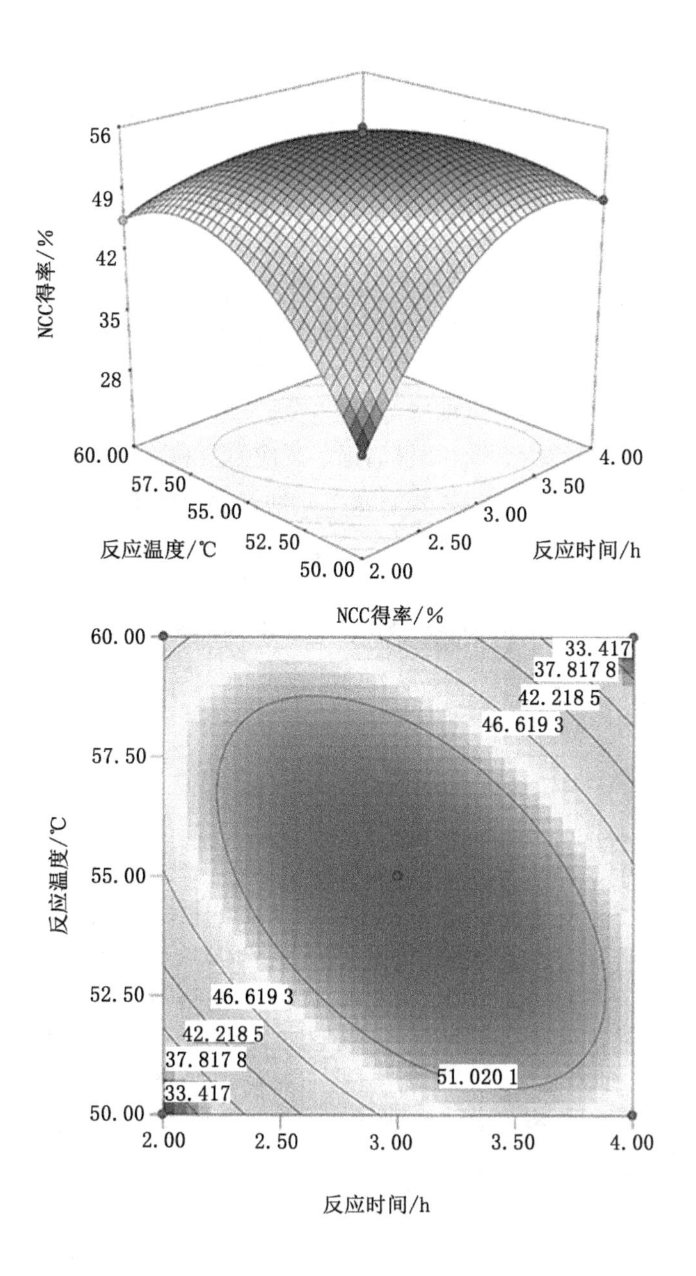

图 1-23 反应温度和反应时间交互影响 NCC 得率的响应曲面图和等高线图[64]

1.3.3 结论

响应面法优化微波辅助硫酸水解芦苇浆制备纳米纤维素，优化制备工艺条件为微波时间为 10.45 min，反应温度为 54.61 ℃，反应时间为 3.02 h。考虑到实际操作的便利，将优化工艺条件修正为微波时间为 10 min，反应温度为54.61 ℃，反应时间为3.02 h。修正优化工艺条件下，三次平行试验测得纳米纤维素得率分别为56.06%，55.37%和55.58%，平均为55.67%，与响应面法纳米纤维素得率预测值 55.49% 相接近；模型方差分析结果表明该模型的总体回归方程的 P 值小于0.000 1，为极显著，失拟项检验为不显著，说明模型拟合有效；模型的决定系数为 99.90%，校正决定系数为 99.77%，响应变量高于0.80，说明该模型可以充分地反映各变量之间的关系。影响纳米纤维素得率的因素依次为微波时间、反应温度和反应时间。芦苇浆微波辅助酸水解 NCC 的响应面法优化制备及表征，试验结果表明微波辅助酸水解芦苇浆可以提高 NCC 的制备效率。

1.4 芦苇浆的酸水解和乙酸预处理酸水解 NCC 制备及表征

1.4.1 引言

在自然界中，天然复合材料一般以无机物质为功能中心，有机聚合物起结构模板和改善材料综合性能的作用[65]。纳米纤维素（NCC）的几何尺寸是影响纳米复合材料的增强效果的重要因素，纳米尺寸受原料来源、制备方法及工艺参数的影响较大，现有方法制备的 NCC 悬浮液中包含有多种尺寸，实现纳米尺寸的可控性是目前工艺研究的重点内容之一[66]。无机酸水解法是 NCC 的常见制备方法之一[6,50,61]，酸水解前一般根据所用原料的不同采用有机溶剂预处理、浓 NaOH 溶液预处理等[40,67-68]。NCC 得率、制备工艺优化条件和尺寸分布是 NCC 制备中比较常见的测定项目[8,33,54,62-63,69]。NCC 干燥方式不同，NCC 性能不同。Voronova 等[70]以微晶纤维素为原料，硫酸水解制备 NCC，研究干燥技术（冷冻干燥和室温蒸发）对 NCC 分散性能的影响，研究结果表明冷冻干燥方法得到 NCC 具有比表面积大和较好的生物降解性。Peng 等[71]的研究结果表明，用喷雾干燥方法得到 NCC，较适合 NCC 复合材料制备。NCC 的生物降解性在绿色复合材料制备领域前景广阈[72]，NCC 尺寸也是 NCC 复合材料性能的影响因素之一。NCC 的长度和直径测量主要通过透射电子显微镜（TEM）拍摄照片，然后利用图形分析软件进行测量和统计，冷冻干燥样品的测试效果较好[66]。NCC 的尺寸还可以通过激光粒度分析仪来测量[56,73-75]。以芦苇浆为原料，采用纤维素改性研究中常用的一种润胀试剂乙酸，将芦苇浆润胀，然后采用硫酸水解润胀芦苇浆，以期缩短 NCC 制备的时间和缩小 NCC 的尺寸分布范围，制备较为均一的 NCC，探讨 NCC 尺寸可控的适宜制备方法。

1.4.2 试验

1.4.2.1 材料与仪器

漂白芦苇浆，黑龙江省牡丹江恒丰纸业集团有限责任公司；硫酸、乙酸（分析纯），天津市科密欧化学试剂开发中心。

KQ-200VDE 型三频数控超声波清洗器，昆山市超声仪器有限公司；SCIENTZ-IID 型超声波细胞粉碎机，宁波新芝生物科技股份有限公司；101-2A 型电热鼓风干燥箱，天津市泰斯特仪器有限公司；FD-1A-50 型冷冻干燥机，北京博医康试验仪器有限公司；ZetaPALS 高分辨 Zeta 电位及粒度分析仪，美国 Brookhaven 仪器有限公司；H-7650 型透射电子显微镜（TEM），日本 Hitachi 仪器有限公司。

1.4.2.2 NCC 的制备

100 mL 质量分数为 55% 的硫酸溶液和 2 g 芦苇浆或乙酸预处理后的 4 g 芦苇浆（芦苇浆中加入 40 mL 乙酸，在 80 ℃的水浴中浸泡润胀 1.5 h，抽滤后得到乙酸预处理芦苇浆和残留乙酸 V mL），在 50 ℃条件下水解，得到悬浮液，离心洗涤至 pH 为 6~7，利用超声波处理数分钟，得到稳定的纳米纤维素胶体，将纳米纤维素胶体在 250 mL 容量瓶中定容。取 20 mL 溶胶放入已称重的称量瓶中，并移入干燥箱中，恒温干燥至恒重，取出放入干燥器内冷却 30 min，在分析天平上称重得 20 mL 溶胶中 NCC 质量 m。无乙酸预处理芦苇浆 NCC 得率% = 625%（质量分数）。乙酸预处理芦苇浆 NCC 得率% = 312.5%（质量分数）；乙酸回收率% = 2.5%（体积分数）。

1.4.2.3 NCC 尺寸的测定

取 5 mL 纳米纤维素水悬浮液，在 100 W、45 Hz 的条件下超声波处理 3 min后，控制计数率为 40~80 kHz，扫描时间为 1.5 min，扫描 3 次，测量 NCC 尺寸，求出 NCC 尺寸[73-74]平均值。

1.4.3 结果与分析

1.4.3.1 NCC 得率和乙酸回收率

无乙酸预处理芦苇浆 NCC 得率为 61.5%。乙酸预处理芦苇浆三次重复试验的 NCC 得率分别为 63.13%（NCC-1），62.30%（NCC-2）和 62.15%（NCC-3）；乙酸回收率分别为 75.00%（NCC-1），78.15%（NCC-2）和 77.56%（NCC-3）[76]。

1.4.3.2 机理分析

纤维素由结晶区和无定形区组成，见图 1-24（a）。纤维素置于乙酸中，加热润胀过程中，乙酸首先进入无定形区使其产生空隙，然后进一步破坏打开结晶区形成瑕疵，见图 1-24（b），致使纤维素分子间氢键大为减弱的同时增强了纤维素表面的可及度，使得在酸解时硫酸可以快速渗透到结晶区进行拟均相水解，打断长链原纤维，形成纳米晶须，见图 1-24（c）。部分纤维晶须由于表面吸附团聚在一起，可以通过超声波分散成单个的纳米晶体，见图1-24（d）[76]。

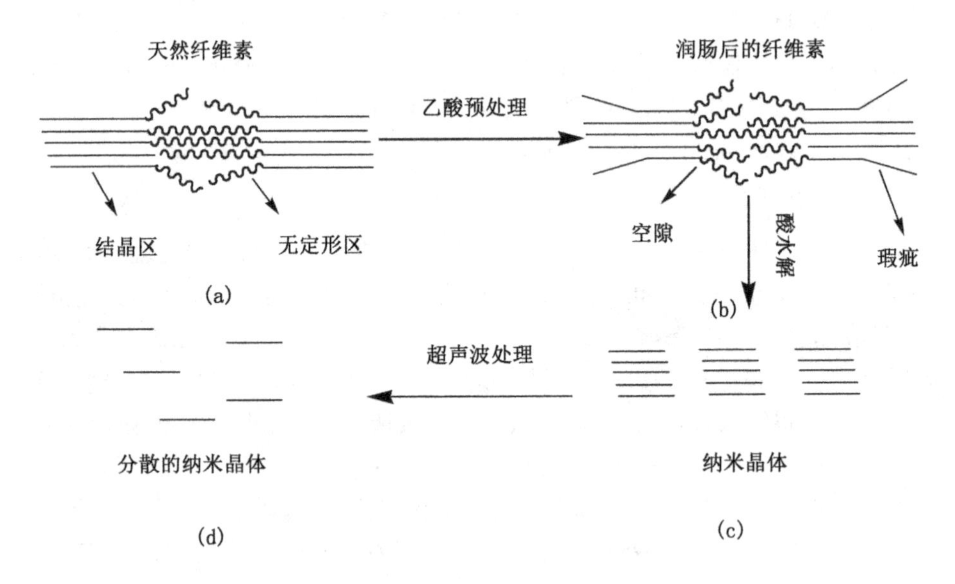

图 1-24 乙酸预处理芦苇浆 NCC 制备机理[76]

1.4.3.3 NCC 尺寸分析

无乙酸预处理芦苇浆 NCC 粒度分布如图 1-25 所示[76]。

无乙酸预处理芦苇浆 NCC 粒度分析结果如表 1-12 所示[76]。

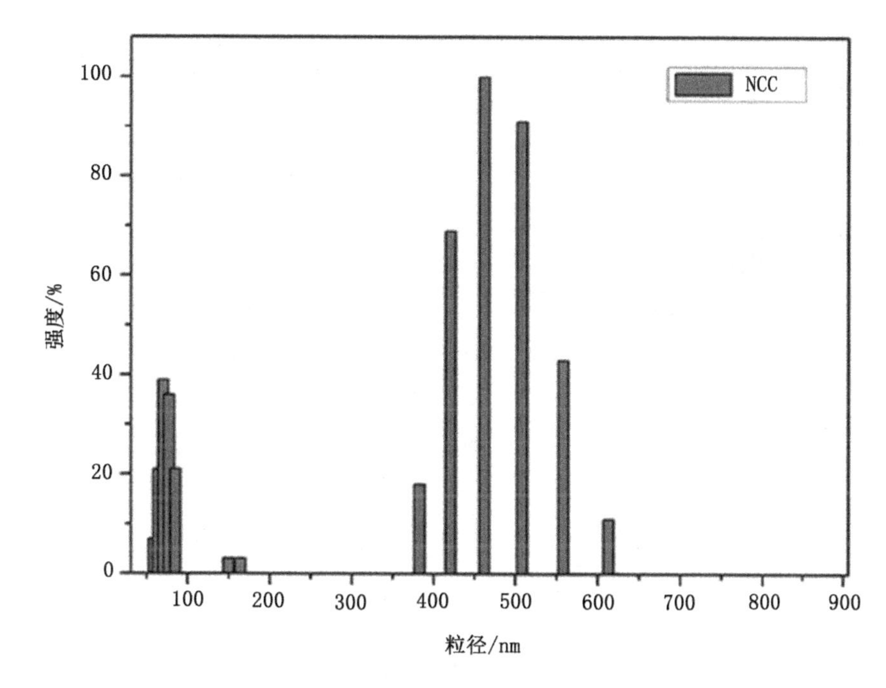

图 1-25 无乙酸预处理芦苇浆 NCC 粒度分布[76]

表 1-12 无乙酸预处理芦苇浆 NCC 粒度分析结果[76]

无乙酸预处理芦苇浆 NCC	体积数均粒度/nm	粒度分布				粒度分布宽度/nm
		粒度/nm	强度/%	粒度/nm	强度/%	
NCC	366.1	58.4	7	64.2	21	26.7
		70.5	39	77.5	36	
		85.1	21			
		149.6	3	164.3	3	14.7
		383.0	18	420.8	69	229.9
		462.2	100	507.8	91	
		557.9	43	612.9	11	

从图 1-25 和表 1-12 可知，无乙酸预处理芦苇浆 NCC 呈现三个正态分布峰，体积数均粒度为 366.1 nm。

乙酸预处理芦苇浆 3 次重复试验的 NCC 粒度分布如图 1-26 所示[76]。

乙酸预处理芦苇浆 3 次重复试验的 NCC 粒度分析结果如表 1-13 所示[76]。

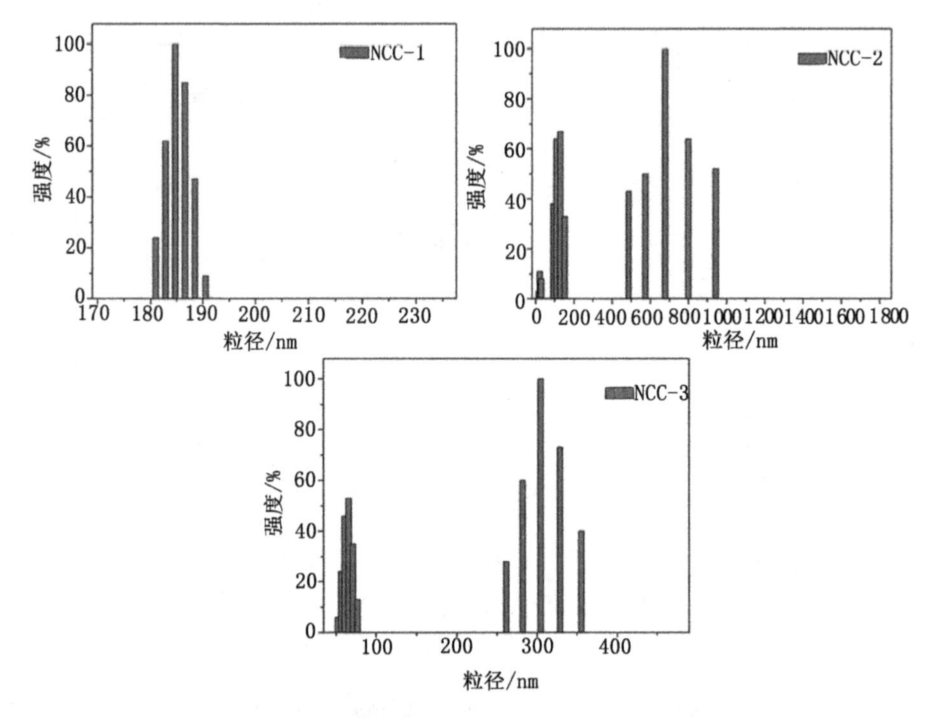

图 1-26 乙酸预处理芦苇浆 NCC 粒度分布[76]

表 1-13 乙酸预处理芦苇浆 NCC 粒度分析结果[76]

乙酸预处理 NCC	体积数均粒度/nm	粒度分布				粒度分布宽度/nm
		粒度/nm	强度/%	粒度/nm	强度/%	
NCC-1	185.3	180.9	24	182.8	62	9.6
		184.7	100	186.6	85	
		188.5	47	190.5	9	
NCC-2	445.2	14.9	3	17.6	3	14.0
		20.7	11	24.5	8	
		28.9	8			
		92.4	38	109.0	64	59.6
		128.7	67	152.0	33	
		485.7	43	573.4	50	457.8
		677.0	100	799.2	64	
		943.5	52			

续表

乙酸预处理 NCC	体积数均粒度/nm	粒度分布				粒度分布宽度/nm
		粒度/nm	强度/%	粒度/nm	强度/%	
NCC-3	218.2	56.2	6	60.6	46	20.2
		65.5	53	70.7	35	
		76.4	13			
		261.2	28	282.0	60	94.0
		304.6	100	328.9	73	
		355.2	40			

从图 1-26 和表 1-13 可知，乙酸预处理芦苇浆 NCC-1 呈现一个正态分布峰，粒度分布较为均匀；NCC-2 呈现三个正态分布峰：14.9~28.9 nm 区域占总相对强度比例的 6.1%，92.4~152.0 nm 区域占总相对强度比例的 37.1%，485.7~943.5 nm 区域占总相对强度比例 56.8%；NCC-3 呈现两个正态分布峰：56.2~76.4 nm 区域占总相对强度比例的 33.7%，261.2~355.2 nm 占总相对强度比例的 66.3%。粒度分析仪测的是等效球体积粒径[73-74,77]，因此 3 次重复测的 NCC 尺寸有差异，NCC-1 尺寸较均匀，乙酸预处理芦苇浆为均一 NCC 制备提供了新思路，如何保持 NCC 尺寸稳定性，有待进一步研究。

1.4.3.4 NCC 形貌分析

无乙酸预处理芦苇浆 NCC 和乙酸预处理芦苇浆 NCC-1 透射电子显微镜图如图 1-27 所示。依据参考文献 [76, 78]，从图 1-27 可知，无乙酸预处理芦苇浆 NCC 和乙酸预处理芦苇浆 NCC-1 均呈棒状。

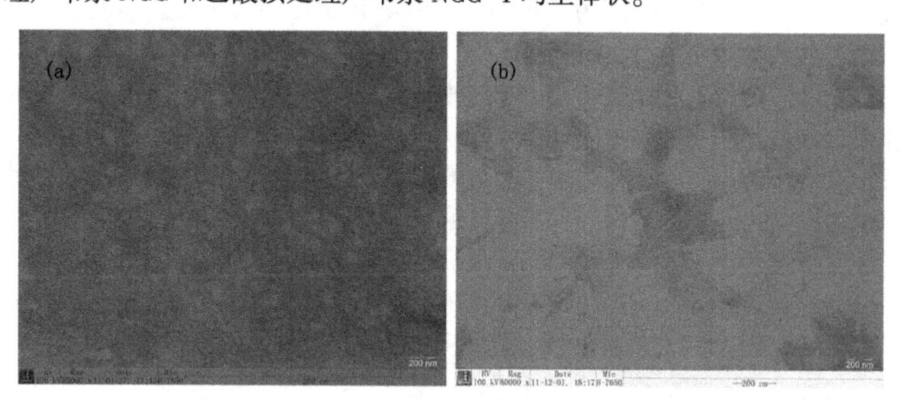

图 1-27 透射电子显微镜图[76,78]

(a) 无乙酸预处理芦苇浆 NCC；(b) 乙酸预处理芦苇浆 NCC-1

1.4.3 结论

硫酸水解芦苇浆（乙酸预处理）制备 NCC，三次重复试验的 NCC 得率分别为 63.13%（NCC-1），62.30%（NCC-2）和 62.15%（NCC-3）；乙酸回收率分别为 75.00%（NCC-1），78.15%（NCC-2）和 77.56%（NCC-3）。NCC 尺寸分析表明三次重复试验的 NCC 平均尺寸有差异。NCC-1 尺寸分布较均匀，平均尺寸为 185.3 nm；透射电子显微镜下观察 NCC-1 呈棒状。无乙酸预处理芦苇浆 NCC 得率为 61.5%；透射电子显微镜下观察无乙酸预处理芦苇浆 NCC 呈棒状；无乙酸预处理芦苇浆 NCC 尺寸分布不均匀，平均尺寸为 366.1 nm。NCC 尺寸稳定性受原料来源、制备方法及工艺参数的影响较大，现有方法制备的纳米悬浮液中包含有多种尺寸，乙酸预处理芦苇浆有助于制备均一纳米纤维素。芦苇浆的酸水解和乙酸预处理酸水解 NCC 制备及表征试验结果表明乙酸预处理酸水解芦苇浆可以制备尺寸较均一的 NCC。

1.5 芦苇浆碱预处理酸水解 NCC 的正交法优化制备及表征

1.5.1 引言

天然纤维素具有很多高分子聚合物无法比拟的生物降解性和可再生性等优点，开发以天然纤维素为原料的新型精细化学品替代不可再生资源将是 21 世纪可持续发展化学工程研究领域的重要课题之一[61,79-80]。天然纤维素超分子结构研究表明纤维素是由结晶相和非结晶相交错形成，其中非结晶相在用 X 射线衍射技术测试时呈无定形状态，大部分葡萄糖环上的羟基基团处于游离状态；结晶相纤维素中大量的羟基基团形成数目庞大的氢键，这些氢键构成巨大的氢键网格，直接导致形成致密的晶体结构。致密的晶体结构是天然纤维素难水解的主要原因，碱液对纤维素的溶胀作用可以破坏纤维素分子间的氢键[5,81-83]。王献玲等[84]的研究结果表明，将一定量微晶纤维素加入质量分数为 14%氢氧化钠水溶液浸泡 24 h，微晶纤维素的晶型发生了改变，为纤维素Ⅰ型和Ⅱ型的混合体，碱润胀有消晶作用，使晶区发生破裂，晶粒尺寸大幅度下降，比表面积显著增加。吴晶晶等[85]研究结果表明氢氧化钠水溶液质量分数超过 9%时，纤维素晶型开始明显由纤维素Ⅰ型转变为纤维素Ⅱ型。程博闻[86]研究结果表明典型纤维素Ⅰ型纤维素浆粕经过 15%

氢氧化钠水溶液处理后的纤维素晶型中既有纤维素Ⅰ型，也有纤维素Ⅱ型；18%的氢氧化钠水溶液处理后的纤维素晶型中纤维素Ⅱ型比例逐渐增多，纤维素Ⅰ型比例逐渐减少。王铁群等[87]的研究结果表明，用质量分数大于18%氢氧化钠水溶液浸渍 1 h 的棉短绒，纤维素晶型完全转化为纤维素Ⅱ型。碱润胀处理纤维素一般以低温（如 20 ℃）为宜，这种关系仅指最高温度为 70 ℃时有效；高温浸渍也可使纤维素获得较高的反应活性，在 90～105 ℃时制备的碱纤维素，其反应活性甚至比 20 ℃时的更高，中间温度 60～70 ℃是最不适宜的温度[86]。Zhang 等[88]在 80 ℃通过 5 mol/L 氢氧化钠水溶液预处理纤维素纤维 3 h 后并酸解得到纤维素Ⅱ型球形纤维素纳米粒子。强酸水解植物、细菌、动物纤维素和微晶纤维素可制备纳米纤维素晶体(晶须)[6,40,67]。硫酸水解纤维素是制备纳米纤维素的常规方法之一[21,63]。唐丽荣等[33,54,62]研究了硫酸水解微晶纤维素制备纳米纤维素的工艺条件优化及其性能表征，研究结果表明，硫酸水解微晶纤维素制备的纳米纤维素保持了微晶纤维素原有的纤维素Ⅰ型的晶体结构。采用硫酸水解碱处理芦苇浆制备纳米纤维素，在单因素优化试验的基础上，采用正交法对影响纳米纤维素得率的主要因素反应时间、反应温度和碱处理时间进行制备工艺条件优化，研究了纳米纤维素平均粒径的变化，为纳米纤维素复合材料制备提供原料和基础数据。

1.5.2 试验

1.5.2.1 材料与仪器

漂白芦苇浆，黑龙江省牡丹江恒丰纸业集团有限责任公司；硫酸、氢氧化钠，分析纯，天津市科密欧化学试剂开发中心。

101-2A 型电热鼓风干燥箱，天津市泰斯特仪器有限公司；FD-1A-50 型冷冻干燥机，北京博医康试验仪器有限公司；ZetaPALS 高分辨 Zeta 电位及粒度分析仪，美国 Brookhaven 仪器有限公司；Magna-IR560 型傅里叶变换红外光谱仪（FT-IR），美国 Nicolet 仪器有限公司；D/max-RB 型 X 射线衍射仪（XRD），日本 Rigaku 仪器有限公司。

1.5.2.2 NCC 的制备

将质量分数为 55%的硫酸溶液倒入装有一定质量的碱处理芦苇浆的烧杯中，在一定温度下反应，离心洗涤多次至 pH＝6～7，得到纳米纤维素胶体，真空冷冻干燥得到固体纳米纤维素。

1.5.2.3 NCC 粒径的测定

取 5 mL 纳米纤维素水溶胶，在 100 W、45 Hz 的条件下超声处理 3 min

后，控制计数率为 40~80 kHz，扫描时间为 1.5 min，扫描 3 次，求出纳米纤维素粒径（等效粒径）[73-74]平均值。

1.5.2.4 正交试验设计

在单因素优化试验基础上，对影响纳米纤维素得率的反应温度、碱处理时间和反应时间等 3 个主要因素进行纳米纤维素制备工艺条件的正交优化。

1.5.3 结果与分析

1.5.3.1 单因素优化试验结果

（1）反应时间。

在反应温度 50 ℃下，5 mol/L 氢氧化钠水溶液 80 ℃处理芦苇浆1.5 h，研究反应时间对纳米纤维素得率的影响及其粒径的变化，试验结果见表 1-14[89]。由表 1-14 可知，随着反应时间的增加，纳米纤维素得率先增加后下降，反应2.0 h，纳米纤维素得率最高，为 52.50%；纳米纤维素平均粒径随着反应时间的增加而逐渐减小。因此，反应时间 2.0 h 为最佳。

表 1-14 单因素优化试验结果[89]

项目	因素	纳米纤维素得率/ %	平均粒径/nm
反应时间/ h	1.0	29.25	487.4
	2.0	52.50	342.8
	3.0	50.25	209.3
	4.0	45.75	141.3
反应温度/ ℃	50	52.50	342.8
	55	53.11	177.3
	60	53.50	148.9
	65	48.00	190.3
碱处理时间/ h	0.5	37.75	243.9
	1.0	54.50	156.9
	1.5	53.50	148.9
	2.0	45.75	191.8

(2) 反应温度。

反应时间 2.0 h，用 5 mol/L 的氢氧化钠水溶液在 80 ℃处理芦苇浆 1.5 h，研究反应温度对纳米纤维素得率的影响及其粒径的变化，试验结果见表 1-14[89]。从表 1-14 可知，随着反应温度的升高，纳米纤维素得率先增长后下降，反应温度 60 ℃，纳米纤维素得率最高，为 53.50%；随着反应温度的升高，纳米纤维素平均粒径先减小后增大。因此，反应温度 60 ℃为最佳。

(3) 碱处理时间。

反应温度 60 ℃，反应时间 2.0 h，5 mol/L 氢氧化钠水溶液 80 ℃处理芦苇浆 1.5 h，研究碱处理时间对纳米纤维素得率的影响及其粒径的变化，试验结果见表 1-14[89]。从表 1-14 可知，随着碱处理时间的增加，纳米纤维素得率先增加后下降，碱处理 1.0 h，纳米纤维素得率最高，为 54.50%；随着碱处理时间的增加，纳米纤维素平均粒径先减小后增大。原因可能是在碱处理过程中，纤维素首先被碱润胀，而碱润胀有消晶作用，使晶区发生破裂，晶粒尺寸大幅度下降，比表面积显著增加，可及度明显增加，碱液破坏了纤维素分子间的氢键[4,8]；碱处理时间过长，纤维素的晶型结构被碱破坏[90]，生成更小颗粒的纳米纤维素的同时，也伴随生成更多水溶性物质(葡萄糖等)，纳米纤维素得率下降，较小粒径的纳米纤维素易团聚形成较大颗粒，所以出现纳米纤维素粒径在反应后期反而变大。

1.5.3.2 正交试验结果

为优化试验参数，根据前期试验结果，用正交试验来研究反应时间、反应温度和碱处理时间对试样纳米纤维素得率的影响及其粒径的变化，从而确定较好的制备方案。正交试验结果见表 1-15[89]。

从表 1-15 可知，对纳米纤维素得率而言，由 $k_1 \sim k_4$ 及 R 值可知，碱处理时间影响最大，反应时间影响次之，反应温度影响最小；最佳制备工艺条件为：碱处理时间 1.0 h，反应时间 3.0 h，反应温度 60 ℃。

表 1-15 正交试验结果[89]

No.	反应温度/ ℃	碱处理时间/ h	反应时间/ h	纳米纤维素得率/ %	平均粒径/nm
1	50	0.5	1.0	14.25	621.0
2	50	1.0	2.0	52.25	445.2
3	50	1.5	3.0	50.25	209.3
4	50	2.0	4.0	46.85	150.2
5	55	1.0	1.0	38.15	326.2

续表

No.	反应温度/ ℃	碱处理时间/ h	反应时间/ h	纳米纤维素得率/ %	平均粒径/nm
6	55	0.5	2.0	50.11	270.9
7	55	2.0	3.0	43.38	170.7
8	55	1.5	4.0	42.70	211.9
9	60	1.5	1.0	43.73	261.5
10	60	2.0	2.0	45.75	191.8
11	60	0.5	3.0	50.93	210.7
12	60	1.0	4.0	45.22	195.4
13	65	2.0	1.0	44.62	241.7
14	65	1.5	2.0	48.00	190.3
15	65	1.0	3.0	44.35	256.4
16	65	0.5	4.0	42.52	219.6
k_1	40.90	35.19	39.45		
k_2	43.84	49.03	44.99		
k_3	46.41	47.48	46.17		
k_4	44.87	44.32	45.40		
R	5.51	13.84	6.72		
k_{1*}	356.425	362.600	330.550		
k_{2*}	244.925	274.550	305.800		
k_{3*}	214.750	211.775	218.250		
k_{4*}	227.000	194.275	188.600		
R^*	141.575	168.325	141.950		

注：k_n，R 分别为纳米纤维素得率的平均值和极差；$k_n{}^*$，R^* 分别为纳米纤维素平均粒径的平均值和极差。

由于最佳工艺条件并不在正交优化表中，因此补做了三组最佳工艺条件试验，见表 1-16[89]。

表 1-16　补充试验结果[89]

No.	反应温度/ ℃	碱处理时间/ h	反应时间/ h	纳米纤维素得率/ %	平均粒径/nm
1	60	1.0	3.0	55.50	162.8
2	60	1.0	3.0	55.11	177.3
3	60	1.0	3.0	56.30	158.9

从表 1-16 可知，在最佳工艺条件下制备纳米纤维素，试验测得纳米纤维素得率（平均值）为 55.64%，平均粒径（平均值）为 166.3 nm。从表

1-15 可知，对纳米纤维素平均粒径而言，由 k_1^* ~ k_4^* 以及 R^* 值可知，碱处理时间影响最大，反应时间影响次之，反应温度影响最小。从纳米纤维素得率和粒径综合考虑，一般是得率越高越好，粒径越小越好，碱处理时间 1.0 h，反应时间 2.0 h，反应温度 60 ℃，纳米纤维素得率（平均值）为 54.50%，平均粒径（平均值）为 156.9 nm 较适宜。

图 1-28 和图 1-29 分别为碱处理时间 1.0 h、反应时间 2.0 h、反应温度 60 ℃制备纳米纤维素的傅里叶变换红外谱图和 X 射线衍射图[89]。

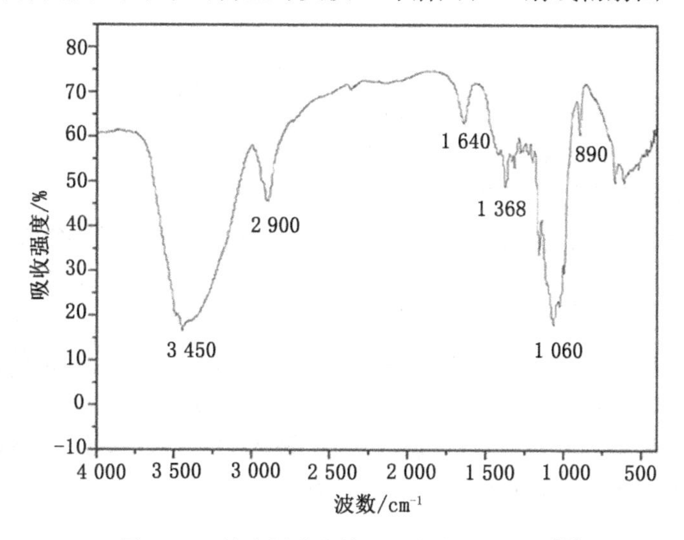

图 1-28 纳米纤维素傅里叶变换红外谱图[89]

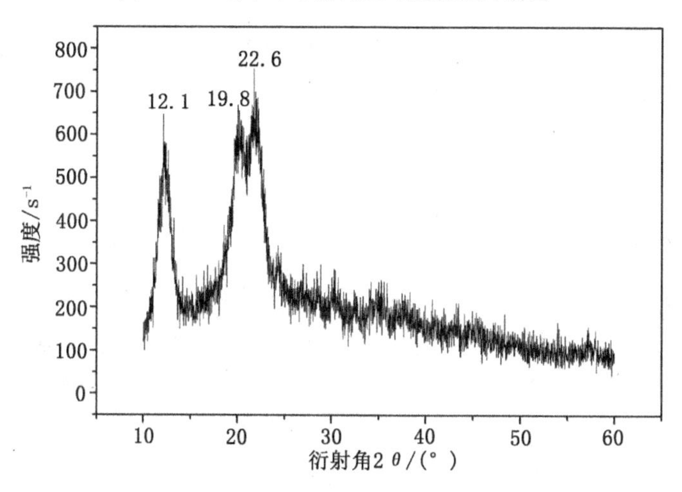

图 1-29 纳米纤维素的 X 射线衍射图[89]

从图 1-28 可知，纳米纤维素的傅里叶变换红外光谱在 3 450，2 900，1 640，1 368，1 060，890 cm^{-1}具有纤维素Ⅱ型特征峰[91-92]，从图 1-29 可知，纳米纤维素在 $2\theta=12.1°$、$19.8°$和 $22.6°$处的衍射峰分别对应纤维素Ⅱ型晶面的衍射峰[89,93-94]。FTIR 和 XRD 分析结果表明硫酸水解芦苇浆（碱处理后）制备纳米纤维素是纤维素类物质，晶型为纤维素Ⅱ型。纤维素Ⅱ型与纤维素Ⅰ型相比，增大了晶面间距，使纤维素易为反应试剂所及，纤维素Ⅱ型纳米纤维素为纳米纤维素复合材料的制备提供了条件。

1.5.4 结论

对纳米纤维素得率和平均粒径而言，正交试验结果均表明碱处理时间影响最大，反应时间影响次之，反应温度影响最小；对纳米纤维素得率而言，正交试验结果表明最佳制备工艺条件为碱处理时间 1.0 h，反应时间 3.0 h，反应温度 60 ℃。较佳工艺条件下制备纳米纤维素，试验测得纳米纤维素得率（平均值）为 55.64%，平均粒径为 166.3 nm；综合纳米纤维素得率和平均粒径分析，碱处理时间 1.0 h，反应温度 60 ℃，反应时间 2.0 h，纳米纤维素得率为 54.50%，平均粒径为 156.9 nm 为适宜的制备工艺条件；通过傅里叶变换红外光谱和 X 射线衍射分析，结果表明碱处理芦苇浆制备纳米纤维素为纤维素Ⅱ型。芦苇浆碱预处理酸水解 NCC 的正交法优化制备及表征试验结果表明碱预处理酸水解芦苇浆制备 NCC 为纤维素Ⅱ型。

1.6 芦苇浆碱预处理酸水解 NCC 和酸预处理高压均质 NFC 制备及表征

1.6.1 引言

采用碱预处理硫酸水解法和酸预处理高压均质法分别制备了芦苇浆纳米纤维素晶体（NCC）和芦苇浆纳米纤维素纤维（NFC）。通过傅里叶变换红外光谱（FI-TR）、透射电子显微镜（TEM）、扫描电子显微镜（SEM）和 X 射线衍射仪（XRD）对制备纳米纤维素晶体和纳米纤维素纤维的化学态、形貌以及结晶态进行表征和分析。

1.6.2 试验

1.6.2.1 材料与仪器

原料和试剂如表 1-17 所示。

表 1-17 原料和试剂

药品名称	纯度	厂家
芦苇浆	工业级	黑龙江省牡丹江恒丰纸业集团有限责任公司
浓硫酸（质量分数 98%）	分析纯	天津市科密欧化学试剂开发中心
氢氧化钠	分析纯	天津市科密欧化学试剂开发中心
聚乙烯醇 1799 型	分析纯	阿拉丁试剂

注：芦苇浆的成分测定结果为：水分 5.92%，灰分 2.39%，木质素 7.44%，纤维素 75.84%。

仪器如表 1-18 所示。

表 1-18 仪器

仪器名称	生产厂家
FZ102 微型植物粉碎机	天津市泰斯特仪器有限公司
KQ-200VDE 型三频数控超声波清洗器	昆山市超声仪器有限公司
SCIENTZ-ⅡD 型超声波细胞粉碎机	宁波新芝生物科技股份有限公司
FD-1A-50 型冷冻干燥机	北京博医康试验仪器有限公司
恒温槽	深圳市超杰试验仪器有限公司
M-110P 型射流纳米均质机	美国 Microfluidizer
H-7650 型透射电子显微镜	日本日立 Hitachi 仪器有限公司
Quanta 200 型扫描电子显微镜	美国 FEI 公司
Specttwn 2000 型傅里叶变换红外光谱仪	美国珀金埃尔默 Perkin Elmer 仪器有限公司
D/max-RB 型 X 射线衍射仪	日本理学 Rigaku 仪器有限公司

1.6.2.2 方法

（1）NCC 的制备。

将芦苇浆粉碎后过 60 目筛，取 4 g 粉碎后的芦苇浆和 200 mL 浓度为 5 mol/L的氢氧化钠水溶液加入到 500 mL 烧杯中在 80 ℃的恒温水浴条件下润胀 1 h，然后过滤洗涤至 pH=6~7，接着将预处理后的芦苇浆和 200 mL 质量分数为 55 %的硫酸加入到烧杯中，搅拌均匀后，在 55 ℃下水解反应 2 h，离心洗涤数次至 pH=6~7，再经超声波细胞破碎后，得到纳米纤维素晶体

(晶须) NCC 水溶胶。

(2) NFC 的制备。

纳米纤维素纤维（纳米纤丝化纤维素 NFC）的制备方法采用经典的高压均质工艺来制备，参见文献［80，95］，为了提高效率，缩短均质次数，故在原工艺中增加了稀酸预处理步骤。具体方法如下：首先，将芦苇浆粉碎后过 60 目筛；然后，将 5 g 粉碎后的芦苇浆加入到 300 mL 质量分数为 10 % 的硫酸中在 50 ℃条件下反应 5 h；接着离心洗涤至 pH=6~7；最后，在内径为 80 μm、操作压力为 15 000 psi（1kPs=0. 145 psi）的条件下均质 12 次后得到纳米纤维素纤维的水溶胶。

1. 6. 2. 3 表征

纳米纤维素晶和纳米纤维素纤维的水溶胶经过吸附、干燥和染色后，采用 H-7650 型透射电子显微镜（TEM）进行表征；将以上制备的纳米纤维素晶和纳米纤维素纤维水溶胶经冷冻干燥后采用 Quanta 200 型扫描电子显微镜（SEM）对其形貌进行表征；采用 Specttwn 2000 型傅里叶变换红外光谱的 ATR 附件对冷冻干燥后的纳米纤维素晶体和纳米纤维素纤维以及原料进行化学态表征，其中分辨率为 4 cm^{-1}，扫描次数为 40 次；采用日本理学 D/max-r B型 X 射线衍射仪对冷冻干燥后的纳米纤维素晶和纳米纤维素纤维进行结晶态表征，测定条件为室温 Cu 靶 $K\alpha$ 辐射，加速电压为 40 kV，电流为 50 mA，扫描速度为 4°/min。样品稳定性测试：因为以上制备的纳米纤维素晶和纳米纤维素纤维在后续研究中主要用做聚乙烯醇复合材料的增强组分，故在此对其在质量分数为 4% 的聚乙烯醇水溶液中的稳定性进行测试。首先采用质量差法得到纳米纤维素晶体和纳米纤维素纤维的初始浓度，经过稀释后制成质量浓度为 5 g/L 的溶胶，分别取 5 mL 加入到 100 mL 质量分数为 4% 的聚乙烯醇中，超声波分散 10 min 中后观察记录其团聚的时间。

1. 6. 3 结果与分析

1. 6. 3. 1 TEM 分析

样品的 TEM 图如图 1-30 所示[96]。从图 1-30 可以看出，采用碱预处理硫酸酸水解法和酸预处理高压均质法可以将芦苇浆纤维分别转变成两种不同长径比的纳米级纤维，其中酸水解法由于通过强碱的润胀作用以及强酸的水解作用使芦苇浆纤维素的结晶区和无定形区遭到严重破坏，故该法制备的纳米纤维素长径比不高，其长度为 100~300 nm，直径为 10~15 nm，为纳米纤维素晶体（晶须）；而采用酸预处理高压均质法芦苇浆纤维的直链结构得到了极大的保留，主要是通过物理的剪切和高压将原纤丝从纤维素剥离，能使其保持较高的长径比，其长度大于 2 μm，直径 15 nm，为纳米纤维素纤维。

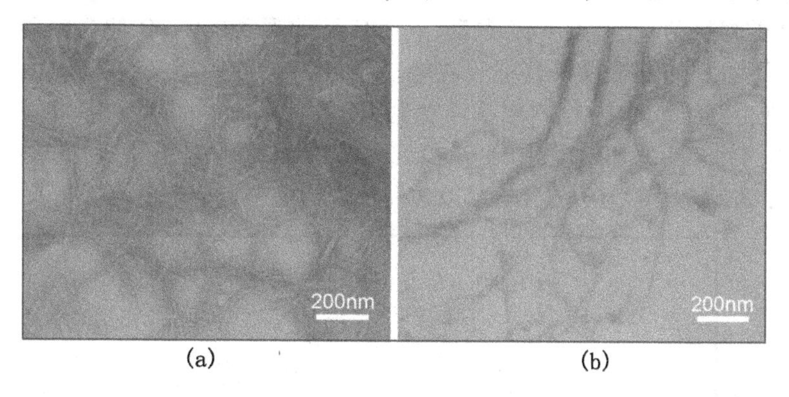

图 1-30　样品的 TEM[96]

(a) 纳米纤维素晶体 NCC；(b) 纳米纤维素纤维 NFC

1.6.3.2　SEM 分析

样品的 SEM 图如图 1-31 所示[96]。从图 1-31 可以看出，经过冷冻干燥，纳米纤维素晶体和纳米纤维素纤维能保持一定的分散性，由于其分子间强的氢键缔合作用和范德华力的作用，导致其发生明显的聚集，其中纳米纤维素晶体的晶须状结构变为短棒桥链结构，而纳米纤维素纤维形成交错的网络状结构有助于增强纳米纤维素复合材料的力学性能[97]。

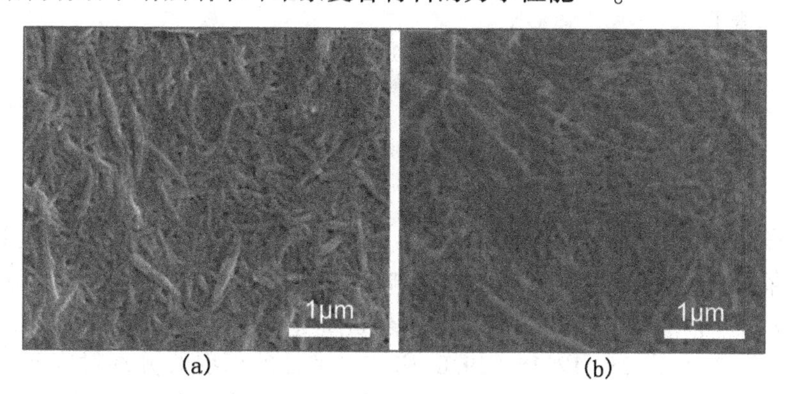

图 1-31　样品的 SEM 图[96]

(a) 纳米纤维素晶体 NCC；(b) 纳米纤维素纤维 NFC

1.6.3.3　FT-IR 分析

样品的 FTIR 图如图 1-32 所示[96]。从图 1-32 可以得知：经过化学和物理作用，芦苇浆纤维素的形貌虽然发生了很大的变化，但其化学态仍然保持原有的纤维素特征，例如：在 NCC 和 NFC 的傅里叶红外光谱中，在 3 450，

2 900，1 640，1 368，1 060，890 cm^{-1}处分别为纤维素的 O—H 伸缩振动、C—H 伸缩振动、C ═O 伸缩振动、C—H 弯曲振动、C—O 伸缩振动和 C—O—C 不对称伸缩振动等特征吸收峰。但 NCC 的吸收峰又与 NFC 和原料略有区别，例如：3 450 cm^{-1}羟基峰发生了分裂，1 368 cm^{-1}的吸收峰较强，这些都主要归结于 NCC 采用了碱预处理使纤维素的晶型由 Ⅰ 型转变为 Ⅱ 型[98]，结合以下 XRD 的分析可以进一步说明这一点。

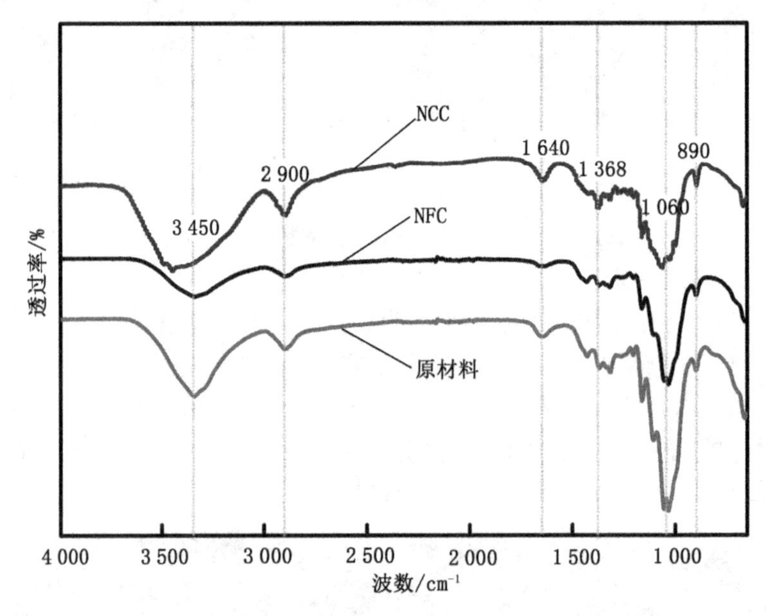

图 1-32　样品的 FTIR 图谱[96]

1.6.3.4　XRD 分析

样品的 XRD 如图 1-33 所示[96]。从图 1-33 可以看出，碱预处理手段对芦苇浆纤维素的晶型产生较大的影响，其中 NFC 在 $2\theta=14.8°$，16.3°和 22.60°处的衍射峰分别对应 I 型纤维素晶面（$1\bar{1}0$）（110）和（200）的衍射峰，而 NCC 在 $2\theta=12.1°$，19.8°和 22.60°处的衍射峰分别对应 Ⅱ 型纤维素晶面（$1\bar{1}0$）（110）和（200）的衍射峰[90,96,99-100]。结合 IR 和 XRD 的结果，纤维素的晶体结构在碱处理过程中从 I 型纤维素转变为 Ⅱ 型纤维素。

1.6.3.5　稳定性分析

经过稳定性试验发现 NCC 和 NFC 胶体在聚乙烯醇水溶液的析出时间分别为 20 h 和 15 min，这是由于 NCC 颗粒较为细小在 PVA 的胶体溶液中聚集的时间较长，而 NFC 由于分子链较长当引入 PVA 这种聚电解质时快速打破了原有 NFC 胶体的电荷平衡，导致其快速形成沉淀，结果表明，NCC 可以

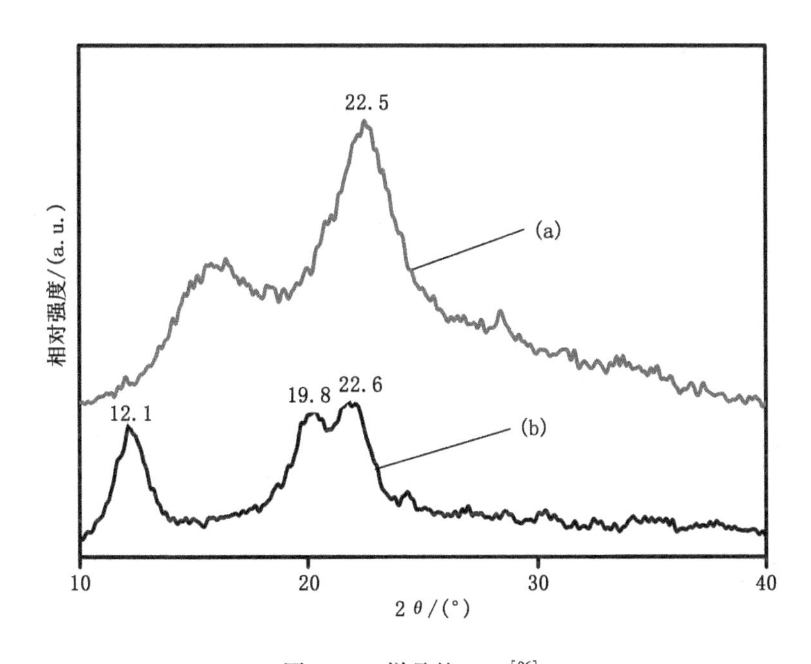

图 1-33 样品的 XRD[96]

(a) 纳米纤维素晶体 NCC；(b) 纳米纤维素纤维 NFC

采用共混法与 PVA 制备复合膜，而 NFC 由于其不稳定性在 PVA 复合膜中会产生严重的相分离。

1.6.3.6 机理分析

图 1-34 为 NCC 和 NFC 形成机理图[96]。从图 1-34 可以看出，芦苇浆纤维素的结晶区和无定形区在热的 NaOH 溶液中遭到破坏，并且产生了较多的空隙，使得在酸水解时硫酸可以快速渗透到结晶区进行拟均相水解，打断长链纤维，形成纳米晶须。部分纤维晶须由于表面吸附作用团聚在一起，通过超声波细胞破碎分散成独立的纳米晶体；NFC 的形成首先也是经历了结晶区和无定形区的破坏，导致纤维素纤丝的结晶区间距变大，再经过高压射流均质过程使得纤丝从纤维素中剥离下来。

1.6.4 结论

通过碱预处理硫酸酸水解法，在碱处理 1 h 和质量分数为 55% 的硫酸酸解 2 h 后得到了直径为 10~15 nm、长度为 100~300 nm 较为均一的纤维素Ⅱ型纳米纤维素晶，与现有报道的纳米纤维素晶的制备方法相比，该法有效地缩短了水解时间，降低了酸的浓度，并且利用废酸和废碱的中和反应解决了一定的废液处理问题；通过酸预处理高压均质法，用质量分数 10% 硫酸处理 5 h 和

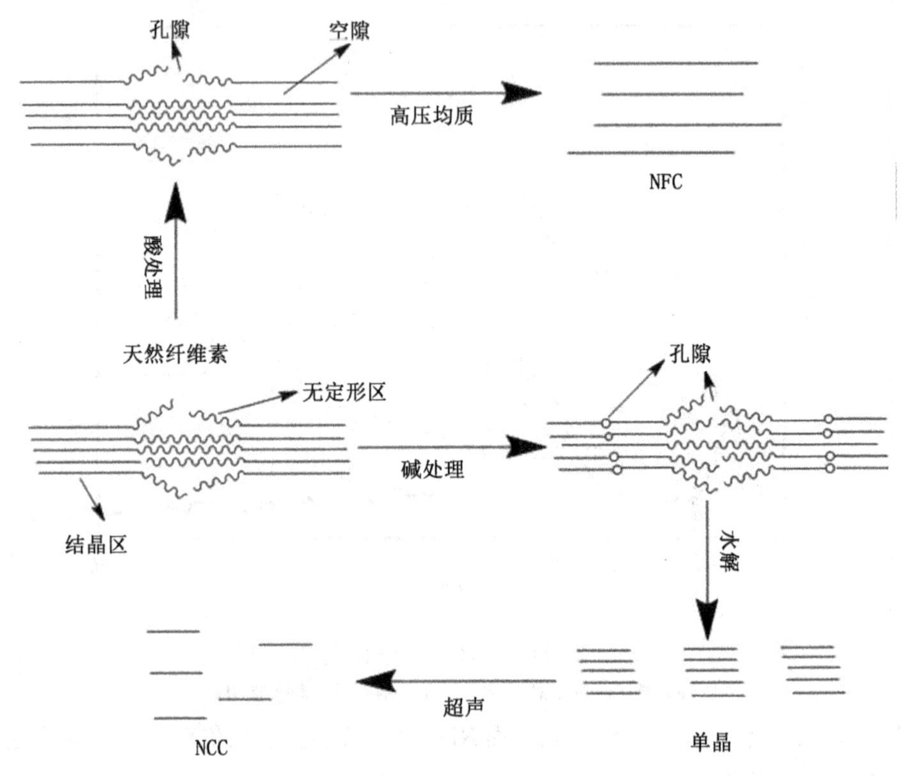

图 1-34　纳米纤维素晶体（NCC）和纳米纤维素纤维（NFC）的形成机理图[96]

高压均质 12 次后得到了剥离较为充分的纳米纤维素纤维，其直径为 15 nm，长度大于 2 μm，较文献中的均质次数（15 次）有明显的缩短，并且剥离程度较好。以上制备的纳米纤维素晶体在聚乙烯醇中稳定性较好，而纳米纤维素纤维的稳定性较差，故在后续研究中，共混法制备复合膜主要以纳米纤维素晶体作为增强组分。芦苇浆碱预处理酸水解 NCC 和酸预处理高压均质 NFC 制备及表征试验结果表明 NCC 和 NFC 性质各异，可以用来制备复合功能材料。

1.7　桉木浆酸水解 NCC 的响应面法优化制备及表征

1.7.1　引言

无机酸水解纤维素原料是制备纳米纤维素晶体（NCC）常见的方法之一[69]。纳米纤维素晶体具有长径比高、比表面积大和较好的生物降解性，常作为增强相，在绿色复合材料制备领域应用前景广阔[61,67-68,70,72]。采用硫酸水解桉木浆制备 NCC，用响应面法优化 NCC 制备工艺条件并通过傅里叶变换红外（FTIR）光谱、X 射线衍射（XRD）、激光粒度分析法和透射电子显微镜（TEM）观察法对 NCC 进行性能表征，为 NCC 质量控制提供基础数据。

1.7.2 试验

1.7.2.1 材料与仪器

漂白桉木浆，黑龙江省牡丹江恒丰纸业集团有限责任公司；硫酸（分析纯），天津市科密欧化学试剂开发中心。

101-2A 型电热鼓风干燥箱，天津市泰斯特仪器有限公司；KQ-200VDE 型三频数控超声波清洗器，昆山市超声仪器有限公司；SCIENTZ-IID 超声波细胞粉碎机，宁波新芝生物科技股份有限公司；FD-1A-50 型冷冻干燥机，北京博医康试验仪器有限公司；MAGNA-IR560 型傅里叶变换红外光谱仪，美国 Nicolet 仪器有限公司；D/MAX-RB 型 X 射线粉末衍射仪，日本 Rigaku 仪器有限公司；ZetaPALS 高分辨 Zeta 电位及粒度分析仪，美国 Brookhaven 仪器有限公司；H-7650 型透射电子显微镜，日本 Hitachi 仪器有限公司。

1.7.2.2 NCC 的制备

一定浓度的硫酸溶液和一定质量桉木浆，在一定温度下水解，得到悬浮液，离心洗涤至 pH = 6 ~ 7，对产物进行超声波处理数分钟，得到稳定的 NCC 胶体。真空冷冻干燥后得到 NCC 固体。通过傅里叶变换红外（FT-IR）光谱仪、X 射线衍射（XRD）仪、ZetaPALS 高分辨 Zeta 电位及粒度分析仪、透射电子显微镜（TEM）对 NCC 进行性能表征。

1.7.2.3 Box-Behnken 优化试验

在单因素优化试验的基础上，确定 Box-Behnken 设计的自变量，以 NCC 得率为响应值，响应面法进行 NCC 制备工艺条件的优化。

1.7.3 结果与分析

1.7.3.1 单因素优化试验结果

（1）硫酸质量分数对 NCC 得率的影响。

反应温度 50 ℃，水解时间 4 h，研究硫酸质量分数对 NCC 得率的影响，试验结果见表 1-19[101-102]。由表 1-19 可知，硫酸质量分数 55% 为最佳。

（2）反应温度对 NCC 得率的影响。

硫酸质量分数 55%，水解时间 4 h，研究反应温度对 NCC 得率的影响，试验结果见表 1-19[101-102]。由表 1-19 可知，反应温度 50 ℃为最佳。

(3) 水解时间对 NCC 得率的影响。

反应温度 50 ℃，硫酸质量分数 55%，研究水解时间对 NCC 得率的影响，试验结果见表 1-19[101-102]。由表 1-19 可知，水解时间 4 h 为最佳。

表 1-19 单因素优化试验结果[101-102]

项目	因素	NCC 得率/%
硫酸质量分数/ %	50	61.05
	55	64.05
	60	53.28
反应温度/ ℃	45	45.45
	50	63.80
	55	57.12
水解时间/ h	3	37.85
	4	64.10
	5	52.82

1.7.3.2 响应面法优化 NCC 制备工艺条件

(1) 响应面分析因素水平的选取。

在单因素试验的基础上，选取硫酸质量分数（X_1）、反应温度（X_2）、水解时间（X_3）3 个因素进行 Box-Behnken 设计，利用 Design-Expert 7.0.0 软件进行数据拟合，以-1，0，1 分别代表自变量的低、中、高水平，响应面分析因素与水平见表 1-20[101-102]。

表 1-20 响应面分析因素与水平[101-102]

因素	水平		
	-1	0	1
X_1/%	50	55	60
X_2/ ℃	45	50	55
X_3/h	3	4	5

(2) 响应面分析方案及结果。

以 X_1，X_2，X_3 为自变量，以 NCC 得率为响应值（Y），采用 Box-Behnken 设计，响应面分析方案及试验结果见表 1-21[101-102]。

表 1-21 响应面分析方案及试验结果[101-102]

No.	X_1/%	X_2/ ℃	X_3/h	Y/%
1	-1	-1	0	21.41
2	-1	1	0	54.05
3	1	-1	0	52.47
4	0	0	0	63.90
5	1	0	1	41.96
6	1	0	-1	27.83
7	0	-1	-1	21.08
8	0	0	0	64.10
9	0	-1	1	41.35
10	0	0	0	64.80
11	-1	0	-1	21.90
12	0	0	0	64.35
13	0	1	-1	53.73
14	0	1	1	43.62
15	-1	0	1	50.07
16	0	0	0	64.05
17	-1	0	-1	45.27

对试验数据进行拟合回归，回归方程为

$$Y=64.24+2.51X_1+7.55X_2+6.56X_3-9.96X_1X_2-3.51X_1X_3-7.60X_2X_3-12.72X_{12}-8.22X_{22}-16.08X_{32}$$

对该模型进行方差分析，结果表明模型回归极显著，3 个因素对 NCC 得率的影响依次为：$X_2>X_3>X_1$，即反应温度>水解时间>硫酸质量分数；NCC 得率的试验真实值与响应面法预测值拟合良好；决定系数（R^2）为 0.946 3，响应变量高于 0.80，证明此模型显著，可充分地反映各变量之间的关系[52]。

响应面法优化硫酸水解桉木浆制备纳米纤维素，最优工艺条件为硫酸质量分数 54.50%，反应温度 52.37 ℃，水解时间 4.10 h；考虑到实际操作的便利，将最佳工艺条件修正为硫酸质量分数 55%，反应温度 52 ℃，水解时间 4 h。在此工艺条件下，实际测得 NCC 得率为 65.80%，与响应面法的预测值 66.23% 比较接近，所以响应面法试验设计准确。预测值与试验值之间的差异可能是由试验操作等误差因素引起的。影响因素次序及最优制备工艺条件的确定主要受纤维素原料、优化制备工艺条件设定值、NCC 干燥方法不同引起的得率计算差异等影响。

根据拟合函数，每两个因素对 NCC 得率做出响应面。考虑到定性分析各因素 NCC 得率的关系，固定另外两个因素时，均做“0”处理，具体因素水平见表 1-21、图 1-35 至图 1-37 直观地反映了各因素对响应值的影响。从图 1-35 至图 1-37 可知，各因素间均具有较强的交互作用[101-102]。

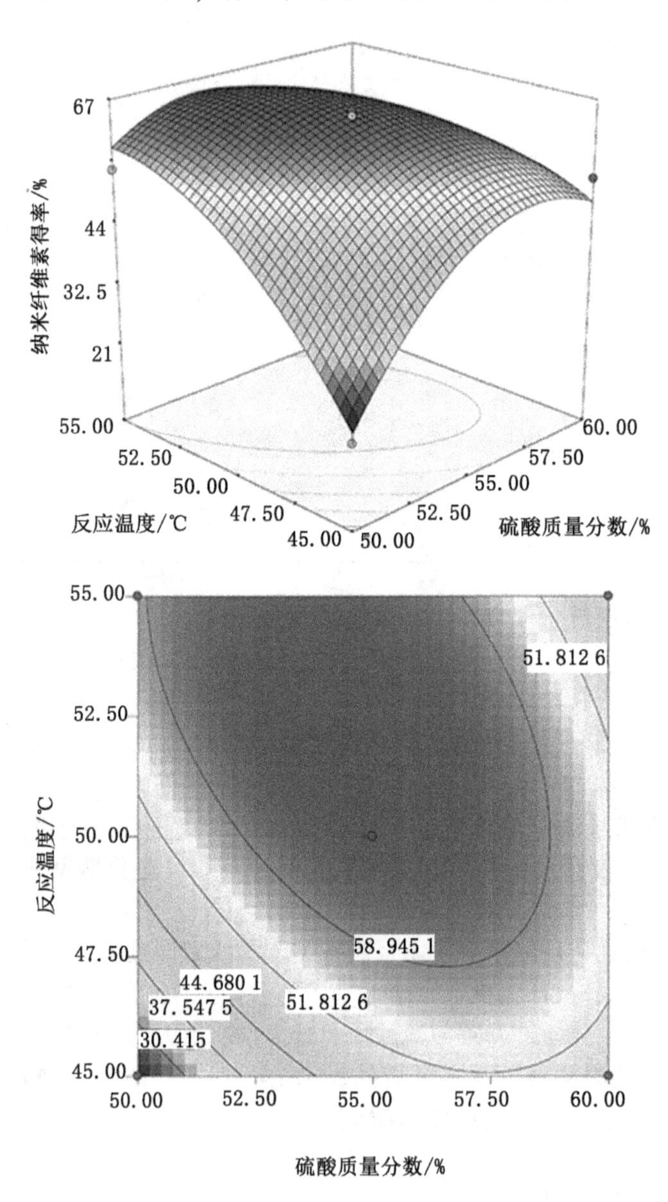

图 1-35 硫酸质量分数（X_1）和反应温度（X_2）对 NCC 得率的影响（$X_3=0$）[101-102]

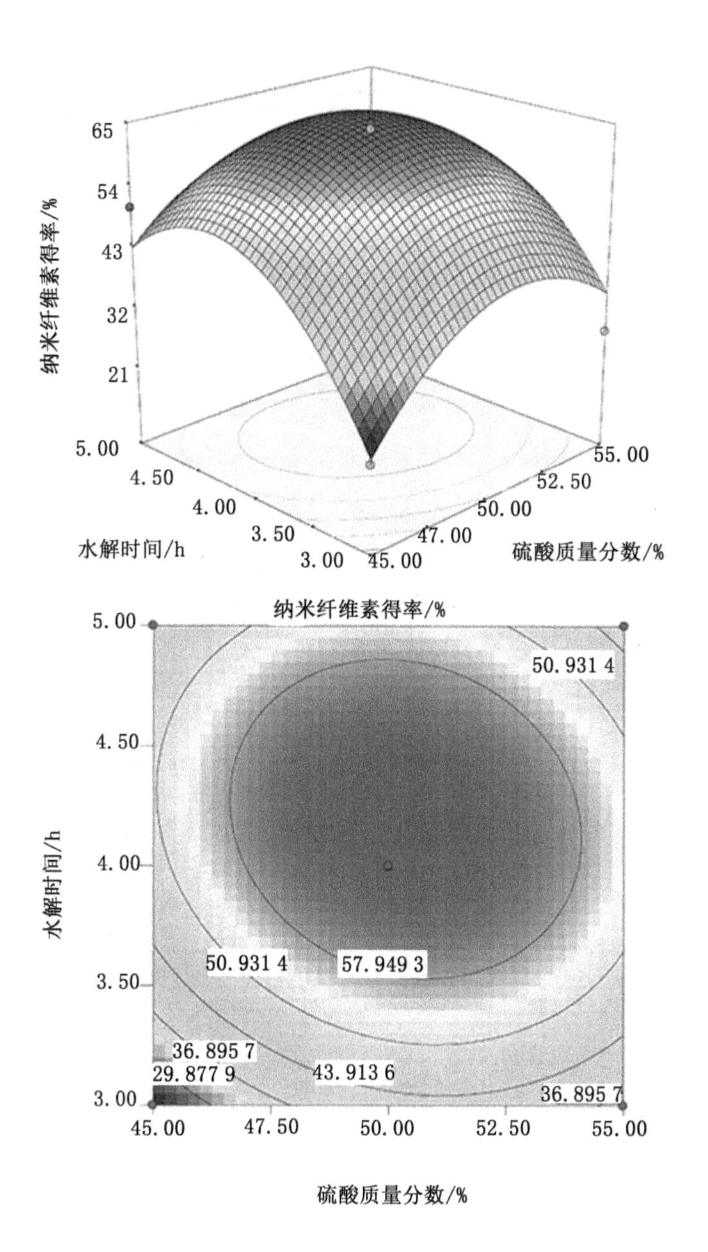

图 1-36 硫酸质量分数（X_1）和水解时间（X_3）对 NCC 得率的影响（X_2=0）[101-102]

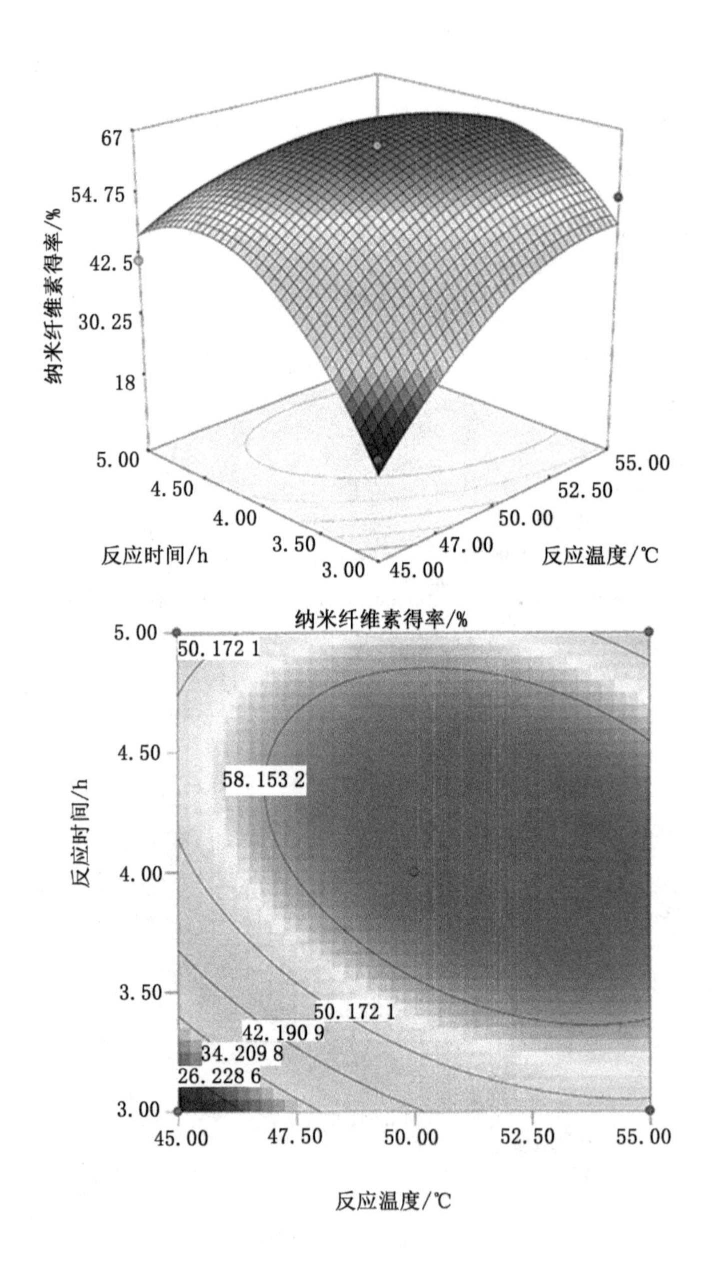

图 1-37　反应温度（X_2）和水解时间（X_3）对 NCC 得率的影响（$X_1=0$）[101-102]

1.7.3.3 表征

傅里叶变换红外光谱（FTIR）分析可知，NCC在3 420，2 900，1 630，1 430，1 060，899 cm^{-1}处有特征峰，与微晶纤维素特征峰值基本一致，说明NCC是纤维素类物质[5,91]。

X射线衍射（XRD）分析可知，NCC中$2\theta=14.8°$，$16.3°$和$22.6°$处的衍射峰分别对应纤维素Ⅰ型晶面的衍射峰[90]。依据参考文献［55］计算NCC结晶度是78.76%。

从NCC的粒度分布图可知，NCC粒径以350.8~543.8 nm居多，少部分在39.2~60.7 nm，平均粒径为365.7 nm，这里所测的颗粒直径是等效体积径[73-74,77]。

透射电子显微镜图分析如图1-38所示[101-102]，NCC呈棒状，交织成网状。

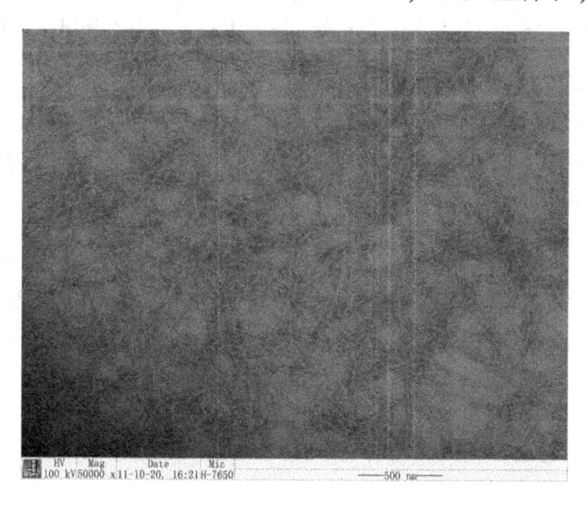

图1-38 NCC的透射电子显微镜图[101-102]

1.7.4 结论

响应面法优化硫酸水解桉木浆制备NCC，较优制备工艺条件为硫酸质量分数54.50%，反应温度52.37 ℃，水解时间4.10 h；考虑到实际操作的便利，将较佳工艺条件修正为硫酸质量分数55%，反应温度52 ℃，水解时间4 h。在此工艺条件下，实际测得NCC得率为65.80%，与响应面法预测值66.23%相接近；模型的理论预测值与试验真实值的决定系数为94.63%，说明模型拟合有效；影响NCC得率的因素依次为反应温度>水解时间>硫酸质量分数；通过傅里叶变换红外光谱仪（FTIR）、X射线衍射仪（XRD）、ZetaPALS高分辨Zeta电位及粒度分析仪和透射电子显微镜（TEM）对NCC

进行性能表征，结果表明 NCC 为纤维素Ⅰ型，平均粒径 365.7 nm，呈棒状且形貌规整，交织成网状。桉木浆酸水解 NCC 的响应面法优化制备及表征试验结果表明优化工艺模型有利于桉木浆 NCC 的产业化。

1.8 竹浆超声波辅助酸水解 NCC 的响应面法优化制备及表征

1.8.1 引言

功率超声是指利用超声振动能量来改变物质的结构、状态、功能或加速这些改变的过程。适宜功率超声通过影响结晶过程的热力学平衡和动力学过程控制结晶过程，获得各种所需晶体，广泛应用于化工、食品、制药等行业。超声强化纳米材料结晶，通过机械效应、热效应、空化效应及其产生的次级效应加速纳米晶体材料的制备过程，可以增强纳米材料的机械、物理和化学性能等[103-104]。纳米材料是指物质的粒径至少有一维在 1～100 nm、具有特殊物理化学性质的材料，现有技术制备的纳米纤维素一般是横截面尺寸在 1～100 nm[6,105-107]。采用超声波辅助硫酸水解竹浆的方法制备纳米纤维素，响应面法优化其制备工艺条件，为纳米纤维素在环境友好型复合材料领域应用提供基础数据。

1.8.2 试验

1.8.2.1 材料与仪器

竹浆，贵州赤天化纸业股份有限公司；硫酸（分析纯），天津市科密欧化学试剂开发中心。

KQ-200VDE 型三频数控超声波清洗器，昆山市超声仪器有限公司；SCIENTZ-ⅡD 超声波细胞粉碎机，宁波新芝生物科技股份有限公司。

1.8.2.2 NCC 的制备

采用质量分数 55% 的硫酸水解竹浆超声波辅助技术制备纳米纤维素。将质量分数 55% 硫酸溶液倒入装有一定质量竹浆的烧杯中，超声预处理一定时间，然后在一定温度下水解，得到悬浮液，离心洗涤至 pH＝6～7，对产物进行超声处理数分钟，干燥获得纳米纤维素。

1.8.2.3 单因素优化试验

质量分数 55% 的硫酸水解法超声波辅助制备竹浆纳米纤维素，分别以不同的超声预处理时间（10，20，30 min）、反应温度（45，50，55 ℃）和反应时间（2，3，4 h）为单因素，考察各因素对纳米纤维素得率的影响。

1.8.2.4 Box-Behnken 优化试验

在单因素优化试验的基础上，确定 Box-Behnken 设计的自变量，以纳米纤维素得率为响应值，响应面法进行纳米纤维素制备工艺条件的优化。

1.8.3 结果与分析

1.8.3.1 单因素优化试验结果

（1）超声时间对纳米纤维素得率的影响。

硫酸质量分数 55%，反应温度 55 ℃，反应时间 3 h，研究超声时间对纳米纤维素得率的影响，试验结果见表 1-22[108]。从表 1-22 可知，超声时间 20 min 为最佳。

表 1-22 单因素优化试验结果[108]

项目	纳米纤维素得率/ %	
超声时间/min	10	32.40
	20	47.40
	30	41.95
反应温度/ ℃	45	48.35
	50	55.10
	55	31.90
反应时间/h	2	19.45
	3	54.50
	4	43.35

（2）反应温度对纳米纤维素得率的影响。

硫酸质量分数 55%，反应时间 3 h，超声时间 20 min，研究反应温度对纳米纤维素得率的影响，试验结果见表 1-22[108]。从表 1-22 可知，反应温度以 50 ℃为最佳。

（3）反应时间对纳米纤维素得率的影响。

硫酸质量分数 55%，超声时间 20 min，反应温度 50 ℃，研究反应时间对纳米纤维素得率的影响，试验结果见表 1-22[108]。从表 1-22 可知，反应时间以 3 h 为最佳。

1.8.3.2 响应面法优化 NCC 制备工艺条件

（1）响应面分析因素水平的选取。

在单因素试验的基础上，选取超声时间（X_1）、反应温度（X_2）、反应时间（X_3）3 个因素进行 Box-Behnken 设计，利用 Design-Expert 7.0.0 软件进行数据拟合，以-1，0，1 分别代表自变量的低、中、高水平，响应面分析因素与水平见表 1-23[108]。

表 1-23 响应面分析因素与水平[108]

因素	水平		
	-1	0	1
X_1/min	10	20	30
X_2/ ℃	45	50	55
X_3/h	2	3	4

（2）响应面分析方案及结果。

以 X_1，X_2，X_3为自变量，以纳米纤维素得率为响应值（Y），采用 Box-Behnken 设计，响应面分析方案及试验结果见表 1-24[108]。

表 1-24 响应面分析方案及试验结果[108]

序号	X_1/min	X_2/ ℃	X_3/ h	Y/%
1	1	-1	0	37.75
2	-1	-1	0	35.85
3	0	0	0	49.70
4	-1	0	-1	26.70
5	-1	1	0	42.95
6	1	0	-1	48.15
7	0	-1	1	50.75
8	1	0	1	39.05
9	0	1	1	30.45
10	-1	0	1	42.70
11	0	1	-1	34.85
12	0	0	0	49.32
13	0	0	0	49.05
14	0	0	0	49.55
15	1	1	0	41.90
16	0	0	0	49.30
17	0	-1	-1	19.90

对试验数据进行拟合回归，回归方程为

$$Y=49.38+2.33X_1+0.74X_2+4.17X_3-0.74X_1X_2-6.28X_1X_3-8.81X_2X_3-2.30X_{12}-7.47X_{22}-7.93X_{32}$$

对该模型进行方差分析，该模型的总体回归方程显著，决定系数 R^2 为 91.20%，响应变量高于 0.80，说明该模型可以充分地反映各变量之间的关系[52]。3 个因素对纳米纤维素得率的影响依次为反应时间>超声时间>反应温度。纳米纤维素优化制备工艺条件为超声时间为 21.80 min，反应温度为 49.46 ℃，反应时间为3.25 h。考虑到实际操作的便利，将优化工艺条件修正为超声时间 22 min，反应温度为49.46 ℃，反应时间为 3.25 h。修正优化条件下，试验测得纳米纤维素得率平均为 49.92%，与响应面法的预测值 50.08% 相接近，说明该模型能很好地预测各因素与纳米纤维素得率的关系。如果失拟项显著，说明对响应值有影响的还有其他因素[109-115]。预测值与试验值之间的差异可能是由试验操作等误差因素引起的。影响因素次序及最优制备工艺条件的确定主要受纤维素原料、优化制备工艺条件设定值、纳米纤维素干燥方法不同引起的得率计算差异、纳米纤维素的均一性等影响。

根据拟合函数，每两个因素对纳米纤维素得率做出响应面。考虑到定性分析各因素纳米纤维素得率的关系，固定其中两个因素时，均做“0”处理，具体因素水平见表 1-24，图 1-39 至图 1-41 直观地反映了各因素对响应值的影响。从图 1-39 至图 1-41 可知，各因素间均具有较强的交互作用[108]。

1.8.4 结论

响应面法优化超声波辅助硫酸水解竹浆制备纳米纤维素，优化制备工艺条件为超声时间 21.80 min，反应温度 49.46 ℃，反应时间 3.25 h。考虑到实际操作的便利，将优化工艺条件修正为超声时间 22 min，反应温度 49.46 ℃，反应时间 3.25 h。修正优化条件下，试验测得纳米纤维素得率平均为 49.92%，与响应面法的预测值 50.08% 相接近；模型的决定系数为 91.20%，响应变量高于 0.80，说明该模型可以充分反映各变量之间的关系。影响纳米纤维素得率的因素依次为反应时间>超声时间和反应温度>竹浆超声波。辅助酸水解 NCC 的响应面法优化制备及表征试验结果表明，优化工艺模型有利于竹浆 NCC 的产业化。

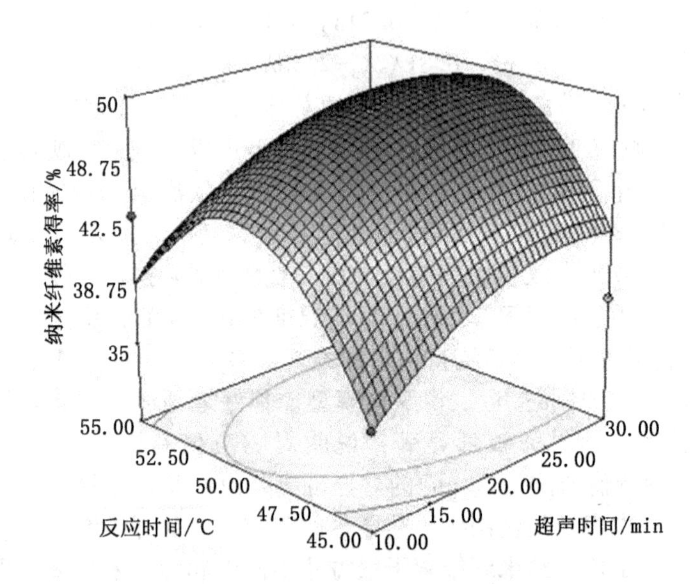

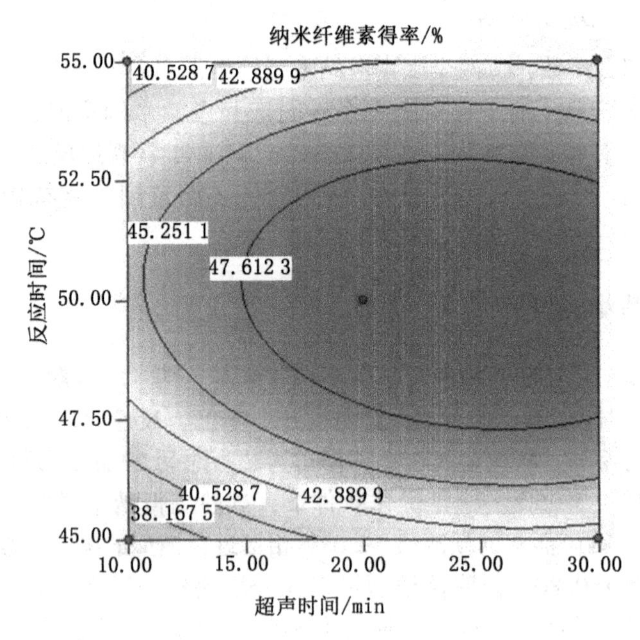

图 1-39　超声时间和反应温度交互影响纳米纤维素得率的响应曲面图和等高线图[108]

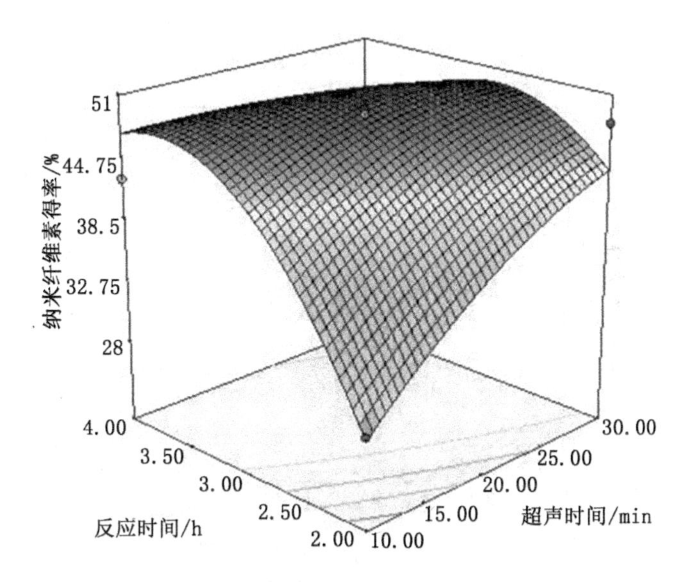

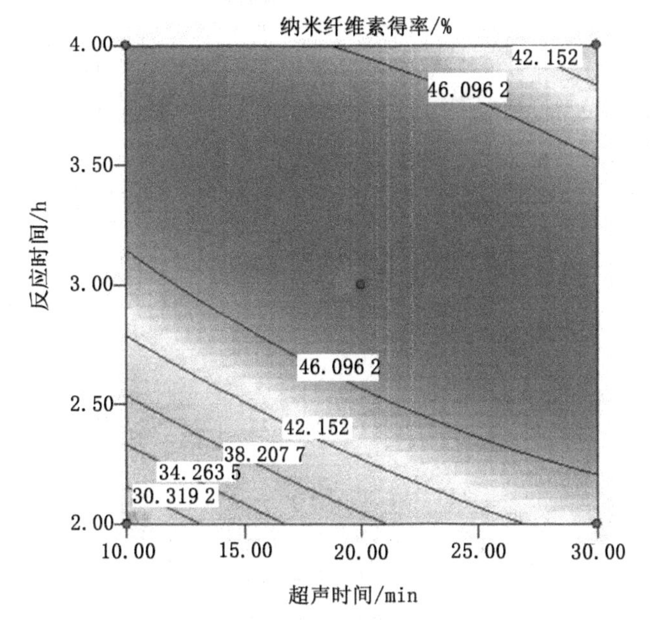

图 1-40 超声时间和反应时间交互影响纳米纤维素得率的响应曲面图和等高线图[108]

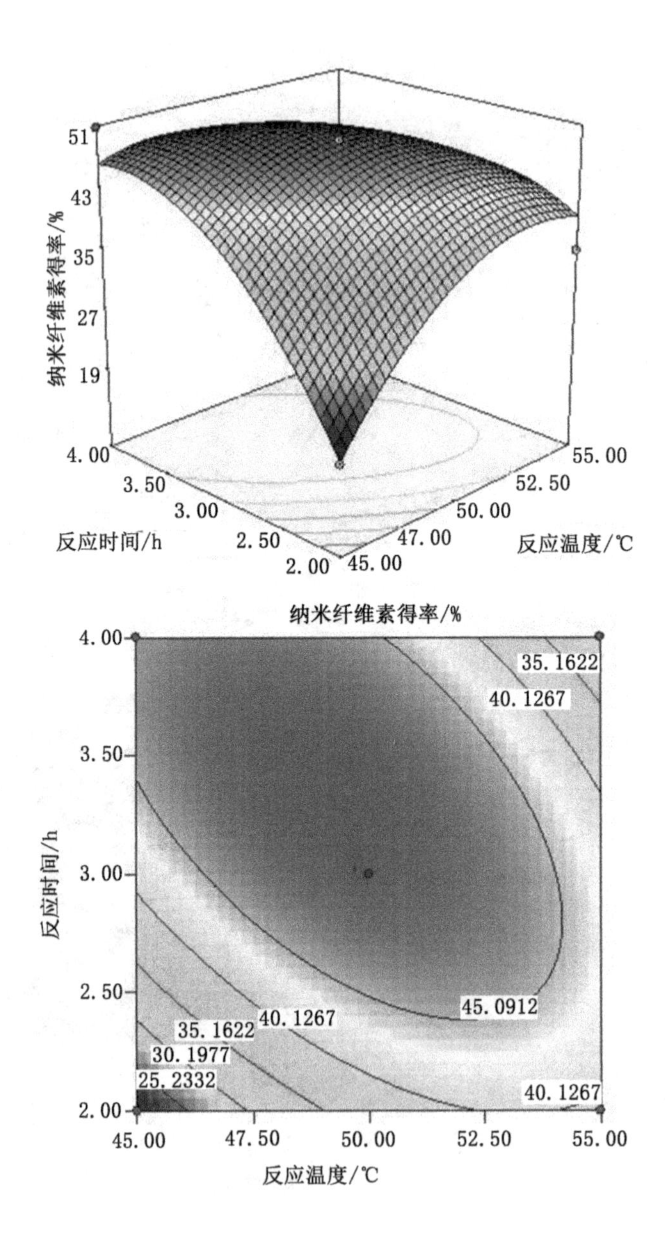

图 1-41 反应温度和反应时间交互影响纳米纤维素得率的响应曲面图和等高线图[108]

1.9　脱脂棉酸水解NCC的响应面法优化制备及表征

1.9.1　引言

以脱脂棉为原料，采用硫酸水解脱脂棉制备纳米纤维素。通过单因素优化试验脱脂棉纳米纤维素制备工艺条件，以纳米纤维素得率为响应值，用响应面法进行纳米纤维素（NCC）制备工艺条件的优化；用以脱脂棉为原料制备的脱脂棉纳米纤维素进行透射电子显微镜表征，分析脱脂棉纳米纤维素的形貌，为纳米纤维素的产业化提供基础数据。

1.9.2　试验

1.9.2.1　材料与仪器

脱脂棉，哈尔滨卫生敷料总厂；硫酸（分析纯），天津市科密欧化学试剂开发中心。

101-2A 型电热鼓风干燥箱，天津市泰斯特仪器有限公司；KQ-200VDE 型三频数控超声波清洗器，昆山市超声仪器有限公司；SCIENTZ-IID 超声波细胞粉碎机，宁波新芝生物科技股份有限公司。

1.9.2.2　NCC 的制备

将脱脂棉放在烧杯中，倒入一定量的硫酸，在一定温度下进行搅拌反应，得到悬浮液，通过离心机最终将其 pH 控制在 6~7，对产物进行超声波处理，最终得到稳定的脱脂棉纳米纤维素胶体，干燥后得到脱脂棉纳米纤维素固体。

1.9.2.3　Box-Behnken 优化试验

在单因素优化试验的基础上，确定 Box-Behnken 设计的自变量，以 NCC 得率为响应值，用响应面法进行 NCC 制备工艺条件的优化。

1.9.2.4　表征

取纳米纤维素水悬浮液在 100 W、45 Hz 条件下超声处理 2 min 后，取一滴纳米纤维素溶液滴在玻璃纸上，用铜网置于溶液底部后开始计吸附时间，吸附 8 min 后，在质量分数为 2% 的铀溶液中染色 5 min，在透射电子显微镜下观察。

1.9.3 结果与分析

1.9.3.1 单因素优化试验结果

（1）硫酸质量分数对 NCC 得率的影响。

当反应温度为 50 ℃，水解时间 4 h，研究硫酸质量分数对纳米纤维素（NCC）得率的影响，试验结果见表 1-25。由表 1-25 可知，当硫酸质量分数增加改变的时候，纳米纤维素得率也随之增大，当硫酸质量分数为 55%时，纳米纤维素的得率最高为 59.15%，当硫酸质量分数再次变化，纳米纤维素得率又有所下降。

表 1-25 硫酸质量分数对 NCC 得率的影响

序号	反应温度/℃	水解时间/h	硫酸质量分数/%	纳米纤维素（NCC）得率/%
1	50	4	50	53.50
2	50	4	55	59.15
3	50	4	60	43.30

（2）反应温度对 NCC 得率的影响。

当硫酸质量分数为 55%，水解时间 4 h，探讨试验所需反应温度对纳米纤维素（NCC）得率的影响，试验结果见表 1-26。由表 1-26 可知，随着反应温度的升高，纳米纤维素得率也有所升高，当反应温度为 50 ℃时，纳米纤维素的得率最高为 59.20%，之后随着反应温度的升高，纳米纤维素得率又会逐渐下降。

表 1-26 反应温度对纳米纤维素得率的影响

序号	反应温度/℃	水解时间/h	硫酸质量分数/%	纳米纤维素（NCC）得率/%
1	45	4	55	50.10
2	50	4	55	59.20
3	55	4	55	54.75

（3）水解时间对 NCC 得率的影响。

在反应温度 50 ℃，硫酸质量分数 55%，研究水解时间对纳米纤维素（NCC）得率的影响，试验结果见表 1-27。由表 1-27 可知，随着水解时间的增加，纳米纤维素得率也随之增大，当水解时间为 4 h 时，纳米纤维素的得率最高，为 59.48%，之后随着水解时间的增加，纳米纤维素得率又有所下降。

表 1-27 水解时间对 NCC 得率的影响

序号	反应温度/ ℃	水解时间/h	硫酸质量分数/%	纳米纤维素（NCC）得率/%
1	50	3	55	47.13
2	50	4	55	59.48
3	50	5	55	48.25

1.9.3.2 响应面法优化 NCC 制备工艺条件

通过单因素试验，选取水解时间（X_1）、硫酸质量分数（X_2）、反应温度（X_3）3 个因素进行试验与数据设计，利用 Design-Expert 7.0.0 软件进行数据拟合，以-1，0，1 分别代表自变量的三个等级，响应面分析因素与水平见表 1-28。

表 1-28 响应面分析因素与水平

因素	水平		
	-1	0	1
X_1/h	3	4	5
X_2/%	50	55	60
X_3/ ℃	45	50	55

以 X_1，X_2，X_3为自变量，以脱脂棉纳米纤维素产量为响应值（Y），响应面试验设计及数据处理见表 1-29。

表 1-29 响应面分析方案及试验结果

序号	X_1/h	X_2/%	X_3/ ℃	Y/%
1	0	0	0	59.15
2	0	0	0	59.20
3	-1	0	1	40.51
4	0	0	0	56.24
5	1	0	1	46.59
6	0	0	0	59.48
7	-1	1	0	37.76
8	0	-1	-1	50.03
9	0	0	0	59.05
10	0	1	1	36.81

续表

序号	X_1/h	X_2/%	X_3/ ℃	Y/%
11	−1	−1	0	37.49
12	0	−1	1	52.62
13	0	1	−1	50.91
14	1	1	0	33.44
15	1	0	−1	45.12
16	1	−1	0	45.44
17	−1	0	−1	47.84

对试验数据进行拟合回归，回归方程为

$$Y=58.62+0.87X_1-3.33X_2-2.176X_3-3.07X_1X_2+2.20X_1X_3-4.17X_2X_3-11.33X_{12}-8.76X_{22}-2.27X_{32}$$

对该模型进行方差分析，结果见表 1-30。

表 1-30　提取回归分析的结果

方差来源	平方和	自由度	均方	F 值	P 值（Prob>F）	显著性
模型	1218.22	9	135.36	75.74	<0.000 1	* *
X_1	6.11	1	6.11	3.42	0.107 0	
X_2	88.84	1	88.84	49.72	0.000 2	* *
X_3	37.71	1	37.71	21.10	0.002 5	* *
X_1X_2	37.64	1	37.64	21.06	0.002 5	* *
X_1X_3	19.36	1	19.36	10.83	0.013 3	*
X_2X_3	69.64	1	69.64	38.97	0.000 4	* *
X_{12}	540.88	1	540.88	302.67	<0.000 1	* *
X_{22}	322.85	1	322.85	180.66	<0.000 1	* *
X_{32}	21.77	1	21.77	12.18	0.010 1	*
残差	12.51	7	1.79			
失拟误差	5.28	3	1.76	0.97	0.4881	
纯误差	7.23	4	1.81			
总和	1 230.73	16				
					$R^2=0.989\ 8$	$R^2_{Adj}=0.976\ 8$

注：Prob>F 值小于 0.01 为差异极显著 * *；Prob>F 值小于 0.05 为差异显著 *。* * $P<0.01$，* $P<0.05$。

回归方程中各因素对响应值影响是否显著是由 F 值来判定，概率 P（Prob>F）的值越大，则相关的变量因素就会越低。一次项 X_2（硫酸质量分数）和 X_3（反应温度）的 P 值小于 0.01，X_1（水解时间）的 P 值小于 0.05，表明其影响是比较显著的，三者对纳米纤维素得率的影响的强弱依次为 $X_2>X_3>X_1$，即硫酸质量分数>反应温度>水解时间；二次项 X_1X_2，X_2X_3，X_1^2，X_2^2对试验结果的影响是高度显著的。整体的回归方程的 P 值小于 0.01，说明回归方程也是高度显著的。失拟项不显著，说明此模型拟合度好。回归方程的 P 值小于 0.01，决定系数（R-squared）为 0.989 8，校正系数（Adj R-squared）为 0.976 8（表 1-30），响应变量高于 0.80，证明此模型显著，可充分地反映各变量之间的关系[52]。因此，回归方程可以较好地描述各因素与响应值之间的真实关系，可以利用回归方程来确定最佳的制备工艺。

根据拟合函数，每两个因素对 NCC 得率做出响应面。考虑到定性分析各因素 NCC 得率的关系，固定另外两个因素时，均做“0”处理，具体因素水平见表 1-29。图 1-42 至图 1-44 反映了各因素对响应值的影响。从图 1-42 至图 1-44 可知，各因素间均具有较强的交互作用。

1.9.3.3 表征

NCC 的透射电子显微镜（TEM）图如图 1-45 所示。由图 1-45 可知，纳米纤维素（NCC）呈棒状，交织成网状，与文献［116］脱脂棉 NCC 形貌一致。

1.9.4 结论

采用硫酸水解脱脂棉制备纳米纤维素（NCC），较佳工艺条件为硫酸质量分数 55%，反应温度 50 ℃，水解时间 4 h。单因素法优化制备条件下，NCC 得率为 59.28%；通过响应面法利用硫酸水解脱脂棉制备纳米纤维素（NCC），较佳工艺条件为硫酸质量浓度 54.48%，反应温度 48.13 ℃，水解时间 4.02 h；考虑到操作的便利，将较佳制备工艺条件修正为硫酸质量浓度 55%，反应温度 48 ℃，水解时间 4 h；实际纳米纤维素得率 59.5%，与理论值纳米纤维素得率 59.21%相近；模型方差分析结果表明该模型的总体回归方程的 P 值小于 0.000 1，为极显著，失拟项检验为不显著，说明模型拟合有效；模型的理论预测值与试验真实值的决定系数为 98.98%，校正决定系数为 97.68%，响应变量高于 0.80，说明该模型可以充分地反映各变量之间的关系；影响纳米纤维素（NCC）得率的因素依次为硫酸质量分数、反应温度和水解时间；用响应面法优化工艺条件制备纳米纤维素，即硫酸质量浓度 55%、水解时间 4 h、反应温度 48 ℃，透射电子显微镜图分析结果表明，

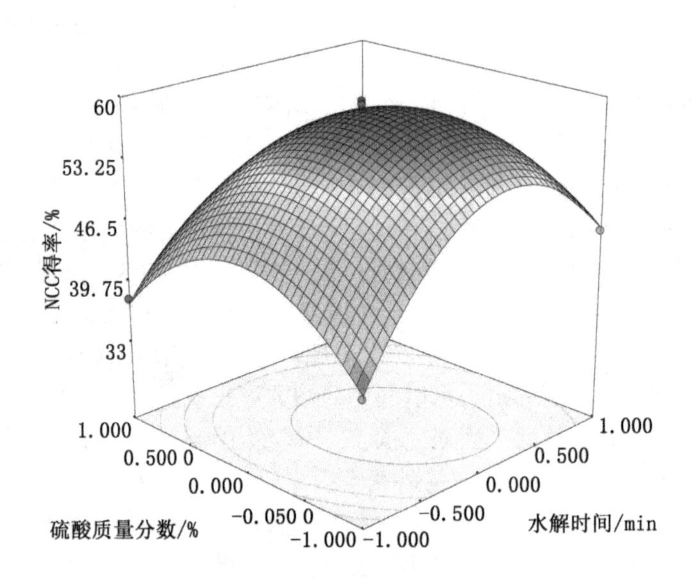

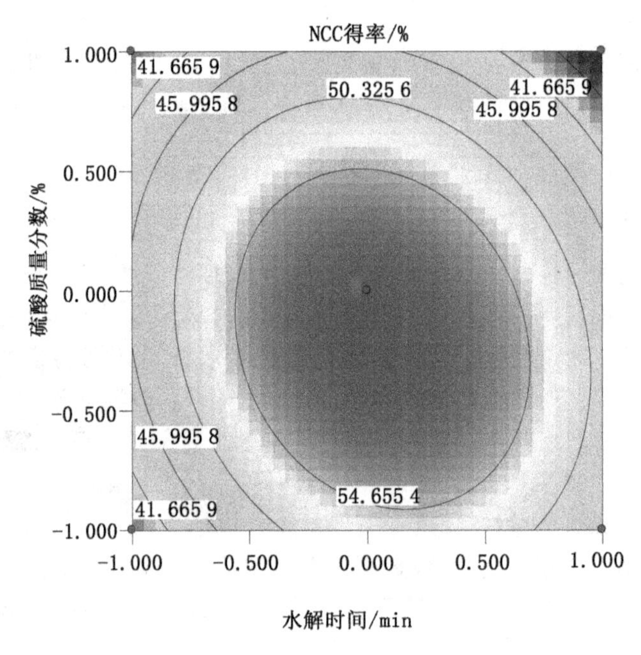

图 1-42 水解时间（X_1）和硫酸质量分数（X_2）对 NCC 得率的影响（$X_3=0$）

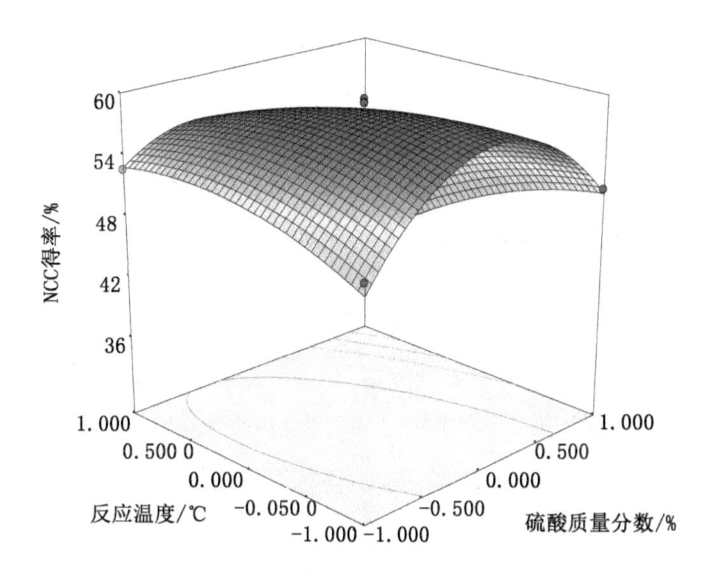

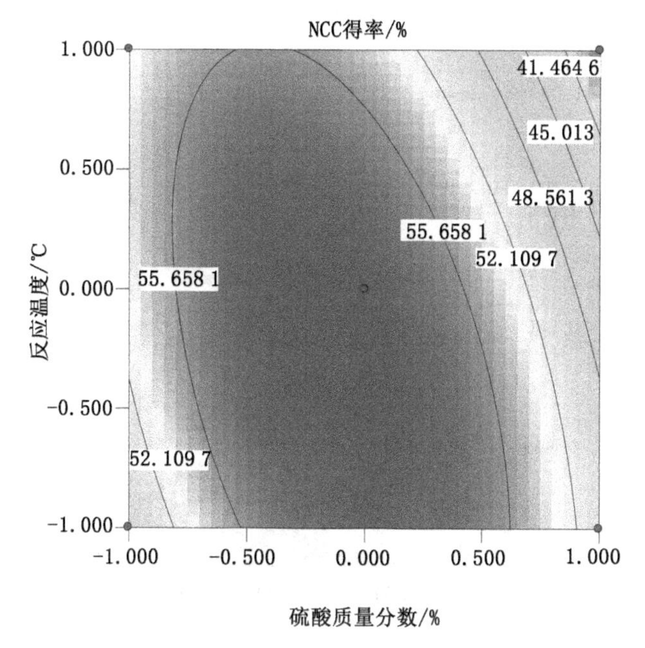

图 1-43 硫酸质量分数（X_2）和反应温度（X_3）对 NCC 得率的影响（$X_1=0$）

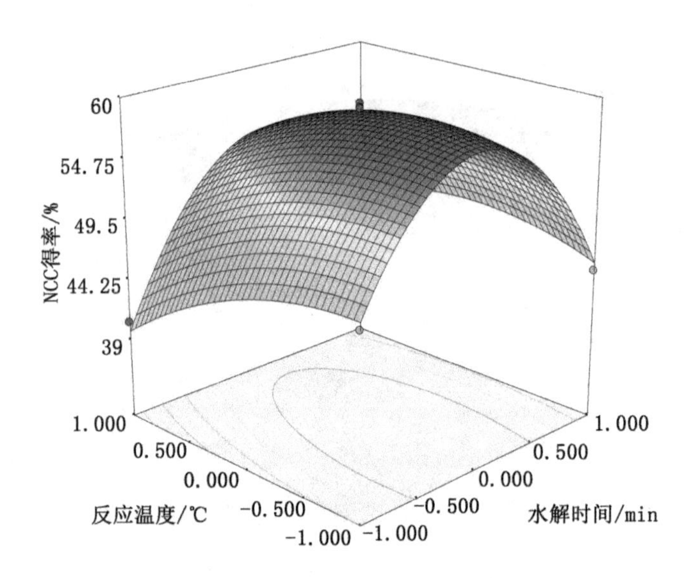

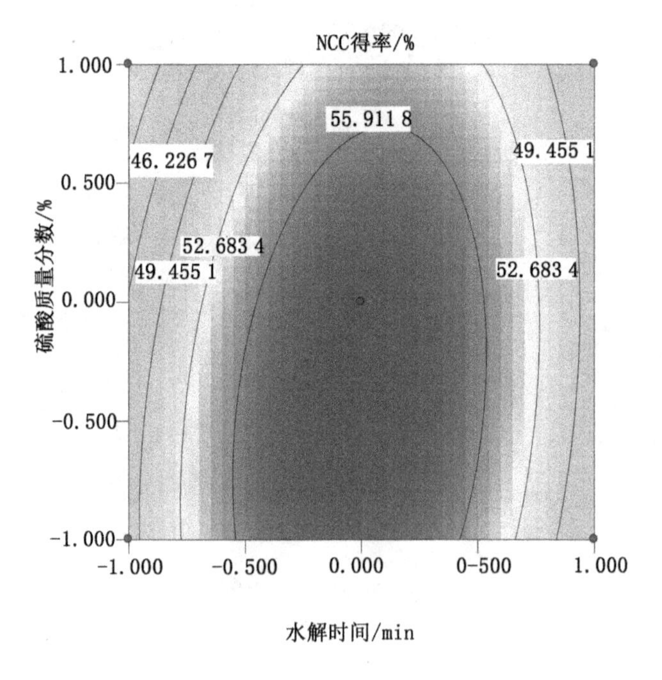

图 1-44　水解时间（X_1）和反应温度（X_3）对 NCC 得率的影响（$X_2=0$）

图 1-45 NCC 的 TEM 图

纳米纤维素（NCC）呈棒状，再交织成网状。用脱脂棉酸水解 NCC 的响应面法优化制备及表征试验结果表明，工艺优化模型有利于脱脂棉 NCC 的产业化。

1.10 脱脂棉碱预处理高压均质 NFC 制备及表征

1.10.1 引言

以脱脂棉为原料，碱预处理高压均质制备 NFC，并对其进行表征[117]。

1.10.2 试验

1.10.2.1 材料与仪器

脱脂棉、氢氧化钠（试剂均为分析纯），天津市永大化学试剂有限公司。

M-110P 型高压微射流纳米均质机，美国 Microfluidics（MFIC）公司；SCIENTZ-IID 型超声波细胞粉碎机，宁波新芝生物科技股份有限公司；H-7650 型透射电子显微镜（TEM），日本 HITACHI 仪器有限公司；D/MAX-RB 型 X 射线衍射仪（XRD），日本 RIGAKU 公司。

1.10.2.2 NFC 的制备

将 100 mL 的 0.2 g/mL 的氢氧化钠溶液倒入盛有 1.001 8 g 脱脂棉的烧杯中，搅拌 5 min，50 ℃反应 5 h，抽滤、洗涤至 pH=6~7，用胶体磨研磨，使固液的质量比为 1 : 100，至无块状，高压均质 6 次，每次均质 6 min，然后超声波处理 10 min，超声波功率为 950 W，离心得到纳米纤丝化纤维素悬浮液。冷冻干燥得到 NFC。

1.10.2.3 表征

采用透射电子显微镜（TEM）对 NFC 的微观形貌进行观察；采用 X 射线衍射（XRD）仪对 NFC 的结晶结构进行表征。

1.10.3 结果与分析

1.10.3.1 X 射线衍射分析

NFC 的 X 射线衍射（XRD）图如图 1-46 所示[117]。从图 1-46 可知，NFC 样品在 2 θ=14.8°，16°，22.43°处有衍射峰，与纤维素Ⅰ型 X 射线衍射（XRD）图谱的衍射峰相符[55,90]，为纤维素Ⅰ型。

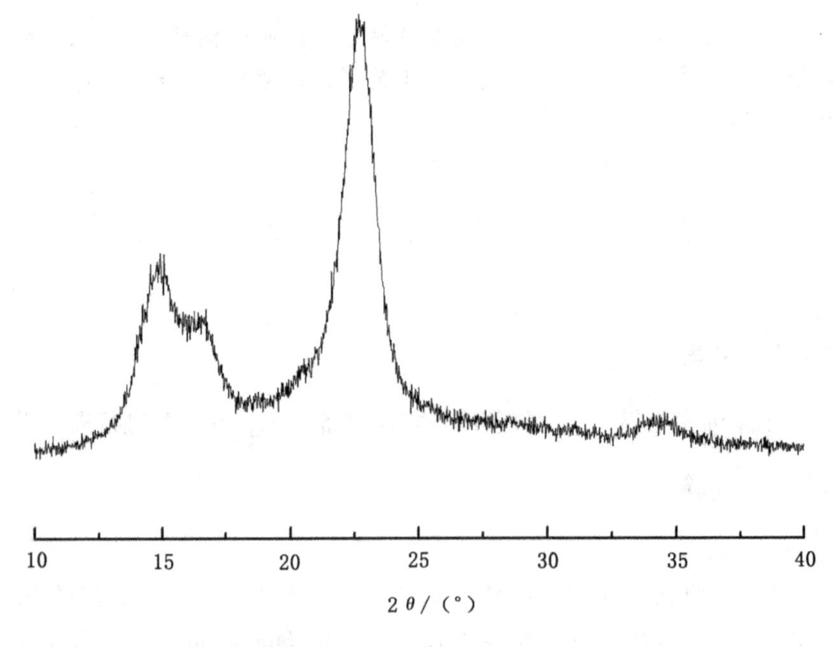

图 1-46 NFC 的 XRD 图[117]

1.10.3.2 透射电子显微镜分析

纳米纤丝化纤维素（NFC）的 TEM，如图 1-47 所示[117]。从图 1-47 可知，纳米纤丝化纤维素（NFC）呈纤丝状。采用仪器自带 Nano Measurer 分析软件对图 1-47 中 NFC 样品的直径和长度进行测量统计，纳米纤丝化纤维素的直径尺寸大多为 20 nm，长度尺寸主要分布在 500~1 000 nm。

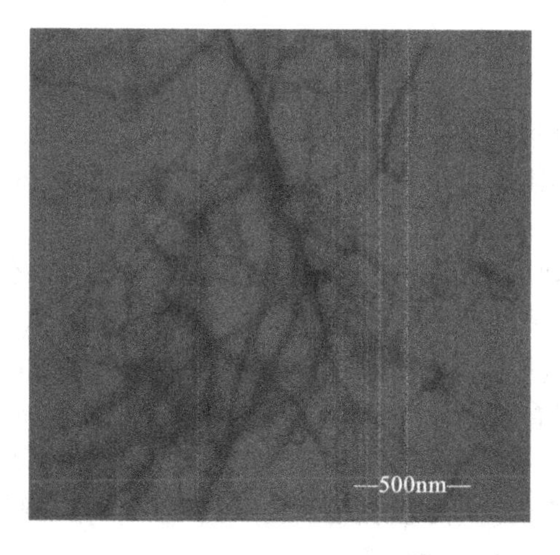

图 1-47 NFC 的 TEM 图[117]

1.10.4 结论

对高压均质法制备的纳米纤丝化纤维素（NFC）进行 X 射线衍射光谱、透射电子显微镜表征，研究结果表明所制备的纳米纤丝化纤维素超微形貌为纤丝状，直径尺寸大多为 20 nm，长度尺寸主要分布在 500~1 000 nm，为纤维素Ⅰ型。脱脂棉碱预处理高压均质 NFC 制备及表征试验结果表明，NFC 可以用来制备复合功能材料。

1.11 微晶纤维素酸水解 NCW（NCC）响应面法优化制备及表征

1.11.1 引言

采用硫酸水解微晶纤维素制备纳米纤维素晶须（Nanocellulose whisker，简称 NCW），采用响应面法优化 NCW 制备工艺条件并通过傅里叶变换红外光谱仪（FTIR）、X 射线衍射仪（XRD）、透射电子显微镜（TEM）对 NCW 进行性能表征，为 NCW 的产业化提供基础数据。

1.11.2 试验

1.11.2.1 材料与仪器

微晶纤维素，上海恒信化学试剂有限公司；硫酸（分析纯），天津市科密欧化学试剂开发中心。

101-2A 型电热鼓风干燥箱，天津市泰斯特仪器有限公司；KQ-200VDE 型三频数控超声波清洗器，昆山市超声仪器有限公司；SCIENTZ-IID 超声波细胞粉碎机，宁波新芝生物科技股份有限公司；FD-1A-50 型冷冻干燥机，北京博医康试验仪器有限公司；MAGNA-IR560 型傅里叶变换红外光谱仪，美国 Nicolet 仪器有限公司；D/MAX-RB 型 X 射线粉末衍射仪，日本 Rigaku 仪器有限公司；H-7650 型透射电子显微镜，日本 Hitachi 仪器有限公司。

1.11.2.2 NCW（NCC）的制备

将一定质量浓度的硫酸溶液倒入装有一定质量微晶纤维素的烧杯中，在一定温度下水解，得到悬浮液，离心洗涤至 pH = 6 ~ 7，对产物进行超声波处理数分钟，得到稳定的 NCW 胶体，真空冷冻干燥后得到固体 NCW。通过傅里叶变换红外（FT-IR）光谱仪、X 射线衍射（XRD）仪、透射电子显微镜（TEM）对 NCW 进行性能表征。

1.11.2.3 Box-Behnken 优化试验

在单因素试验的基础上，确定 Box-Behnken 设计的自变量，以 NCW 得率为响应值，响应面法进行 NCW 制备工艺条件的优化。

1.11.3 结果与分析

1.11.3.1 单因素优化试验结果

（1）水解时间对 NCW 得率的影响。

硫酸质量分数 55%，反应温度 50 ℃，研究水解时间对 NCW 得率的影响，试验结果见表 1-31[118]。从表 1-31 可知，水解时间以 2 h 为最佳。

（2）硫酸质量分数对 NCW 得率的影响。

反应温度 50 ℃，水解时间 2 h，研究硫酸质量分数对 NCW 得率的影响，试验结果见表 1-31[118]。从表 1-31 可知，硫酸质量分数以 55% 为最佳。

（3）反应温度对 NCW 得率的影响。

硫酸质量分数 55%，水解时间 2 h，研究反应温度对 NCW 得率的影响，试验结果见表 1-31[118]。从表 1-31 可知，反应温度以 50 ℃ 为最佳。

表 1-31 单因素优化试验结果[118]

项目	NCW 得率/ %	
水解时间/ h	1	41.30
	2	72.85
	3	59.20
硫酸质量分数/ %	50	65.50
	55	73.50
	60	59.90
反应温度/ ℃	45	64.80
	50	72.10
	55	63.50

1.11.3.2 响应面法优化 NCW (NCC) 制备工艺条件

(1) 响应面分析因素水平的选取。

在单因素试验的基础上，选取反应时间 (X_1)、硫酸质量分数 (X_2)、反应温度 (X_3) 3 个因素进行 Box-Behnken 设计，利用 Design-Expert 7.0.0 软件进行数据拟合，以-1，0，1 分别代表自变量的低、中、高水平，响应面分析因素与水平见表 1-32[118]。

表 1-32 响应面分析因素与水平[118]

因素	水平		
	-1	0	1
X_1/h	1	2	3
X_2/%	50	55	60
X_3/ ℃	45	50	55

(2) 响应面分析方案及结果。

以 X_1，X_2，X_3 为自变量，以 NCW 得率为响应值 (Y)，采用 Box-Behnken 设计，响应面分析方案及试验结果见表 1-33[118]。

表 1-33 响应面分析方案及试验结果[118]

试验序号	X_1/h	X_2/%	X_3/ ℃	Y/%
1	1	−1	0	56.90
2	−1	−1	0	32.30
3	0	0	0	72.85
4	−1	0	−1	29.75
5	−1	1	0	39.70
6	1	0	−1	63.95
7	0	−1	1	65.40
8	1	0	1	45.75
9	0	1	1	49.20
10	−1	0	1	37.95
11	0	1	−1	60.00
12	0	0	0	73.50
13	0	0	0	72.10
14	0	0	0	73.30
15	1	1	0	43.90
16	0	0	0	72.80
17	0	−1	−1	52.60

对试验数据进行拟合回归，回归方程为

$$Y=72.91+8.85X_1-1.80X_2-1.00X_3-5.10X_1X_2-6.60X_1X_3-5.90X_2X_3-21.08X_{12}-8.63X_{22}-7.48X_{32}$$

对该模型进行方差分析，结果见表 1-34[118]。

表 1-34 回归模型方差分析[118]

方差来源	平方和	自由度	均方	F值	P值	显著性
模型	3 702.63	9	411.40	68.19	<0.000 1	* *
X_1	626.58	1	626.58	103.86	<0.000 1	* *
X_2	25.92	1	25.92	4.30	0.076 9	
X_3	8.00	1	8.00	1.33	0.287 3	
X_1X_2	104.04	1	104.04	17.24	0.004 3	* *
X_1X_3	174.24	1	174.24	28.88	0.001 0	* *

续表

方差来源	平方和	自由度	均方	F 值	P 值	显著性
$X_2 X_3$	139.24	1	139.24	23.08	0.002 0	* *
X_{12}	1 871.02	1	1 871.02	310.12	<0.000 1	* *
X_{22}	313.59	1	313.59	51.98	0.000 2	* *
X_{32}	235.58	1	235.58	39.05	0.000 4	* *
误差	1.17	4	0.29			
R^2	0.988 7					
Adj R^2	0.974 2					

注：Prob>F 值小于 0.01 为差异极显著 * *；Prob>F 值小于 0.05 为差异显著 *。

从表 1-34 可知，NCW 制备的模型回归极显著，一次项 X_1，交互项 X_1X_2，X_1X_3，X_2X_3以及二次项 X_{12}，X_{22}，X_{32}对 NCW 得率的影响是极显著的，并且 3 个因素对 NCW 得率的影响依次为 $X_1>X_2>X_3$，即水解时间>硫酸质量分数>反应温度。NCW 得率的试验真实值与理论预测值拟合情况见图 1-48[118]。

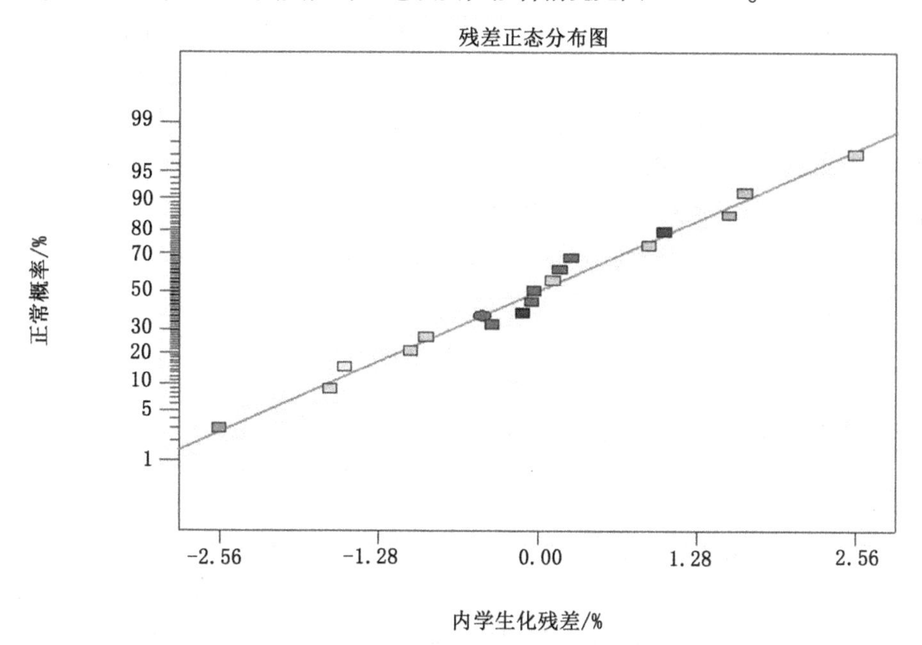

图 1-48 NCW 得率的试验真实值和理论预测值的对应关系[118]

从图 1-48 可知，试验真实值和理论预测值拟合良好。整体的回归方程的 P 值小于 0.01，决定系数（R^2）为 0.988 7，校正决定系数（Adj R^2）为 0.974 2（表 1-34），响应变量高于 0.80，证明此模型显著，可充分地反映各变量之间的关系[52]。

NCW 最优制备工艺条件为水解时间 2. 25 h，硫酸质量分数 54. 32%，反应温度 49. 40 ℃。考虑到实际操作的便利，将最佳工艺条件修正为水解时间 2. 25 h，硫酸质量分数 54%，反应温度 50 ℃。在此工艺条件下，试验测得 NCW 得率为 75. 68%，与响应面法预测值 74. 18% 相接近，所以响应面法试验设计准确。预测值与试验值之间的差异可能是由试验操作等误差因素引起的。影响因素及最优制备工艺条件与参考文献［9-10］稍有差别，主要是由优化制备工艺条件设定值、NCW 干燥方法不同引起的得率计算差异等引起的。

根据拟合函数，每两个因素对 NCW 得率做出响应面。考虑到定性分析各因素 NCW 得率的关系，固定另外两个因素时，均做“0”处理，具体因素水平见表 1-33。图 1-47 至图 1-49 直观地反映了各因素对响应值的影响。从图 1-49 至图 1-51 可知，各因素间均具有较强的交互作用[118]。

1. 11. 3. 3　表征

通过傅里叶变换红外（FT-IR）光谱分析可知，NCW 在 3 420，2 890，1 630，1 430，1 060，899 cm^{-1}处有特征峰，与微晶纤维素特征峰值基本一致，说明 NCW 是纤维素类物质[5]。

X 射线衍射（XRD）分析可知，NCW 中 2θ=14. 8°，16. 3°和 22. 6°处的衍射峰分别对应纤维素 Ⅰ 型晶面的衍射峰[90]。

透射电子显微镜图分析如图 1-52 所示[118]，NCW 呈棒状，再交织成网状。

1. 11. 4　结论

响应面法优化 NCW 制备工艺条件，结果表明 NCW 最优制备工艺条件为水解时间 2. 25 h，硫酸质量分数 54. 32%，反应温度 49. 40 ℃。考虑到实际操作的便利，将最佳工艺条件修正为水解时间 2. 25 h，硫酸质量分数 54%，反应温度 50 ℃。在此工艺条件下，实际测得 NCW 得率为 75. 68%，与响应面法预测值 74. 18% 相接近；模型的理论预测值与试验真实值的决定系数为 98. 87%，说明模型拟合有效；影响 NCW 得率的因素依次为水解时间>硫酸质量分数>反应温度。傅里叶变换红外（FT-IR）光谱仪、X 射线衍射（XRD）仪、透射电子显微镜（TEM）对 NCW 进行性能表征，结果表明 NCW 为纤维素 Ⅰ 型，呈棒状且形貌规整，交织成网状。微晶纤维素酸水解 NCW（NCC）响应面法优化制备及表征试验结果表明优化工艺模型有利于微晶纤维素 NCC 的产业化。

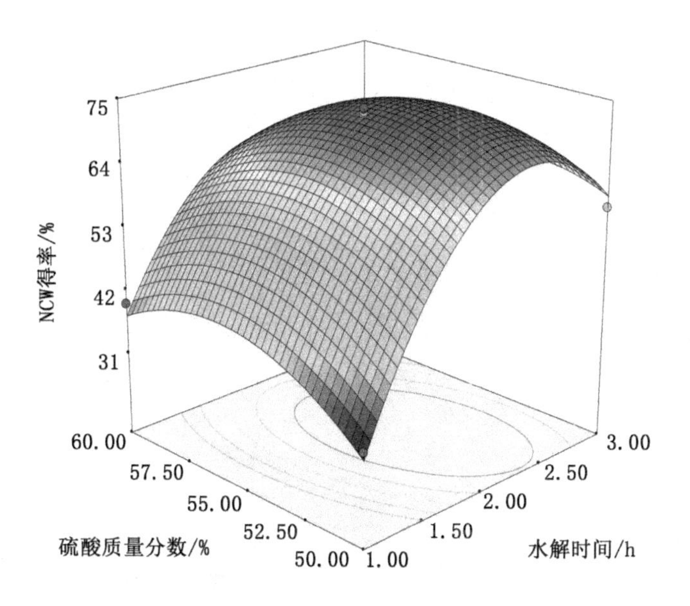

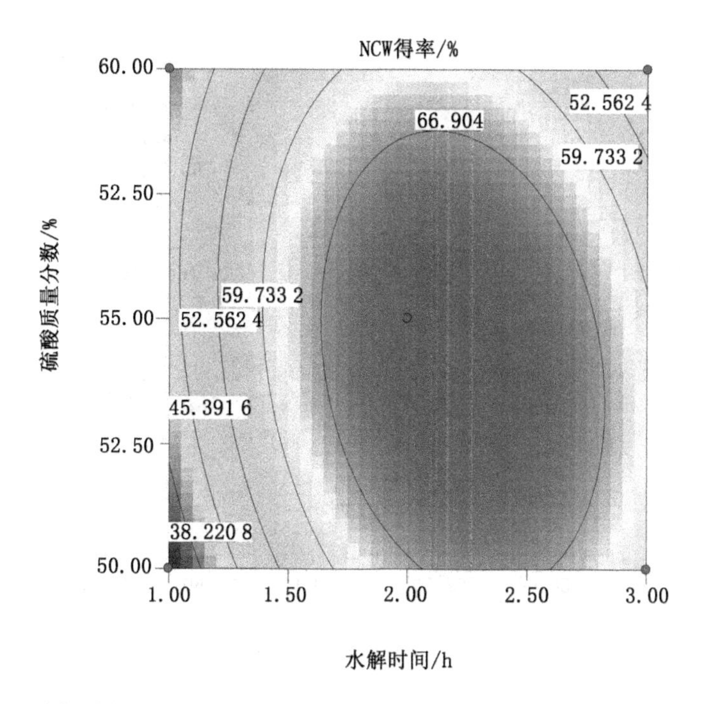

图 1-49　水解时间（X_1）和硫酸质量分数（X_2）对 NCW 得率的影响（$X_3=0$）[118]

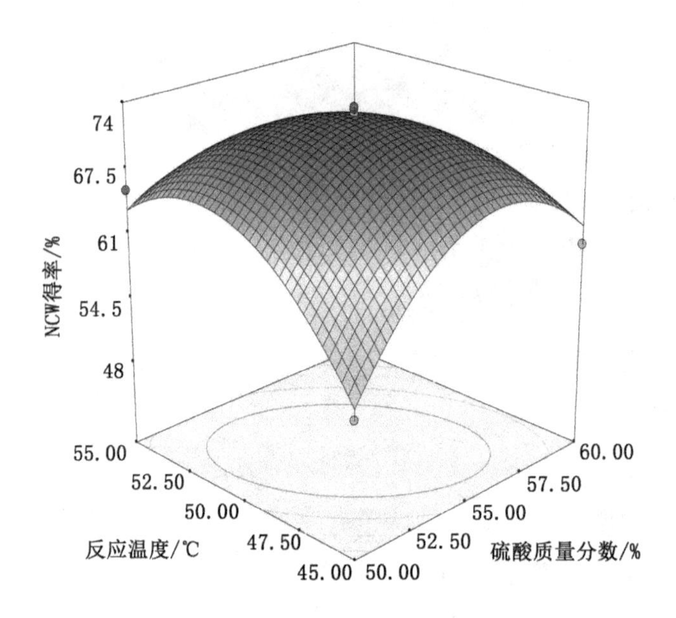

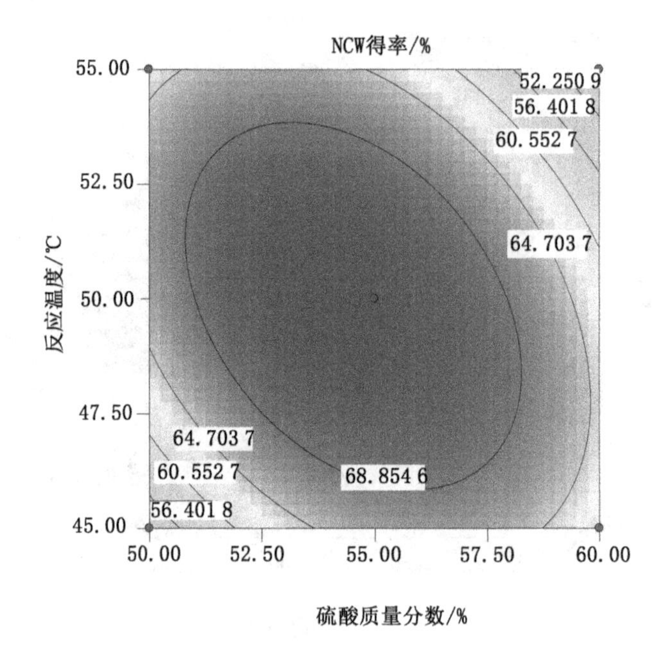

图 1-50　硫酸质量分数（X_2）和反应温度（X_3）对 NCW 得率的影响（$X_1=0$）[118]

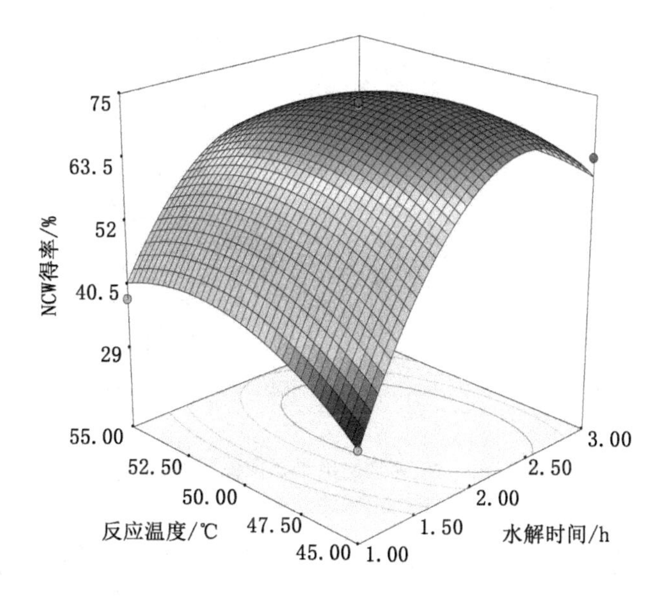

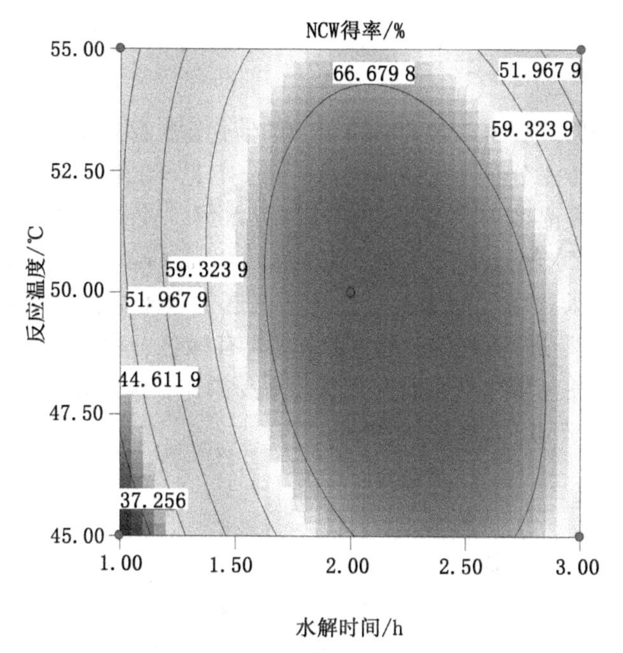

图 1-51 水解时间（X_1）和反应温度（X_3）对 NCW 得率的影响（$X_2=0$）[118]

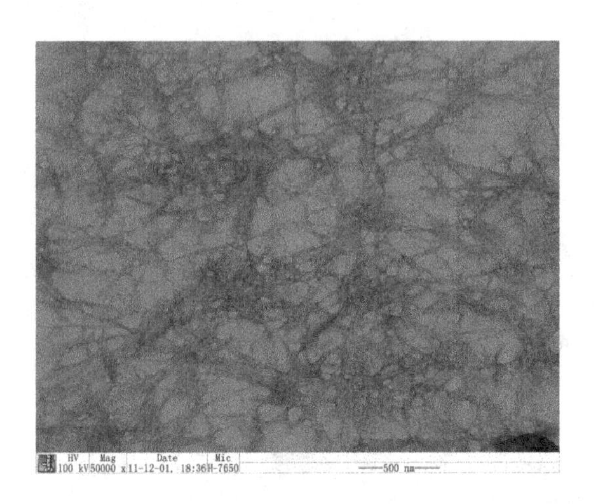

图 1-52 NCW 透射电子显微镜图[118]

1.12 微晶纤维素助催化酸水解 NCC 制备及表征

1.12.1 引言

在酸水解的过程引入含金属离子的助催化剂，金属离子能提供大量的正电荷，破坏纤维素分子间氢键的电荷平衡，有助于打断氢键，使无定形区迅速降解，也能使晶区中少量不规则的部分水解，使最终产品晶形更趋于规整[119]。采用酸水解微晶纤维素（Microcrystalline Cellulose，MCC）氯化铜催化制备 NCC，通过傅里叶变换红外光谱、透射电子显微镜观察法和激光粒度分析法对 NCC 进行性能表征。氯化铜具有绿色、稳定、价格便宜、易于回收、可重复使用等优点，研究方法简单易操作，反应条件温和，设备腐蚀性小，为 NCC 产业化提供了新思路。

1.12.2 试验

1.12.2.1 材料与仪器

MCC，市购；次氯酸钠（NaClO）、氯化铜（$CuCl_2$），均为分析纯，天津市科密欧化学试剂开发中心；质量分数 36%盐酸（分析纯），哈尔滨试剂厂。

KQ-200VDE 型三频数控超声波清洗器，昆山市超声仪器有限公司；SCIENTZ-IID 超声波细胞粉碎机，宁波新芝生物科技股份有限公司；101-2A 型电热鼓风干燥箱，天津市泰斯特仪器有限公司；FD-1A-50 型冷冻干燥机，北京博医康试验仪器有限公司；MAGNA-IR560 型傅里叶变换红外光谱仪，美国 Nicolet 仪器有限公司；H-7650 型透射电子显微镜，日本 Hitachi 仪器有限公司；ZetaPALS 高分辨 Zeta 电位及粒度分析仪，美国 Brookhaven 仪器有限公司。

1.12.2.2 NCC 的制备与表征

将 MCC 加入到 NaClO 和 $CuCl_2$ 的混合溶液中，搅拌均匀后，加入浓盐酸溶液，在一定温度下反应，得到 NCC 悬浮液，离心洗涤多次至 pH=6~7，超声波处理数分钟，得到 NCC 胶体，真空冷冻干燥得到 NCC。通过傅里叶变换红外光谱、透射电子显微镜观察法和激光粒度分析法对 NCC 进行性能表征。

1.12.3 结果与分析

1.12.3.1 NCC 宏观形貌分析

图 1-53 为 NCC 宏观形貌[119]。从图 1-53 可知，NCC 水溶胶光洁白润；静置 60 d 后，NCC 水溶胶仍具有十分明显的丁达尔效应，且无明显凝聚现象，说明所制备样品已达到纳米尺寸，具有 NCC 的典型特征；NCC 水溶胶经真空冷冻干燥得到的是略带金属光泽、白色丝絮状的 NCC 固体。

1.12.3.2 NCC 傅里叶变换红外光谱分析

从 NCC 和 MCC 傅里叶变换红外谱图可知，NCC 的特征峰（3 333，1 605，1 060，616 cm^{-1}）与 MCC 的特征峰（3 380，1 640，1 060，616 cm^{-1}）均为纤维素Ⅰ型特征峰，说明酸水解 MCC 氯化铜催化制备 NCC 所得产品为纤维素类物质[119]。

1.12.3.3 NCC 透射电子显微镜分析

NCC 透射电子显微镜图如图 1-54 所示[119]。

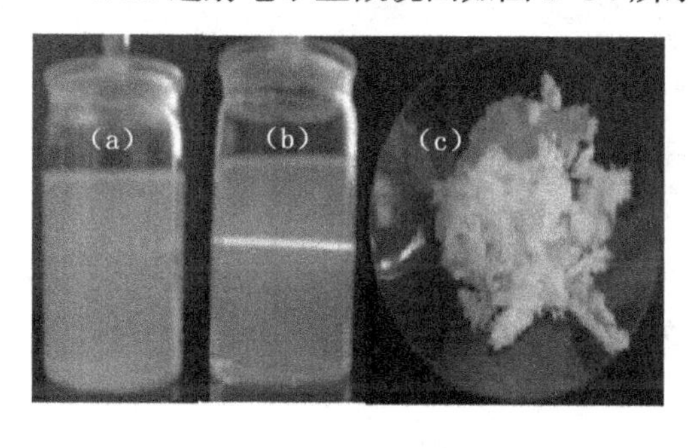

图 1-53 NCC 宏观形貌
(a) NCC 水溶胶；(b) NCC 的丁达尔效应；
(c) NCC 固体[119]

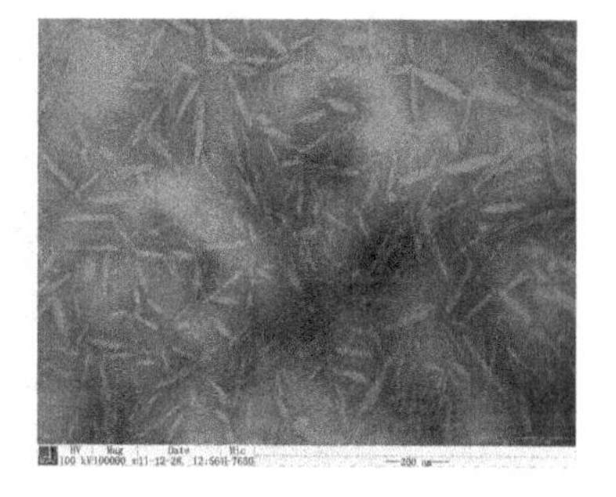

图 1-54 NCC 透射电子显微镜图[119]

NCC 直径与长度尺寸分布如图 1-55 所示[119]。

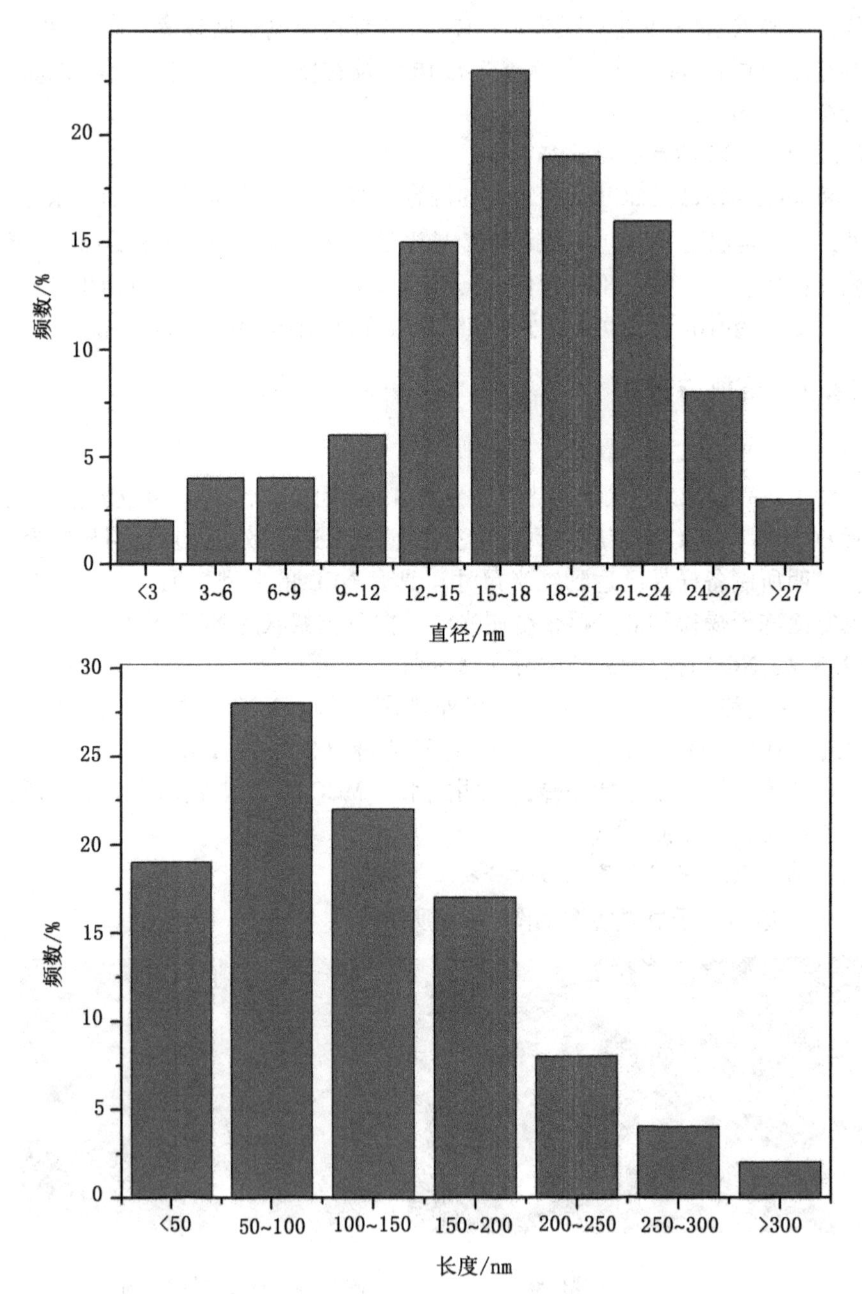

图 1-55 NCC 直径与长度尺寸分布[119]

从图 1-54 可知，NCC 形貌规整，呈棒状。对 NCC 透射电子显微镜图中 NCC 样品的直径和长度进行测量统计，得到样品直径与长度尺寸分布图（图 1-55）。从图 1-55 可知，NCC 直径尺寸分布主要为 3～27 nm，其中约 73%为 12～24 nm；长度尺寸分布主要为 50～300 nm，其中约 69%小于 150 nm。

1.12.3.4 NCC 尺寸分布分析

3 次重复试验，NCC 得率分别为 73.25%、75.82%和 76.42%，平均得率为 75.16%；采用激光粒度分析法测量 NCC 尺寸分布，图 1-56 为 3 次重复试验制备的 NCC 尺寸分布，如图 1-56（a）、图 1-56（b）和图 1-56（c）所示[119]。

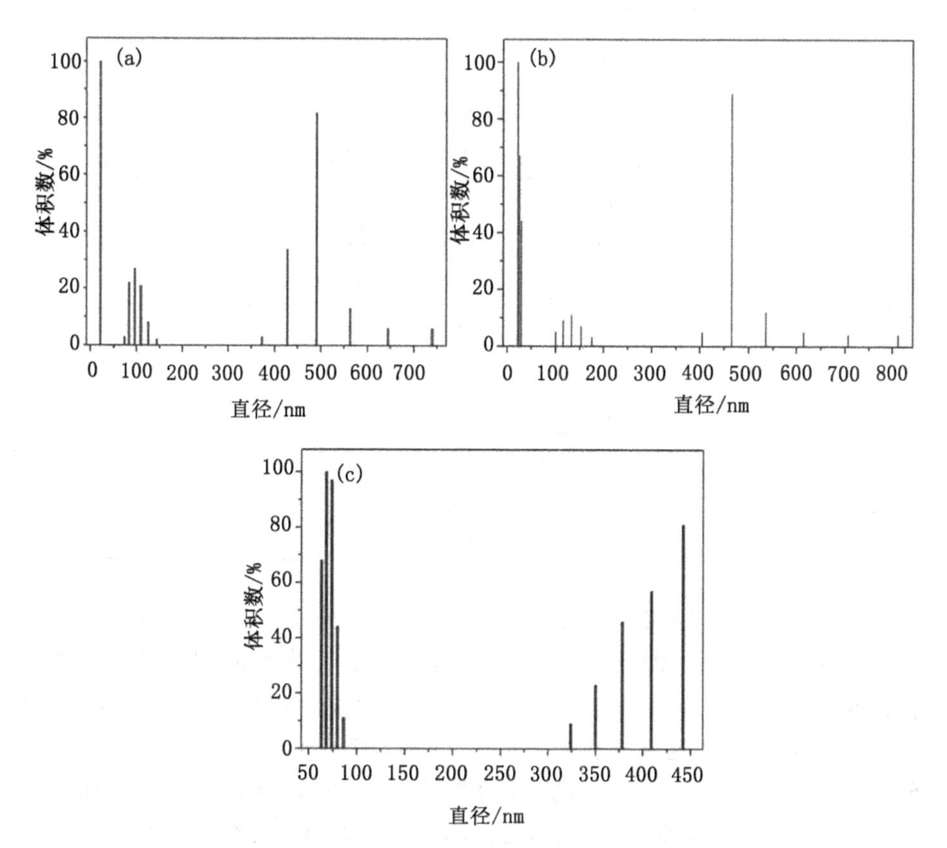

图 1-56 NCC 尺寸分布[119]

NCC 尺寸分布分析结果如表 1-35 所示[119]。

表 1-35 NCC 尺寸分布分析结果[119]

NCC	体积数均尺寸/nm	尺寸分布				
		尺寸/nm	强度/%	尺寸/nm	强度/%	宽度/nm
(a)	249.2	21.0	100	82.6	22	121.9
		72.0	3	94.7	27	
		108.6	21	124.6	8	
		142.9	2			
		372.6	3	427.3	34	366.5
		490.1	82	562.0	13	
		644.5	6	739.1	6	
(b)	187.9	21.8	100	25.1	67	154.0
		28.8	44	100.8	5	
		115.8	9	133.1	11	
		153.0	7	175.8	3	
		405.1	5	465.6	89	407.3
		535.1	12	615.0	5	
		706.9	4	812.4	4	
(c)	205.8	63.2	68	68.3	100	23.1
		73.9	97	79.8	44	
		86.3	11			
		350.0	23	323.8	9	92.0
		378.3	46	408.9	57	
		442.0	81			

从图 1-54 和表 1-35 可知，就最大强度所对应的 NCC 尺寸而言，(a) 为 21.0 nm，(b) 为 21.8 nm，(c) 为 68.3 nm；就 NCC 尺寸分布区域而言，均为 2 个尺寸分布区域，其中 a 尺寸分布宽度分别为 121.9 nm 和 366.5 nm，(b) 尺寸分布宽度分别为 154.0 nm 和 407.3 nm，(c) 尺寸分布宽度分别为 23.1 nm 和 92.0 nm；尺寸分布宽度小于 150 nm 的 (a) (b) 和 (c) 分别为 55.96%，64.66% 及 59.70%，均低于透射电子显微镜结果 (69%)。(a) (b) 和 (c) 体积数均尺寸分别为 249.2，187.9，205.8 nm，平均尺寸为 214.3 nm。

NCC 制备机理如图 1-57 所示[119]。

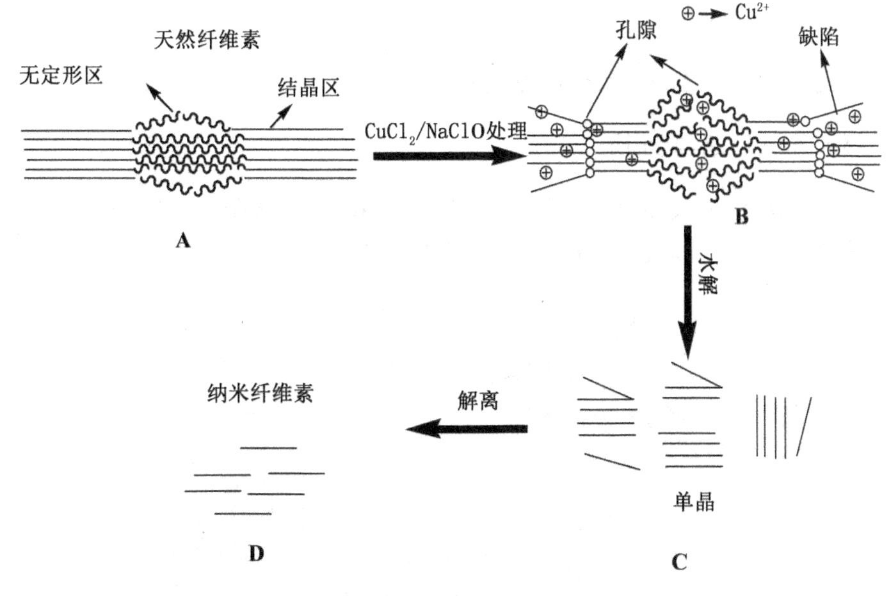

图 1-57 NCC 制备机理[119]

1.12.4 结论

酸水解法氯化铜催化制备纳米纤维素晶体（NCC）。FTIR 分析表明，NCC 聚集态结构为纤维素 I 型，为纤维素类物质；NCC 水溶胶有明显的丁达尔效应；真空冷冻干燥后 NCC 固体呈略带金属光泽的白色丝絮状；TEM 观察法分析表明，NCC 微观形貌规整，呈棒状；NCC 直径和长度尺寸分布分别为 3～27 nm 和 50～300 nm；激光粒度分析结果表明，NCC 平均尺寸为 214.3 nm。微晶纤维素助催化酸水解 NCC 制备及表征试验结果表明，助催化酸水解微晶纤维素有利于制备形貌可控的 NCC。

1.13 芦苇和麦草秸秆超声波辅助酸水解 NCC 的制备及表征

1.13.1 引言

以芦苇和麦草秸秆为原料，超声波辅助酸水解制备 NCC，然后再通过扫描电子显微镜（SEM）和透射电子显微镜（TEM）进行表征。

1.13.2 试验

采用文献［120］所述的方法制备。

1.13.3 结果与分析

芦苇秸秆 NCC 的 SEM 图如图 1-58 所示[120]。从图 1-58 可以看出，芦苇秸秆 NCC 形貌规整，横截面尺寸为纳米级。

图 1-58 芦苇秸秆 NCC 的 SEM 图[120]

麦草秸秆 NCC 的 TEM 图如图 1-59 所示[120]。从图 1-59 可以看出，麦草秸秆 NCC 形貌规整，横截面尺寸为纳米级。

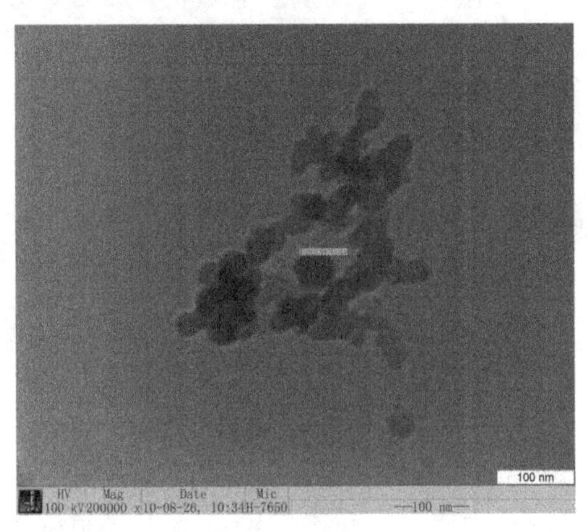

图 1-59 麦草秸秆 NCC 的 TEM 图[120]

1.13.4　结论

以芦苇和麦草秸秆为原料，超声波辅助酸水解制备 NCC，通过扫描电子显微镜（SEM）图可以看出芦苇秸秆 NCC 形貌规整，横截面尺寸为纳米级。通过透射电子显微镜（TEM）图可以看出麦草秸秆 NCC 形貌规整，横截面尺寸为纳米级。芦苇和麦草秸秆超声波辅助酸水解 NCC 的制备及表征试验结果表明，芦苇秸秆和麦草秸秆可以用来制备 NCC。

1.14　毛竹高压均质 NFC 制备及表征

1.14.1　引言

以毛竹为原料，高压均质制备纳米纤丝化纤维素[121]。

1.14.2　试验

1.14.2.1　材料与仪器

原料和试剂如表 1-36 所示。仪器如表 1-37 所示。

表 1-36　原料和试剂

药品名称	规格	生产厂家
毛竹	天然	浙江省富阳市黄公望森林公园
甲苯	分析纯	天津市精细化工有限公司
无水乙醇	分析纯	天津市富宇精细化工有限公司
氢氧化钠	分析纯	天津市科密欧化学试剂开发中心
亚氯酸钠	化学纯	天津市光复精细化工研究所
氨水	分析纯	天津市凯通化学试剂有限公司
聚乙烯醇（1750±50）	分析纯	国药集团化学试剂有限公司

仪器如表 1-37 所示。

表 1-37　仪器

仪器名称	生产厂家
M-110P 型高压均质机	美国 MFIC 公司
KQ-200VDE 型三频数控超声波清洗器	昆山市超声仪器有限公司
TGL-16 型高速离心机	江苏金坛市中大仪器厂
FZ102 微型植物粉碎机	天津市泰斯特仪器有限公司
SCIENTZ-ⅡD 超声波细胞粉碎机	宁波新芝生物科技股份有限公司
恒温槽	深圳市超杰试验仪器有限公司
H-7650 型透射电子显微镜	日本 Hitachi 仪器有限公司
Frontier 型傅里叶变换红外光谱仪	PE 公司
Quanta 200 环境扫描电子显微镜	美国 FEI 公司
D/max-r B 型 X 射线衍射仪	日本 Rigaku 仪器有限公司
电子恒速搅拌器	上海申生科技有限公司
TU-1901 双光束紫外可见分光光度计	北京普析通用仪器有限责任公司
LDX-200 液晶屏显示智能电子万能试验机	北京兰德梅克包装材料有限公司
TG209F3 热重分析仪	德国 Netzsch 仪器有限公司

1.14.2.2　*方法*

将毛竹条粉碎过 60 目筛，称取 8 g 竹粉用滤纸包好，置于索氏抽提器中，注入体积比为 2∶1 的甲苯和乙醇溶液，在 90 ℃条件下抽提 6 h，取出竹粉包，放入通风橱中风干冷却；配置浓度为 0.1 mol/L 的亚氯酸钠溶液，将抽提的竹粉置于上述亚氯酸钠溶液中，氨水滴定控制溶液 pH 为中性或弱碱性，重复 5 次，直至竹粉无色，接着抽滤，将竹粉洗至中性；将上述白色的竹粉加入到质量分数为 3%NaOH 的溶液中，于 80 ℃水浴条件下反应 3 h，抽滤，洗至中性；然后将产物分散于 500 mL 蒸馏水中，用胶体磨研磨 15 min后，在20 000 psi 条件下均质 10 次；最后，将水溶胶置于超声波细胞粉碎机下破碎 30 min，制得毛竹纳米纤维素水溶胶，冷冻干燥后得到 NFC。

1.14.3　结果与分析

1.14.3.1　TEM *分析*

纳米纤丝化纤维素（NFC）的透射电子显微镜图如图 1-60 所示[121]。

从图 1-60 可以看出，制备的纳米纤维素相互交织，分布均匀，采用仪器自带 Nano Measurer 分析软件对图 1-58 中样品的直径和长度进行测量统计，其直径 5 nm，长度尺寸主要分布在1 000 nm以上，具有较高的长径比。

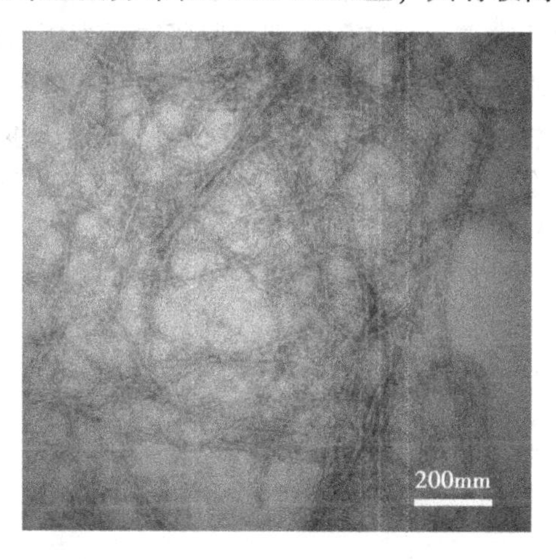

图 1-60 NFC 的透射电子显微镜图[121]

1.14.3.2 SEM 分析

NFC 的扫描电子显微镜图如图 1-61 所示[121]。从图 1-61 可以看出，经过冷冻干燥后的纳米纤维素，由于分子间氢键的作用发生聚集现象，相互交错，构成类似网状结构，主要呈纤丝状，纳米纤维素纤丝交错分布。

图 1-61 NFC 的扫描电子显微镜图[121]

1.14.4 结论

采用抽提法除去抽提物，亚氯酸钠除去木质素，低浓度碱液除去半纤维素得到相对纯化的纤维素，再使用物理手段研磨、高压均质制备出纳米纤维素，在一定程度上避免了单纯化学方法对纤维素结构的破坏，能够获得较高长径比的纳米纤丝化纤维素 NFC，其直径 5 nm，长度尺寸主要分布在 1 000 nm以上。毛竹高压均质 NFC 制备及表征试验结果表明毛竹 NFC 可以用来制备复合功能材料。

2 纳米纤维素复合相变储能材料的制备和表征

2.1 芦苇浆 NCC/聚乙二醇气凝胶的制备及表征

2.1.1 引言

天然纤维素气凝胶一般以纳米纤丝化纤维素（NFC）、纳米纤维素晶须（NCC）等纤维素Ⅰ型结构的纤维素为模板制备具有生物相容性、降解性的环境友好型气凝胶轻质材料[122-123]。有机气凝胶是一种具有多孔结构、低固体含量和均匀低密度的有机物固态材料，与无机气凝胶比较有易加工、韧性好的特点，是气凝胶材料研究的一个重要发展方向[124-127]。近年来，基于纤维素有很多羟基，凝胶的制备过程可以非常简单，无须交联剂，通过氢键进行物理交联即可制得气凝胶[128]，并且天然纤维素具有来源广泛、可再生易降解和绿色无污染等特性，以纤维素为原料制备纤维素类气凝胶材料引起了人们极大的兴趣[129-131]，使得纤维素类气凝胶成为一类应用前景良好、极具开发价值的功能材料。纤维素气凝胶的制备方法相对简单，首先通过溶解、再生得到纤维素凝胶，然后通过冷冻干燥或超临界流体干燥，即可得到纤维素气凝胶[129,132-133]。因此，通过合理的手段得到纤维素凝胶是制备这类材料的前提条件。NCC 一般都是通过硫酸水解法制备得到[6,27-28,134-136]，并通过分散于水中得到 NCC 水溶胶。利用 NCC 水溶胶制备气凝胶已有文献报道[137]，但具有相变储能功能的纤维素气凝胶的制备尚无相关文献报道。通过 1.1 助催化剂制备得到结构可控芦苇浆 NCC 添加不同 PEG 含量、不同 1，4-二氧六环的体积分数和不同溶剂结合真空冷冻干燥方法得到 NCC/PEG 气凝胶，同时讨论不同因素对其结构的影响及相变储能性能和不同条件下所得的 NCC/PEG 气凝胶在水中的速分散性能，为 NCC 的开发利用提供基础数据。

2.1.2 试验

2.1.2.1 材料

漂白芦苇浆（Reed），黑龙江省牡丹江恒丰纸业集团有限责任公司；硫酸、间硝基苯磺酸钠（SMS），分析纯，购自哈尔滨试剂厂；聚乙二醇-4000（PEG），分析纯，天津科密欧化学试剂公司；1，4-二氧六环、叔丁醇、二甲基亚砜，分析纯，国药集团化学试剂有限公司。

2.1.2.2 NCC/聚乙二醇气凝胶的制备

由1.1.2.2得到NCC水溶液，并选取一定体积NCC溶液，真空冷冻干燥测量其固溶物含量为5.08 mg/mL，并得到NCC真空冷冻干燥固体样品。分别讨论不同PEG含量试验组，即加入PEG，控制NCC与PEG的质量比为9∶1，8∶2，7∶3，6∶4，5∶5，3∶7及1∶9，使得PEG为NCC/PEG混合物的质量分数分别为10%，20%，30%，40%，50%，70%，90%，相应地加入相对NCC水溶胶溶液体积分数10%的1，4-二氧六环，试样分别标记为NCC-0，NCC/PEG-1，NCC/PEG-2，NCC/PEG-3，NCC/PEG-4，NCC/PEG-5，NCC/PEG-6和NCC/PEG-7；讨论不同1，4-二氧六环的体积比试验组，即离心NCC水凝胶，得到NCC沉淀（NCC固溶物含量为30%），并固定NCC∶PEG质量比为4∶1，通过控制1，4-二氧六环的体积分数为20%，60%和100%，试样分别标记为NCC/PEG-2a，NCC/PEG-2b和NCC/PEG-2c；讨论不同溶剂组试验，即取NCC沉淀（NCC固溶物含量为30%），使得NCC沉淀分别均匀分散在1，4-二氧六环、叔丁醇和二甲基亚砜中，试样分别标记为NCC-1，NCC-2和NCC-3。上述3组试验，均在零下20 ℃条件冷冻5.0 h得到冰冻凝胶，并在真空度为20 Pa、冷凝温度为-54 ℃左右的冷冻干燥机中真空冷冻干燥20 h，直至完全清除溶剂，得到白色NCC/PEG气凝胶固体粉末。

2.1.2.3 表征

傅里叶红外测量参照1.1.2.3所示的方法；扫描电子显微镜测量参照1.1.2.3所示的方法；利用全自动比表面及孔隙度分析仪（ASAP2020，美国麦克）测定试样比表面积及孔容孔径，样品在液氮温度（77K）下进行N_2气吸附；相变温度及相变焓由示差扫描量热仪DSC209F3（德国耐驰Netzsch仪器有限公司）测量，取样品1 mg左右从25 ℃加热至100 ℃，氩气氛围保护，加热速率为5.0 K/min；热失重由热重分析仪TG209F3（德国耐驰Netzsch仪器有限公司）测量，取样5 mg左右，样品测量温度为30～600 ℃，氩气氛围保护，加热速率为10.0 K/min；利用接触角测量仪（Hitachi，CA-A）对试样润湿性进行分析，取表面平整样品，在接触角测量仪平台上平铺好，用6 μL微量取样器在室温下滴水在试样表面，冻结图片并保存；利用ZetaPALS高分辨Zeta电位及粒度分析仪（美国布鲁克海文Brookhaven仪器有限公司）测量试样在溶剂中分散随时间的增加与其在溶剂中的粒度变化曲线（参照1.1.2.3方法）。

2.1.3 结果与分析

2.1.3.1 傅里叶变换红外分析

图2-1所示为PEG-4000（a），含30% PEG的NCC/PEG-3（b）和NCC-0（c）傅里叶变换红外谱图[28]。从图2-1（c）可知，NCC在3 350，2 900，1 430，1 060，661 cm^{-1}有明显的纤维素特征吸收峰[5]，说明所得产品为纤维素类物质；由图2-1（a）所示，PEG在2871 cm^{-1}和950 cm^{-1}对应PEG中的—CH_2伸缩振动；NCC/PEG-3粉体较PEG在3 338，2 889，1 060，661 cm^{-1}出现的新的特征吸收峰，而这些峰恰恰对应NCC特征峰，说明NCC和PEG复合后并未产生新的化学键。当然，NCC/PEG-3在羟基振动峰较NCC往低波区移动了12 cm^{-1}，可能原因是因为NCC中的羟基与PEG以氢键的作用力结合导致的[137-138]。

2.1.3.2 不同因素对NCC/聚乙二醇气凝胶的形貌影响

（1）不同聚乙二醇含量的影响。

图2-2（a）~（h）为不同PEG含量所制备NCC/PEG气凝胶的SEM图[28]。从图2-2（a）可知，NCC经真空冷冻干燥后得到具有致密结构的纤维素膜；PEG含量在30%以下时，如图2-2（b）~（d）所示，随着PEG含量的增加，真空冷冻干燥后的混合物逐渐由致密的薄膜形态往蓬松网状形态转变；PEG含量在40%~70%时，如图2-2（e）~（g）所示，真空冷冻干燥后的样品出现明显疏松多孔的网络结构，为NCC/PEG气凝胶，气凝胶中纤维素微纤直径在50 nm左右，孔隙在50 nm以上；PEG为90%时，如图2-2（h）所示，为不规则蜡状小碎片。由以上图谱可知，PEG浓度对气凝胶的微观结构影响很大，过低或过高的PEG含量不利于NCC/PEG气凝胶的生成，并存在一个适宜的PEG含量区间；在适宜PEG含量中随着PEG含量的增加，气凝胶中纤维素微纤由聚集缠结逐渐变得结构松散，孔体积和孔尺寸都逐渐变大，孔尺寸分布由相对均匀变成分布分散且变宽。这说明合适的PEG浓度有利于致密网络拓扑结构的形成，继而有利于气凝胶的形成。可能原因是NCC水溶胶溶液经过冷冻后生成冰冻凝胶，凝胶网络中填充了大量的水分子，而经过真空冷冻干燥后，由于水体系存在气液界面以及界面

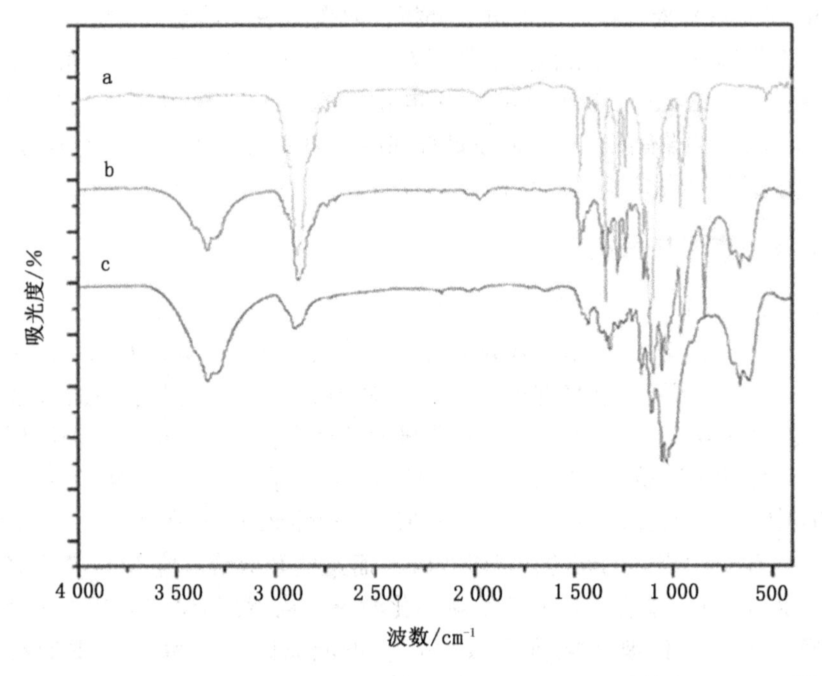

图2-1 PEG-4000（a），NCC/PEG-3（b）和NCC-0（c）的傅里叶变换红外谱图[28]

张力，导致干燥时出现气液弯月面，对凝胶网络产生拉力，致使凝胶网络坍塌[133]。因此，经过真空冷冻干燥后的NCC固体网络结构被破坏，形成具有致密结构的轻质蓬松银白色固体[137]；而加入PEG所形成的NCC/PEG/H_2O/1，4-二氧六环冰冻凝胶，经过真空冷冻干燥后，由于PEG本身具有低蒸汽压[140]，在真空冷冻干燥过程中可能存在克服凝固液中气液界面及界面张力的作用，可以防止凝胶网络的坍塌，有利于形成具有大量孔结构的NCC/PEG气凝胶。

（2）1，4-二氧六环的体积比影响。

图2-3（a）~（c）为在PEG含量为20%情况下，不同1，4-二氧六环的体积比所制备NCC/PEG气凝胶SEM图[28]。从图2-3（a）可知，在1，4-二氧六环的体积分数为20%时，所得NCC/PEG-2a仍为致密结构的纤维素膜；而当1，4-二氧六环的体积分数为60%时，见图2-3（b）。NCC/PEG-2b得到了纳米多孔结构的气凝胶，其多孔结构由横截直径为10~30 nm的微纤丝相互交织而成；当为1，4-二氧六环溶液时，得到了纳米多孔结构的NCC/PEG-2c，其孔隙大小分布在200~500 nm，具有明显的微纤丝形貌。对比图2-2（c），随着1，4-二氧六环体积分数的增加，NCC/PEG复合物的形貌逐渐由薄膜状往纳米网状及纳米多孔结构转变。

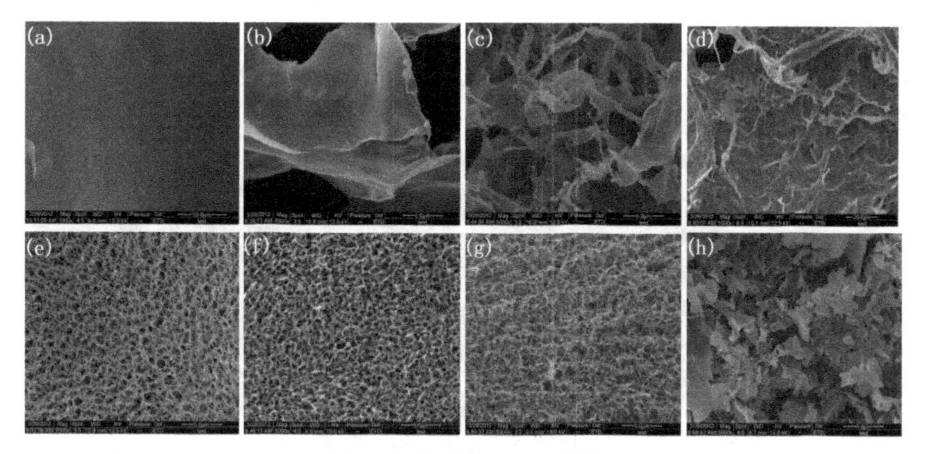

图 2-2 气凝胶 SEM 图[28]

(a) NCC-0; (b) NCC/PEG-1; (c) NCC/PEG-2; (d) NCC/PEG-3; (e) NCC/PEG-4; (f) NCC/PEG-5; (g) NCC/PEG-6; (h) NCC/PEG-7

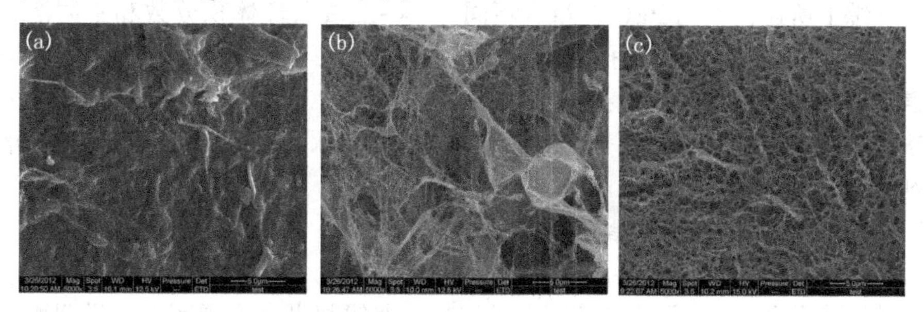

图 2-3 气凝胶 SEM 图[28]

(a) NCC/PEG-2a; (b) NCC/PEG-2b; (c) NCC/PEG-2c

(3) 不同溶剂的影响。

基于 NCC/PEG 气凝胶的原理，笔者选择了叔丁醇、二甲基亚砜以及 1，4-二氧六环为溶剂，使 NCC 沉淀分别充分分散在上述三种溶剂中进行冷冻干燥，得到如图 2-4 (a) ~ (c)[28]。图 2-4 (a) 为在 1，4-二氧六环中得到纳米纤维素气凝胶，具有蓬松结构，但孔隙大小极其不均匀，而且所表现出的微纤丝大小也不均匀，明显脱离于图 2-2 (a) 的纳米纤维素薄膜状，具有气凝胶特征形貌，说明没有水的存在条件下，1，4-二氧六环能很好地克服凝固液中气液界面及界面张力，获取具有大量孔隙结构的 NCC 气凝胶，但孔隙规整度明显低于存在少量 PEG 条件下的 NCC 气凝胶，见图 2-3 (c)；在叔丁醇所得的纳米纤维素气凝胶，如图 2-4 (b) 所示，具有明显纳米网状结构，表现的微纤丝较由 1，4-二氧六环所得的 NCC 气凝胶更为明显，与图 2-3（b）较为接近。在二甲基亚砜中所得的 NCC 气凝胶见图2-4（c），表现出带有薄膜状的纳米多孔结构，尽管效果没有叔丁醇好，但仍脱离了薄膜状。

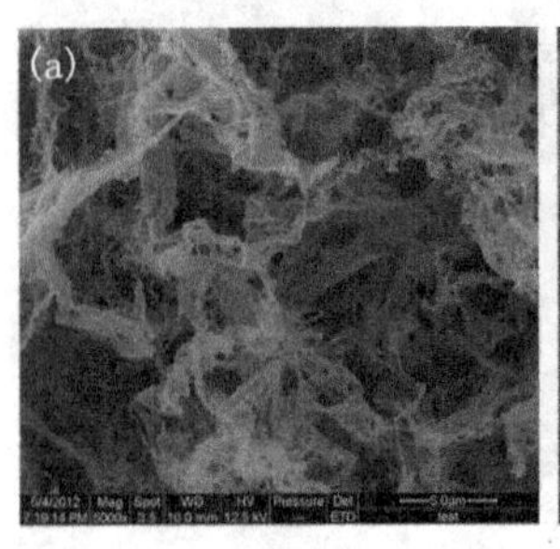

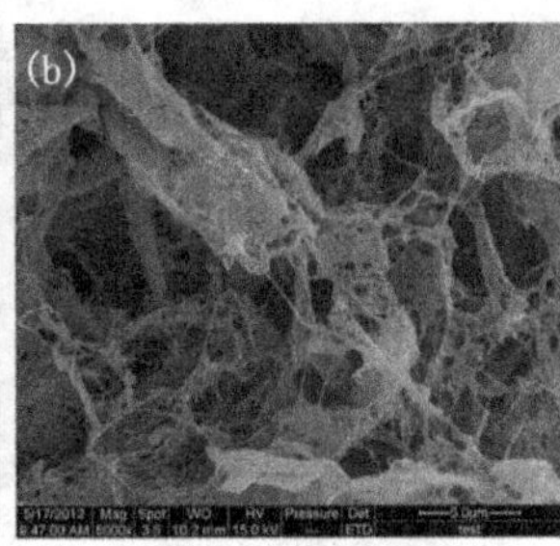

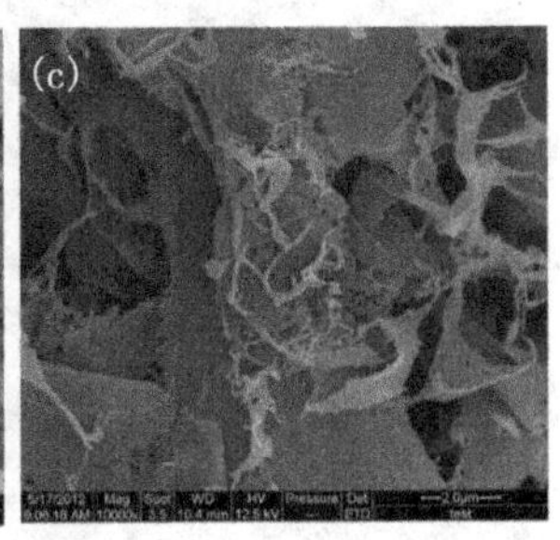

图 2-4　气凝胶[28]

(a) NCC-1；(b) NCC-2；(c) NCC-3

综上所述，不同 PEG 含量、不同 1，4-二氧六环体积分数和不同溶剂对 NCC/PEG 气凝胶的多孔结构具有非常明显的影响，并且可以根据上述因素的调整获取纳米多孔可控的 NCC/PEG 气凝胶。因本法为真空冷冻干燥方法，故所采用的溶剂必须是低凝固点物质；如果采用超临界法，所考虑的溶剂将会有更多选择。

2.1.3.3　比表面积及孔结构分析

图 2-5 为 NCC/PEG-4、NCC/PEG-5 和 NCC/PEG-6 气凝胶的吸附-脱附等温线及孔容-孔径分布情况，可知三个曲线都没有出现闭合，说明所得 NCC/PEG 气凝胶孔隙分布不均匀[28]。

NCC/PEG 气凝胶孔结构参数如表 2-1 所示[28]，从表 2-1 可知，所制得的 NCC/PEG 气凝胶比表面积、平均孔径及孔容都较小，即比表面积均小于 13.45 m^2/g，平均孔径小于 5.67 nm，孔容小于 0.019 13 cm^3/g；并且随着 PEG 含量的增加，NCC/PEG 气凝胶比表面积、平均孔径及孔容都逐渐降低，这不仅与 SEM 观察得到的结果出现明显的差异，而且所得的气凝胶比表面积、平均孔径及孔容都较文献报道气凝胶所对应值偏小[133,137]。可能原因是 NCC/PEG 气凝胶中存在大量 PEG，PEG 吸附在 NCC 表面上，使得以 NCC 所形成的微纤丝所形成的孔隙被 PEG 填充，严重影响了材料本身的孔容，导致气凝胶内部孔隙分布不均匀，使得孔容相当小，因此也伴随比表面积、平均孔径的下降。

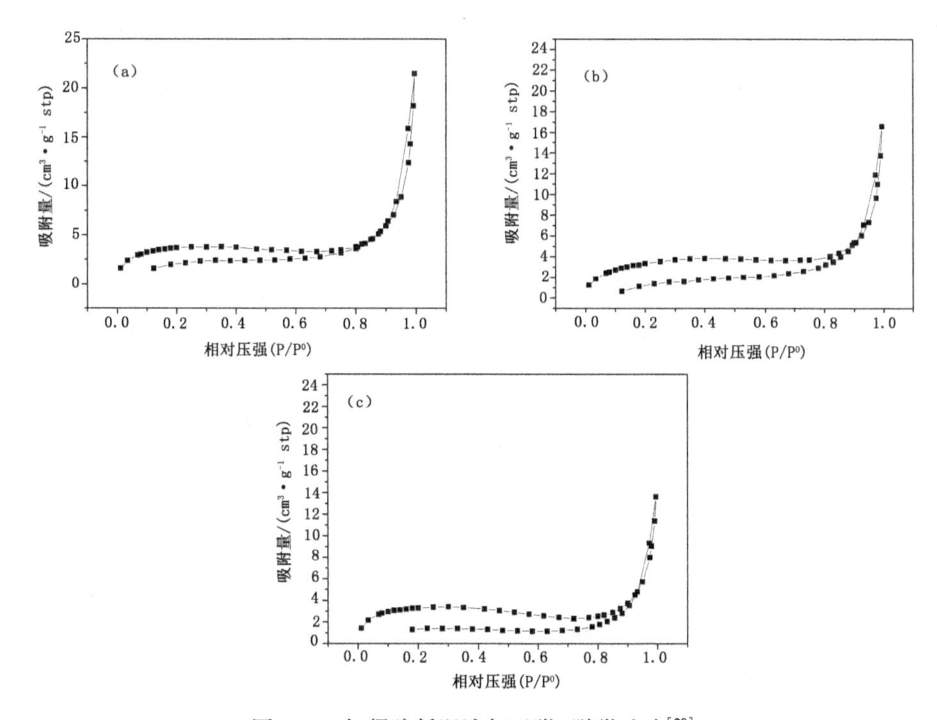

图 2-5 气凝胶低温液氮吸附-脱附试验[28]

(a) NCC/PEG-4；(b) NCC/PEG-5；(c) NCC/PEG-6

表 2-1 NCC/PEG 气凝胶比表面积、孔容和平均孔径[28]

试样	比表面积/ $(m^2 \cdot g^{-1})$	孔容/ $(m^3 \cdot g^{-1})$	平均孔径/nm
NCC/PEG-4	13.45	0.019 13	5.69
NCC/PEG-5	12.68	0.014 95	4.72
NCC/PEG-6	11.79	0.012 36	4.19

2.1.3.4 DSC 分析

图 2-6 为 NCC/PEG-4（a）、NCC/PEG-5（b）、NCC/PEG-6（c）和 100%PEG（d）的 DSC 曲线图[28]。

由图 2-6 可知，根据不同 PEG 含量的 NCC/PEG 气凝胶的 DSC 曲线分析得出相变焓（ΔH）、相变温度（T_m）、最大熔融温度（T_{max}）；NCC/PEG 气凝胶中的 PEG 结晶度 X_c 与理论结晶度 X_{c1} 可通过式（2-1）和式（2-2）计算得出。

$$X_c = \frac{\Delta H}{\Delta H_0} \tag{2-1}$$

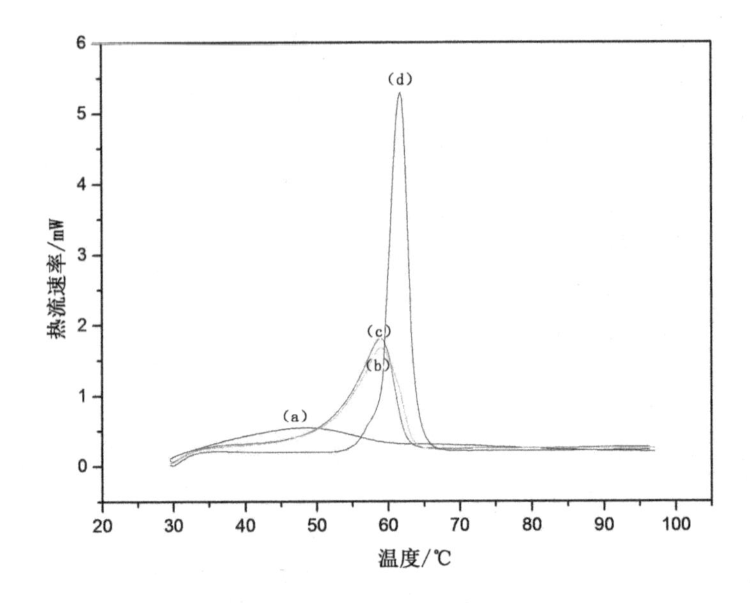

图 2-6 DSC 曲线图[28]

(a) NCC/PEG-4; (b) NCC/PEG-5; (c) NCC/PEG-6; (d) 100%PEG

$$X_{c1} = aX_c \qquad (2-2)$$

其中 ΔH，ΔH_0分别为 NCC/PEG 气凝胶和结晶度为 100% 的 PEG 熔化热[116]（$\Delta H_0 = 213$ J/g），a 为 NCC/PEG 气凝胶中 PEG 的质量分数，结果如表 2-2 所示[28]。

表 2-2 不同 PEG 含量的 NCC/PEG 气凝胶的 DSC 数据[28]

样品	NCC/PEG-4	NCC/PEG-5	NCC/PEG-6	100%PEG
T_m/℃	30.1	51.7	50.2	59.4
T_{max}/℃	48.4	59.7	59.0	62.5
ΔH/（J·g^{-1}）	36.9	128.1	131.9	187.5
X_c/%	17.32	60.14	61.92	88.03
X_{c1}/%	35.21	44.02	61.62	—
X_c/X_{c1}	0.492	1.366	1.005	—

从表 2-2 可知，NCC/PEG 气凝胶中 PEG 的 ΔH，T_m，T_{max}都显著降低；PEG 为 40%时，即 NCC/PEG-4 的 T_m 几乎为室温，X_c/X_{c1}明显小于 1；PEG 为 50%时，即 NCC/PEG-5 的 T_m显著增加但仍低于纯 PEG，X_c/X_{c1}明显大于 1；PEG 为 70%时，即 NCC/PEG-6 的 T_m仍低于纯 PEG，X_c/X_{c1}接近 1，可能原因是 PEG 与 NCC 组成气凝胶的网状微纤丝使 PEG 链段受孔隙缠绕和微

纤丝的固定、NCC 的晶型结构诱导 PEG 的链段的有序排列和掺杂后稀释效应影响 PEG 的结晶度[28]。本法制备 NCC/PEG 气凝胶中 PEG 是否完全均匀分布也是影响相变焓大小的一个重要原因。

2.1.3.5 热重分析

图 2-7 所示 PEG（a），40% PEG 含量的 NCC/PEG-4（b）和 NCC-0（c）热重曲线图[28]。从这些曲线图可知，三条曲线表现完全不同。就 PEG 而言，如图 2-7（a）所示，仅表现出一个热失重过程，并未出现吸附水的热失重峰，而仅仅为 PEG 主链的氧化降解，起始于 325 ℃，终止于 410 ℃[141-142]。NCC-0 及 NCC/PEG-4 有所类似，都存在三个热失重过程，其中都有在 100~200 ℃的吸附水热失重峰。然而，对于 NCC-0 而言，见图 2-7（b），其对应在 NCC 主链降解最大热失重温度为 300 ℃和残留碳最大热失重峰为 410 ℃，却高于 NCC/PEG 所对应 280 ℃和 350 ℃，见图 2-7（c），说明 NCC/PEG-4 的热稳定性低于 NCC-0，更低于 PEG[143-144]。可能原因是 PEG 分散在 NCC 表面，基于 NCC 的纳米效应使得 PEG 活化致使 PEG 的链段更易被氧化降解，因此致使其热稳定性下降，这也进一步说明了 NCC 的纳米效应能活化 PEG，获取储能效率更高的 NCC/PEG 气凝胶[145]。

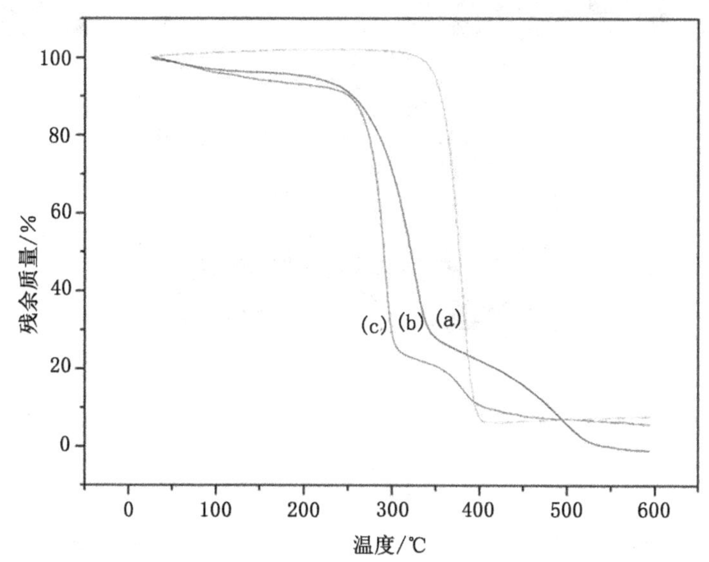

图 2-7 热重曲线图[28]

（a）PEG；（b）40%PEG 含量的 NCC/PEG-4；（c）NCC-0

2.1.3.6 润湿性分析

图2-8为NCC-0（a）、含20%PEG的NCC/PEG-2（b）和含40%PEG的NCC/PEG-4（c）水滴润湿图片[28]。本法润湿性表征，基于气凝胶的纳米多孔，对水具有极强的吸附作用，而其强度也表现很弱，故可以根据试样对水滴吸附大小以表观的形式展现出来[146]。对于NCC薄膜，其为超亲水试材，如图2-8（a）所示，接触角为0；而当PEG含量为20%时，由图2-8（b）可知试样出现坍塌，而其坍塌程度明显低于在PEG中含量为40%的NCC/PEG-4，见图2-8（c），可能原因是在PEG含量较高时，由于PEG被活化，故能使得PEG迅速溶于水中，因此在PEG含量为20%时，较纯的NCC表现出坍塌，而含PEG高的NCC/PEG-4不仅具有纳米多孔特征结构，而且高含量的PEG使得其坍塌更为明显[145]。

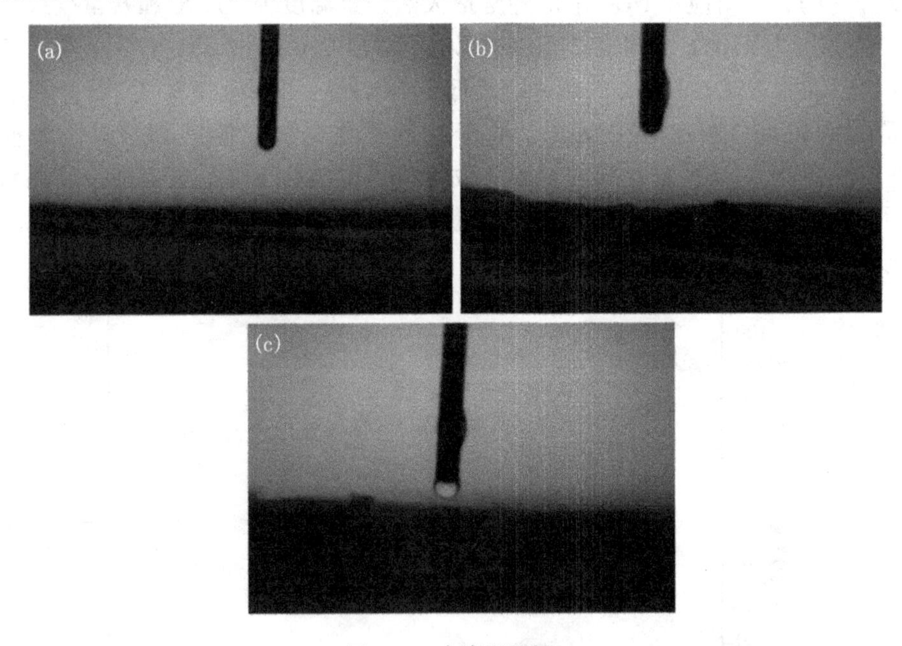

图2-8 水滴润湿图

（a）NCC-0薄膜；（b）含20%PEG的NCC/PEG-2；（c）含40%PEG的NCC/PEG-4[28]

2.1.3.7 速分散性能分析

如图2-9所示原点粒度值为NCC水溶液粒度随时间变化曲线图[28]。对于NCC-0试样，如图2-9（a）所示，其在分散180 s后粒度仍远远大于原始值，说明其分散性能极差；对于NCC-1试样，如图2-9（b）所示，其具有明显优于曲线（a）的分散性能，并且能在120 s分散结果与原始值相近，说明其具有速分散性能，说明纳米多孔的结构有利于NCC固体的分散。对于 NCC/PEG-4 试样，分别分散于去离子水，如图 2-9（d）和图 2-9（c）（DMF），在分散 120 s 内也得到了优良的速分散性能，说明该试样不仅可以快速分散在水中，而且还能快速分散在有机溶剂中。

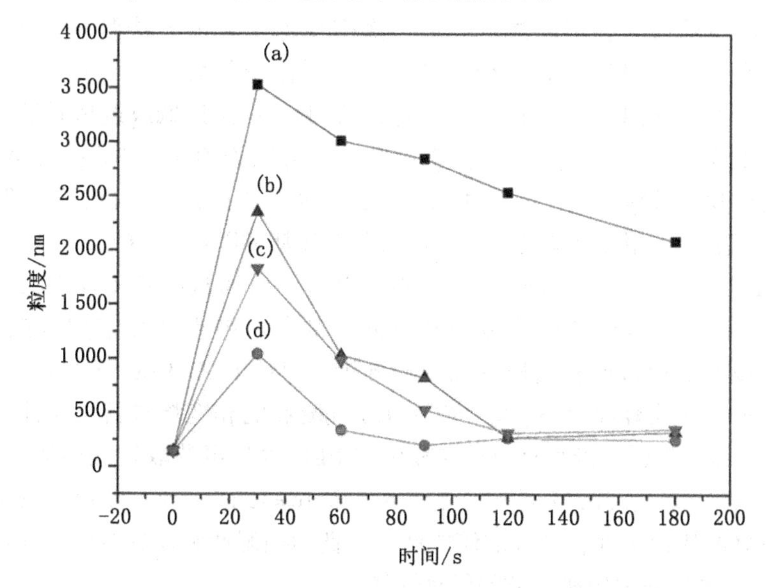

图 2-9 粒度随时间变化曲线图[28]

（a）NCC-0；（b）NCC-1 分散在水中；（c）NCC/PEG-4 分散在 DMF；（d）水

基于该分散试验结果，所得其他试样在相同条件中水溶液的分散 120 s，测量各自对应的粒度值，结合图 2-9 数据，不同试样在分散 120 s 后对应的粒度值如表 2-3 所示[28]。从表 2-3 可知，除了试样 NCC-0，NCC/PEG-1，NCC/PEG-2 和 NCC/PEG-2a 在分散 120 s 后粒度值较大以外，其他都具有较低粒度，说明其他试样都具有优良的速分散性能，故可以依据本法所得不同含量的 PEG 的 NCC/PEG 气凝胶，其纳米多孔具有的高比表面、高活性使得其可以快速分散水溶液乃至有机溶剂[145-146]。

表 2-3 不同试样分散 120 s 后对应粒度值[28]

试样	粒度/nm	试样	粒度/nm	试样	粒度/nm
NCC-0	2 531.7	NCC/PEG-1	1 532.1	NCC/PEG-2	983.2
NCC/PEG-3	578.1	NCC/PEG-4	267.6	NCC/PEG-5	235.6
NCC/PEG-6	269.3	NCC/PEG-7	332.2	NCC/PEG-2a	1352.3
NCC/PEG-2b	423.1	NCC/PEG-2c	250.4	NCC-1	315.2
NCC-2	289.3	NCC-3	389.4		

2.1.4 结论

利用NCC水溶胶，通过讨论不同质量分数的PEG-4000、不同体积分数的1，4-二氧六环和不同溶剂，结合真空冷冻干燥的方法制备得到NCC/PEG气凝胶。通过研究不同PEG浓度、不同体积分数的1，4-二氧六环和不同溶剂对NCC/PEG气凝胶材料结构的影响，得出过低或过高质量分数的PEG不利于气凝胶的形成，其有效PEG质量分数为40%~70%；1，4-二氧六环的体积分数对气凝胶影响相当明显，较高的体积分数有利于气凝胶的形成；叔丁醇、二甲基亚砜以及1，4-二氧六环都可以获取NCC/PEG气凝胶。通过SEM分析NCC/PEG气凝胶结构，得出可以通过改变不同PEG含量、不同1，4-二氧六环的体积分数和不同溶剂获取纳米多孔结构可控NCC/PEG气凝胶。通过比表面积及孔结构分析，得出NCC/PEG气凝胶表面积、平均孔尺寸和孔容都较小。对NCC/PEG气凝胶的相变焓进行了表征，结果表明所NCC/PEG气凝胶材料存在较优的PEG含量可获取较佳储能效率值。芦苇浆NCC/聚乙二醇气凝胶的制备及表征试验结果表明：NCC/PEG气凝胶具较好的热稳定性，高效的储能性，优良的润湿性和速分散性，并具有在DMF等无水溶剂中快速分散的优良性能。

2.2 芦苇浆NCC/PEG接枝物固-固相变储能材料的制备及表征

2.2.1 引言

相变储能材料被广泛地应用于诸多领域，如太阳能利用、余热废热回收和智能化自动空调建筑物等，并且应用范围正在不断扩大[147-148]。PEG是一种用途极为广泛的高分子材料，具有优良的生物降解特性、生物相容性、水溶性、耐热和耐化学等性能[149]，被广泛用于医药、卫生、食品、能源及化工等众多领域。PEG独有的适宜相变温度、高潜热容、固-液相变时较小的体积变化等特性作为相变功能基被广泛用于制备复合相变材料[150]，但PEG在相变过程中是通过固-液相变进行储能和释能的，在相变中有液相产生，必须有容器密封封装，这在很大程度上束缚了其在复合相变材料中的应用。如何避免PEG在相变过程中出现液相，制备出新型的固-固相变材料为当前研究相变材料的重要内容之一[151]。常见的以PEG为相变基团的复合相变材料的制备方法主要有物理共混法[149-151]和化学反应法[152-156]。物理共混法是利用物理相互作用把PEG固定在载体上，该材料在相变过程中具有束缚PEG所形成液相的作用力，包括吸附作用或包封技术。物理共混法材料本质上是仍进行固-液相变，该材料在多次使用后由于物理作用力相对较小容易导致发生固-液相变材料与载体的脱附、泄漏渗出及宏观的两相分离等现象，大大限制了该类材料的应用。化学反应改性，一般常利用嵌段共聚或接枝共聚等化学方法进行改性，获取主链型和侧链型的固态相变材料[154-155]。由于天然纤维素具有来源广泛、可再生、易降解和绿色无污染等特性，尤其是其刚性和多羟基特性能很好地通过羟基采用接枝化学改性，把PEG牢固的固定在刚性纤维素骨架上，这对获取结构稳定的固-固复合相变材料是非常有利的，因此，采用纤维素为基材制备固-固复合相变材料引起了人们极大的兴趣。然而，纤维素的刚性致使纤维素的可及度太低、表面羟基活性不高，因此，常用的方法一般都是通过一定的手段溶解纤维素再采取化学接枝反应，但这无疑限制了纤维素基固-固复合相变材料的制备及应用。随着纳米技术的发展，NCC的制备工艺日益完善，NCC将逐渐成为一种具有纤维素多羟基、可降解、可再生、高可及性、较好的溶解性、高比表面积、有效活性中心多以及敏感度高等优点的功能性精细化工品原料，将会用来替代部分纤维素来提高纤维素基复合相变材料的诸多性能。原小平等[152]通过丙烯酰氯分别接枝改性NCC和PEG，并采用共聚得到NCC-PEG固-固相变复合材料；王海英等[157]通过真空冷冻干燥得到NCC粉体并分散在DMF中，采用甲苯二异氰酸酯（TDI）接枝得到NCC/PEG固-固相变复合材料。采用NCC/PEG气凝胶，通过TDI把PEG接枝在NCC上，形成了以NCC为骨架，PEG为相变基的一种侧链型的NCC/PEG固-固相变复合材料。NCC为刚性分子链，难以熔化，合成的NCC/PEG接枝物在高于PEG相变温度时仍保持固态。NCC/PEG接枝物具有较高的相变焓和很高的热稳定性，并且该种材料制备简便，为制备NCC功能性微球提供理论和试验基础。

2.2.2 试验

2.2.2.1 材料

NCC，试验室自制（参照1.1.2.2 NCC的制备）；PEG- 4000、甲苯二异氰酸酯（TDI），分析纯，天津科密欧化学试剂公司；1，4-二氧六环、N，N-二甲基甲酰胺（DMF），分析纯，国药集团化学试剂有限公司。

2.2.2.2 NCC/聚乙二醇接枝物的制备

由 2.1.2.2 得到 NCC/PEG 气凝胶，取 30 mL DMF，加入一定质量经过在玻璃干燥器干燥 24 h 的 PEG，搅拌溶解后按照配比加入 TDI 以及微量辛酸亚锡（其用量为 TDI 的 0.1%），反应 30 min 后得到预聚体。继续加入一定质量的 NCC/PEG 气凝胶，冰浴搅拌反应 4.0 h 后，得到淡黄色溶胶，置于 80 ℃鼓风干燥箱中，待 DMF 完全挥发，得到 NCC/PEG 接枝物。其中，反应体系中前后加入的 PEG 质量分别为 NCC 和 PEG 总质量分数的 60%，70%，80%，90%和 95%，并在此基础上分别控制不同 TDI 的加入量，即整个制备过程中异氰酸根的物质的量分别为 PEG 和 NCC 中羟基的物质的量的 2.2，1.1 和 0.5 倍。试样标记分别为当 n（—CNO）：n（—OH）为 2.2 时，PEG 质量分数分别为 60%，70%，80%，90%和 95%，分别标记为 NCC-PEG-2.2a，NCC-PEG-2.2b，NCC-PEG-2.2c，NCC-PEG-2.2d 和 NCC-PEG-2.2e；依次类推，n（—CNO）：n（—OH）为 1.1 和 0.5 时试样分别标记为 NCC-PEG-1.1a，NCC-PEG-1.1b，NCC-PEG-1.1c，NCC-PEG-1.1d，NCC-PEG-1.1e 和 NCC-PEG-0.5a，NCC-PEG-0.5b，NCC-PEG-0.5c，NCC-PEG-0.5d，NCC-PEG-0.5e，接枝反应式如下[28]：

TDI / OH-PEG-OH

R= (CH$_3$-苯环, -NHCO-PEG-OR, NHCO-)　　R = H;R

2.2.2.3 表征

采用 2.1.2.3 表征方法进行傅里叶变换红外光谱分析、DSC 分析和热重分析。

2.2.3 结果与分析

2.2.3.1 傅里叶变换红外光谱分析

图 2-10 为在理论 PEG 质量分数为 60% 和 95% 的情况下，n(—CNO)：n(—OH)分别为 2.2，1.1 和 0.5 所得 NCC/PEG 接枝产物的傅里叶红外光谱图[28]。对于理论 PEG 含量为 60%时，不同的 n(—CNO)：n(—OH)比例曲线

如图 2-10(c)~(e)所示,可知随着 n(—CNO):n(—OH)的递减,—NCO 基团的特征吸收峰 2 268 cm^{-1}强度随之变弱,说明过高的—NCO 易导致其反应不完全,使—NCO 基团还有剩余[154];对于氨基甲酸酯基团的特征吸收峰 1 726 cm^{-1}和 1 539 cm^{-1}处,随着不同 n(—CNO):n(—OH)的下降而逐渐变弱,说明 NCC 与 TDI 中有—NCO 反应,并能很好的接枝 PEG,并且较高的—CNO 也存在水解使得剩余的—CNO 参与反应[155];对于在 C—H 的 2 900 cm^{-1}的特征峰随 n(—CNO):n(—OH)减少而增强,可能原因是过多的—CNO 易与反应物的羟基交联形成网状结构阻碍了 C—H 振动。在理论 PEG 为 95%时,不同的 n(—CNO):n(—OH)比例曲线如(f)~(h)所示,较 PEG 为 60%时,最明显的特征峰在 C—H 振动峰(2 900 cm^{-1})和—C—O—C的振动峰(1 351 cm^{-1})变强,说明较高 PEG 含量的情况下存在更多自由 PEG 链段。由此可见,PEG 通过与 TDI 化学结合固定在 NCC 骨架上而形成了 NCC/PEG 接枝共聚物。

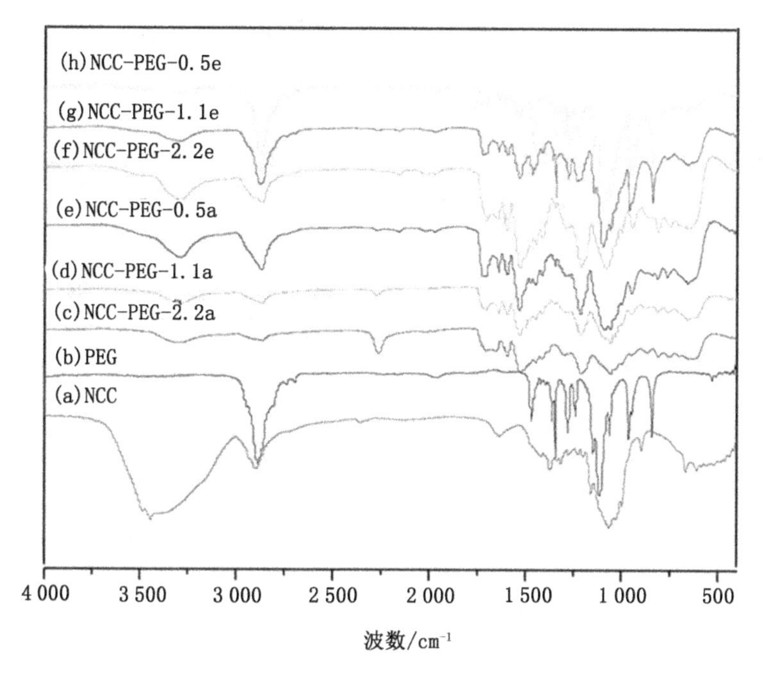

图 2-10 不同复合相变材料的红外光谱图[28]

2.2.3.2 DSC 分析

对相变材料进行 DSC 测试后,如图 2-11 中(a)(b)和(c)所示[28]。由图 2-11 可知,根据不同 PEG 含量的相变材料的 DSC 曲线分析得出相变焓

(ΔH)、相变温度(T_m)和最大熔融温度(T_{max})。相变复合材中的 PEG 实际结晶度 X_c 与理论结晶度 X_{c1} 可根据公式(2-1)和(2-2)计算得出。由表 2-2 可知 X_0 为 87.8%,并假设相变复合材中的总质量为 NCC,PEG 和 TDI 三者之和,结果如表 2-4 所示[28]。根据表 2-4 得出不同 n(—CNO):n(—OH)比时不同 PEG 质量分数所得的材料对应的 ΔH (a),T_{max}(b),T_m(c)和 X_c/X_{c1}(d)曲线,如图 2-11 所示[28]。从图 2-11 可知,ΔH 和 T_{max} 随着 PEG 百分含量的降低而降低,但 T_m 降低得非常显著,最大降低程度超过了 30 ℃。对于这种改性材料而言,PEG 作为储能功能基因,其储能机制为 PEG 的结晶态到无定形态之间的转换来进行储能和释能的;而 NCC 作为骨架材料起到支撑作用,TDI 起桥梁作用起到固定作用,使得 PEG 分子量被束缚在 NCC 中,从而保证了材料的固态相变特性。TDI 作为桥梁化合物,所形成的化学键连接与 PEG 和 NCC 之间,因此即使在 PEG 相变过程存在一个独立的微相区或处于无定形态时,其仍通过化学键牢牢地固定在 NCC 骨架上,失去流动性,不会出现 PEG 液相在上的流淌。由此可知,该材料为固-固相变材料[158]。

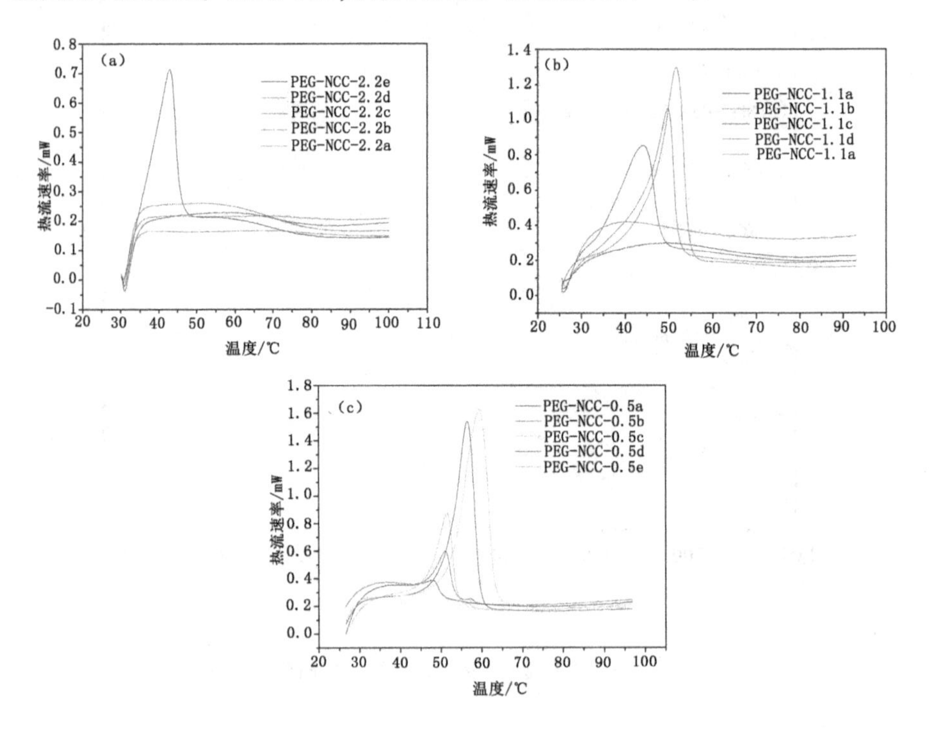

图 2-11　不同相变复合材料的 DSC 曲线图[28]

表 2-4 不同复合相变材料的相变焓（ΔH）、相变温度（T_m）和最大熔融温度（T_{max}）[28]

试样	T_m/ ℃	T_{max}/ ℃	ΔH/ (J · g^{-1})	X_c/%	X_{c1}/%	X_c/X_{c1}
NCC-PEG-2. 2a	31. 7	37. 5	2. 98	1. 41	33. 98	0. 041 5
NCC-PEG-2. 2b	33. 5	38. 8	10. 56	4. 96	39. 42	0. 125 8
NCC-PEG-2. 2c	30. 7	42. 3	14. 57	6. 84	50. 49	0. 135 5
NCC-PEG-2. 2d	30. 4	40. 3	30. 08	14. 12	59. 7	0. 236 5
NCC-PEG-2. 2e	30. 8	42. 2	55. 04	25. 84	68. 94	0. 374 8
NCC-PEG-1. 1a	28. 0	39. 3	22. 83	10. 72	32. 81	0. 326 7
NCC-PEG-1. 1b	28. 7	43. 0	25. 11	11. 79	41. 97	0. 280 9
NCC-PEG-1. 1c	28. 6	47. 7	48. 82	22. 92	53. 10	0. 431 6
NCC-PEG-1. 1d	47. 3	49. 6	66. 28	31. 12	69. 13	0. 450 2
NCC-PEG-1. 1e	48. 5	51. 5	88. 67	41. 63	75. 13	0. 554 1
NCC-PEG-0. 5a	28. 2	47. 8	2. 326	1. 09	41. 34	0. 026 4
NCC-PEG-0. 5b	48. 0	49. 8	12. 65	5. 94	50. 75	0. 117 0
NCC-PEG-0. 5c	49. 9	51. 4	51. 97	24. 40	61. 46	0. 397 0
NCC-PEG-0. 5d	53. 4	56. 2	98. 38	46. 19	74. 14	0. 623 1
NCC-PEG-0. 5e	54. 5	58. 8	115. 5	54. 23	79. 51	0. 682 1

通过对比不同 n(—CNO) : n(—OH) 比对 ΔH, T_{max} 和 T_m 的影响如图 2-12 (a) ~ (c) 所示，得出在相同的 PEG 含量情况下，随着 n(—CNO) : n(—OH) 值的增加，各自对应的 ΔH、T_{max} 和 T_m 都出现明显的下降，尤其是 T_m 出现显著下降。由红外可知，过高的 n(—CNO) : n(—OH) 值使得该材料中存在一定量的未反应—NCO 以及氨基甲酸酯基团，而—NCO 以及氨基甲酸酯基团所起的桥梁作用是把 PEG 分子链固定在 NCC 骨架上，对 PEG 分子链的自由移动阻碍更大。该材料的相变焓降低的原因是多方面的。一方面，NCC 和大量 TDI 的加入，降低了 PEG 质量分数的同时，因 TDI 与 NCC 反应后的产物在 PEG 结晶相变的温度范围内很稳定，并对整个材料的相变焓没有作用[159]，使得 PEG 中引入大量的杂质，致使 PEG 结晶区内缺陷增多，导致其在较低的温

度时结晶区就会被破坏,这也是材料中 PEG 相变温度的下降的主要原因之一;另一方面,由于 PEG 的链端通过 TDI 的桥梁作用接枝固定在 NCC 的主链上,致使 PEG 链端附近的几个链节的位置就被固定而无法自由移动,因此伴随着链端的空间位阻和牵制作用增加,不仅使得整条 PEG 长链的自由运动受到限制,导致其晶格无法整齐排列,而且因链端的固定使得实际能够参与结晶的链节数目减少,类似于 PEG 分子质量的降低,使得 PEG 链段不仅数量上减少而且残余的自由 PEG 链段也无法整齐排列,从而明显影响了 PEG 晶区的规整性,引起相变焓的减少,也使材料的相变点比原料 PEG 的有很大程度的下降[70]。同时,过高的 n(—CNO):n(—OH)值使得体系中存在的—NCO 以及氨基甲酸酯基团不仅可以与残余的自由 PEG 链段形成氢键禁锢 PEG 链段的自由移动,而且大量的—NCO 基团使得该化合物产生大量的空间网络结构,所形成的空间位阻更大,致使该材料的相变晗以及相变温度出现更大幅度的下降,这也是 n(—CNO):n(—OH)为 2.2 时,其相变晗值明显低于纯 PEG 的同时,相变温度随 PEG 含量的增加几乎无明显变化的主要原因之一[160]。

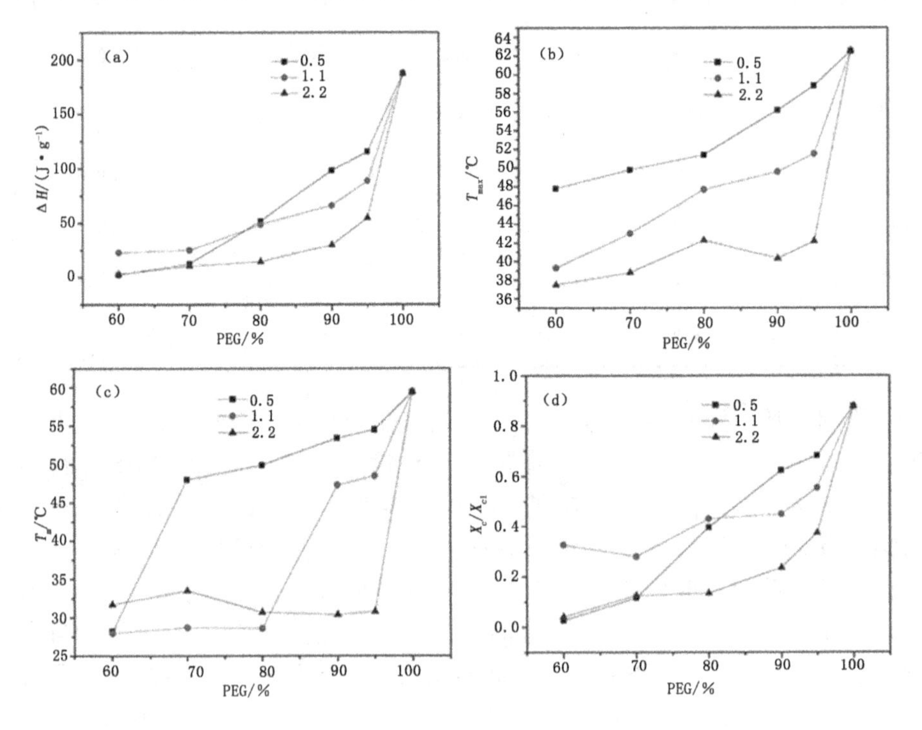

图 2-12　不同复合相变材料曲线图[28]

(a) ΔH; (b) T_{max}; (c) T_m; (d) X_c/X_{c1}

当然,由于 n(—CNO)∶n(—OH)值恒定时,从表 2-4 数据中的 X_{c1} 值随着理论 PEG 含量的增加,NCC 和 PEG 总和的羟基数也增加,因此 TDI 的加入量也会随之改变,最终使得得到相变材料的实际 PEG 含量出现变化,因此,采用了 X_c/X_{c1} 值比较不同的 n(—CNO)∶n(—OH)值下不同复合相变材料的储能效率,如图 2-12(d)所示[28]。由图可知,不同的 n(—CNO)∶n(—OH)和不同的 PEG 含量得到的复合材料存在不同的储能效率,而较高的 n(—CNO)∶n(—OH)复合相变材料的储能效率低于较低的 n(—CNO)∶n(—OH)复合相变材料的。

综上可知,随着 PEG 百分含量的降低,复合相变材料的相变焓、相变温度、最大熔融温度和 X_c/X_{c1} 值都相应地降低;随着 n(—CNO)∶n(—OH)的降低,复合相变材料相应的 PEG 含量复合相变材的相变焓、相变温度、最大熔融温度和 X_c/X_{c1} 值逐渐增加。然而在较高的 n(—CNO)∶n(—OH)比值以及较低的 PEG 含量的同时,PEG 无法相互凝聚形成结晶,也无法实现由结晶到无定型之间的相转变,所以相变焓就为 0。结合表 2-4 和图 2-12 可知,可以通过改变 PEG 的是质量分数与 n(—CNO)∶n(—OH)比,得到不同相变焓和不同相变温度的固-固相变复合材的材料。

2.2.3.3　热重分析

由图 2-13 可知，根据复合材料的 DTG 曲线分析得到不同复合材料热降解曲线明显不同，且不同复合材料热稳定性都明显低于纯 PEG，但仍有较高热稳定性。对于纯 PEG，其仅存在一个 PEG 主链断裂过程；但是对于不同 PEG 含量的复合材料，当理论 PEG 含量为 60%时，即 NCC-PEG-2.2a，NCC-PEG-1.1a 和 NCC-PEG-0.5a 的 DTG 曲线相似；当理论 PEG 含量为 95%的复合材时，即 NCC-PEG-2.2e，NCC-PEG-1.1e 和 NCC-PEG-0.5e 曲线 DTG 曲线也类似，都存在三个不同热失重峰：第一个在 80~150 ℃，对应为吸附水失重峰；第二个为 200~350 ℃，对应羟基和 TDI 参与反应生成的化学键[159]；第三个为 350~400 ℃，对应 PEG 主链断裂过程[147-148]。对于 NCC 而言，也存在三个失重峰，第一个在 80~150 ℃，对应为吸附水失重峰；第二个为 200~350 ℃，对应 NCC 的分解氧化降解失重峰，为主要失重区域[160]；第三个为 350~500 ℃，对应残留碳的氧化分解峰[161]。因工艺及 PEG 含量不同，导致复合材料在不同热失重峰中出现不同失重温度区间（T_1）、最大热失重温度（T_{max}）和热失重率（W）。对于 NCC，其吸附水含量明显高于复合材料；对于 NCC-PEG-2.2a，NCC-PEG-1.1a 和 NCC-PEG-0.5a，在不同热失重峰中出现相似的 T_1，T_{max}和不同的 W，说明三种不同工艺所得复合材料化学组分类似，而通过对比 NCC-PEG-2.2e，NCC-

PEG-1.1e 和 NCC-PEG-0.5e 热失重数据，发现在实际 PEG 含量越高的情况下，热稳定性也越高，并且最大热失重区域也逐渐与纯 PEG 类似，说明不同复合材料中的 W 主要由实际 PEG 含量不同所引起。

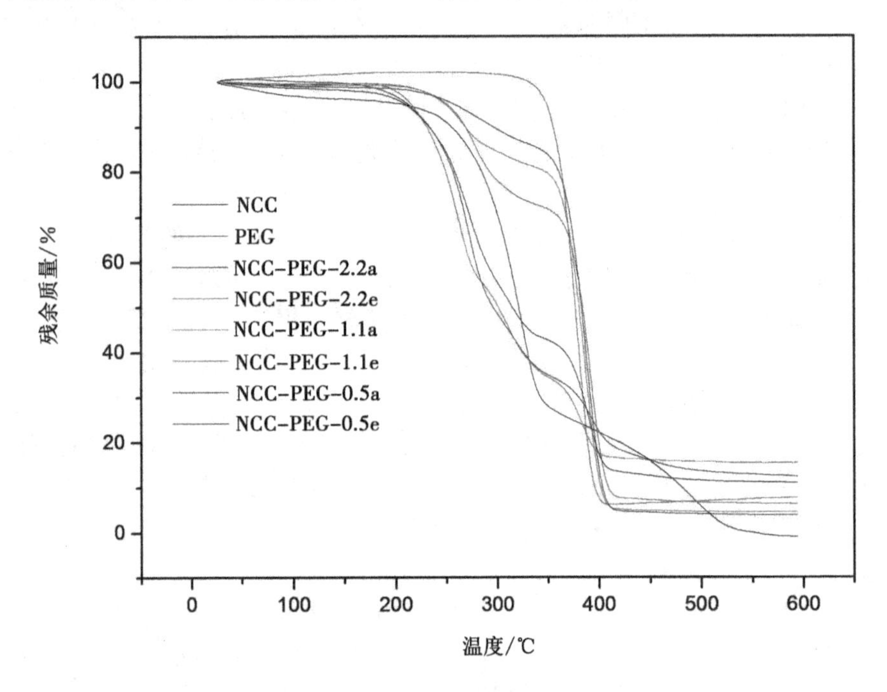

图 2-13　不同复合相变材料热重分析图[28]

2.2.4　结论

在无水体系中，PEG 通过化学键固定在刚性的 NCC 骨架上，并以牺牲一定相变焓为代价把 PEG 固定化，使接枝交联物在相变过程保持固-固相变特性；通过讨论 PEG 的质量分数及 n(—CNO)∶n(—OH) 比对复合相变材料储能性能的影响，结果表明，随着 PEG 的质量分数降低时，复合相变材料的相变焓、相变温度都出现降低；当 n(—CNO)∶n(—OH) 比降低时，复合相变材料的相变焓、相变温度以及储能效应都出现增加；通过初步探讨 PEG 的质量分数及 n(—CNO)∶n(—OH) 与 NCC/PEG 复合相变材料的相变焓和相变温度之间的关系，得出改变 PEG 的质量分数与 n (—CNO)∶n(—OH) 比可以得到不同相变焓和不同相变温度且热稳定性较好的固-固相变复合材的材料。

2.3 芦苇浆 NCC/PLA/PEG 接枝物相变储能材料的制备及表征

2.3.1 引言

聚乳酸（PLA）作为一种可生物降解高分子材料，具有优良的生物相容性、生物降解性和较好的力学强度，在生物医药、工程材料等领域有着广泛的应用[162-165]。近年来，PLA 作为可降解工程材料及药物载体材料而被广泛研究。聚乙二醇（PEG）是一种用途极为广泛的高分子材料，广泛用于医药、卫生、食品、能源及化工等众多领域。基于其适宜相变温度、高潜热容、固-液相变时较小的体积变化等特性也被作为相变功能基广泛用于制备复合相变材料[150]，但 PEG 在相变过程中是通过固-液相变进行储能和释能的，在相变中有液相产生，必须有容器密封封装，这在很大程度上束缚了 PEG 在复合相变材料中的应用。因此，如何避免 PEG 在相变过程中出现液相，制备出新型的固-固相变材料为当前研究相变材料的重要内容之一[151]。有文献报道经过 PEG 改性后的 PLA/PEG 复合材料不仅表面亲水性得到极大提高，也具备了一定相变储能性能，却保留了 PLA 和 PEG 低熔点特性，在较低温度下即出现熔融不足[163]。基于 NCC 具有特性，通过接枝 NCC 制备得到复合相变材料，可制备得到高相变焓 NCC 基固-固复合相变材料。本书试验采用丙交酯（LA）原位共聚的原理，得到 NCC/PLA/PEG 接枝共聚物，并初步进行 W/O/W 法制备微球工艺探讨。

2.3.2 试验

2.3.2.1 材料

漂白芦苇浆，黑龙江省牡丹江恒丰纸业集团有限责任公司；硫酸，化学纯，哈尔滨试剂厂；二氯甲烷、四氢呋喃、辛酸亚锡、聚乙二醇-10000，分析纯，天津市科密欧化学试剂开发中心；聚乙烯醇，天津市兴复精细化工研究所，平均聚合度为（1 750±50）；丙交酯（LA），分析纯，上海易生实业有限公司。

2.3.2.2 方法

（1）NCC/PLA/PEG 接枝共聚物的制备。

取6.5 g的PEG-10000均匀分散在表面皿中，并放置于硅胶干燥剂中干燥24 h，接着在140 ℃油浴中熔融，加入1.44 g丙交酯，以及对应丙交酯物质的量的0.5%的辛酸亚锡/二氯甲烷溶液，或者加入2.1.2.2得到的NCC蓬松固体0.10 g，混合充分后，反应8 h，都为黄色固体，溶于四氢呋喃中，沉析于环己烷中并过滤得到淡黄色沉淀，重复上述操作，真空干燥分别得到淡黄色固体PLA/PEG或者淡黄色蓬松固体NCC/PLA/PEG接枝共聚物。

（2）相变微球的制备。

取样0.1 g PLA/PEG或NCC/PLA/PEG接枝共聚物溶解于2 mL的二氯甲烷溶液中，加入0.2 mL的去离子水，超声10 min，加入0.01 g纳米纤维素，超声分散20 min，用玻璃注射器将其注入到冰浴的4 mL含0.1%的PVA水溶液，超声分散，再注入40 mL含0.5%的PVA水溶液，机械搅拌2 min后，放入旋转蒸发器中，在50 ℃水浴中蒸发二氯甲烷，得到高分子微球，真空冷冻干燥得到微球样品。

2.3.2.3 性能表征

FT-IR参照1.1.2.3方法；SEM测量参照1.1.2.3方法；热失重和DSC参照2.1.2.3方法。

2.3.3 结果与分析

2.3.3.1 傅里叶变换红外分析

图2-14为NCC（a），PEG（b），LA（c），NCC/PLA/PEG接枝共聚物（d），PLA/PEG（e）傅里叶变换红外光谱图[28]。从对比图2-14（d）和图2-14（e）可知，NCC/PLA/PEG接枝共聚物和PLA/PEG共聚物都具有对应PEG中的—CH_2伸缩振动特征峰的2 871 cm^{-1}和950 cm^{-1}以及对应LA的羰基特征峰（1 760 cm^{-1}）[147-148]，但是图2-14（d）在3 500 cm^{-1}的羟基特征峰强度明显强于图2-14（e），甚至也强于PEG的羟基特征峰，但明显低于NCC。综合以上所述，在PLA/PEG的基础上成功引入NCC，说明LA通过开环聚合能得到NCC/PLA/PEG接枝共聚物[166]。

2.3.3.2 DSC分析

由图2-15可知，PEG，NCC/PLA/PEG和PLA/PEG的DSC曲线分析得出相变焓（ΔH），相变温度（T_m），最大熔融温度（T_{max}）；NCC/PLA/PEG和PLA/PEG中的PEG结晶度X_c与理论结晶度X_{c1}可通过式（2-1）和（2-2）公式计算得出，结果如表2-5所示[28]。

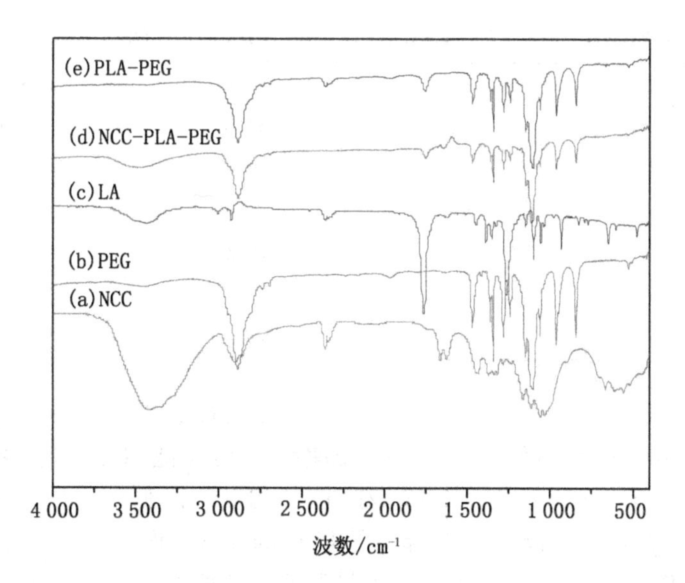

图 2-14 傅里叶变换红外光谱图[28]

(a) NCC; (b) PEG; (c) LA; (d) NCC/PLA/PEG 接枝共聚物; (e) PLA/PEG

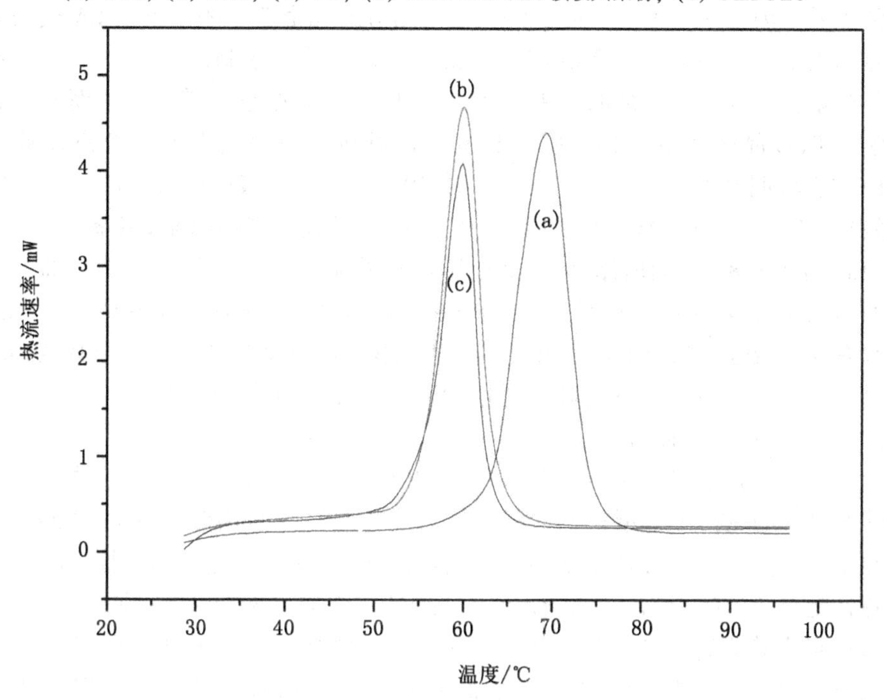

图 2-15 DSC 曲线图[28]

(a) PEG; (b) NCC/PLA/PEG; (c) PLA/PEG

表 2-5 PEG，NCC/PLA/PEG 和 PLA/PEG 的 DSC 数据[28]

样 品	PEG	NCC/PLA/PEG	PLA/PEG
T_m/ ℃	60.8	57.9	55.0
T_{max}/ ℃	67.3	60.2	59.9
ΔH/ (J·g^{-1})	187.1	134.6	125.3
X_c/%	88.03	63.20	58.83
X_{c1}/%	—	71.17	72.06
X_c/X_{c1}	—	0.888	0.816

从表 2-5 可知，NCC/PLA/PEG 和 PLA/PEG 的相变焓和最大熔融温度以及相转变温度明显低于纯 PEG，说明引入 PLA 能明显影响 PEG 的结晶度[167-168]；NCC/PLA/PEG 和 PLA/PEG 的相变晗降低的原因是多方面的，一方面 LA 开环聚合接枝 PEG 降低了 PEG 的纯度，而 PLA 对整个材料的相变焓没有作用，使得 PEG 中引入大量杂质，致使 PEG 结晶区内缺陷增多，故其在较低的温度时结晶区就会被破坏，这也是材料中 PEG 相变温度下降的主要原因之一；另一方面，PEG 链端附近的几个链节的位置被 LA 交联固定而无法自由移动，使整条 PEG 长链自由运动受到限制，使得 PEG 链段不仅数量上减少而且残余的自由 PEG 链段也出现无法整齐排列，从而明显影响了 PEG 晶区的规整性，引起相变焓的减少，也使材料的相变点比原料 PEG 有较明显下降[160]。从 NCC/PLA/PEG 和 PLA/PEG 的 X_c/X_{c1}对比可以发现，在添加少量 NCC 后的 NCC/PLA/PEG 接枝共聚物储能效率高于 PLA/PEG 高达 8.8%，而所添加的 NCC 质量较总质量的百分数仅为 1.25%，说明 NCC 的引入能极大地提高 PLA/PEG 的储能相变焓值。这主要基于 NCC 具有高可及性、较好的溶解性、高比表面积、有效活性中心多以及其敏感度高等优点[152]，在一定的程度上提高了 PLA/PEG 的储能效率。

2.3.3.3 热重分析

图 2-16 为 PEG（a），NCC/PLA/PEG（b）和 PLA/PEG（c）的 TG 曲线图[28]。由图 2-16 可知三种材料的热降解曲线几乎相似，NCC/PLA/PEG 热稳定性高于 PLA/PEG，PLA/PEG 高于 PEG，说明经过接枝改性后的 PEG 热稳定有一定的提高，而且较为明显的是在添加少量 NCC 后的 NCC/PLA/PEG 最大热降解温度（345 ℃）明显高于所对于 PLA/PEG 的 302 ℃和 PEG 的 290 ℃。可能原因是 PLA/PEG 保留了 PLA 和 PEG 低熔点特性[169]，而复合材料的热稳定性一般由多组分中热稳定最低的物质所起主要决定作用，故 PLA/PEG 接枝共聚物的热稳定性也略微高于 PEG；然而，由于 NCC 具有多

羟基的活性点，使得 LA 在开环聚合时能产生多臂结构的接枝共聚物而提高了其热稳定性[170]。

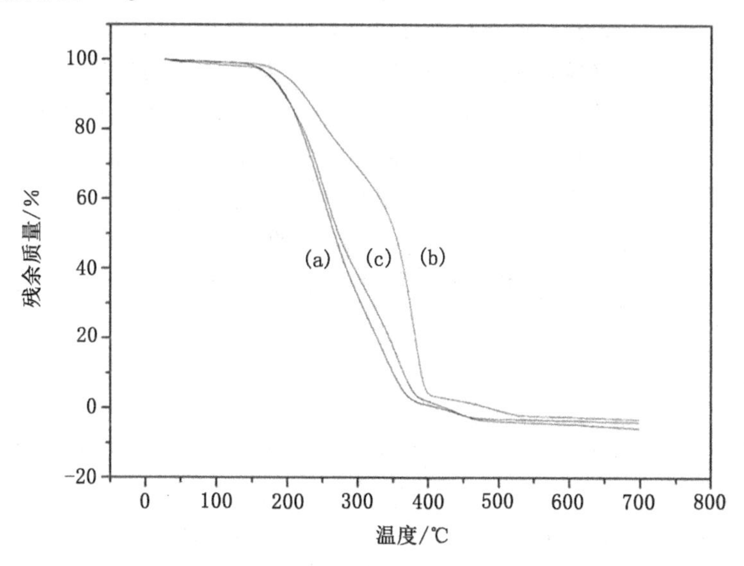

图 2-16 TG 曲线图[28]

(a) PEG；(b) NCC/PLA/PEG；(c) PLA/PEG

2.3.3.4 微球制备初探

PLA/PEG 微球（a）和 NCC/PLA/PEG（b）扫描电子显微镜图如图 2-17 所示[28]。

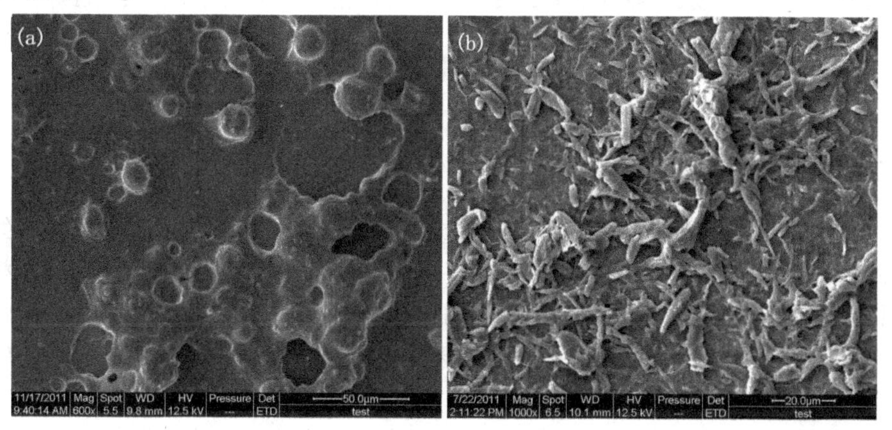

图 2-17 扫描电子显微镜图[28]

(a) PLA/PEG 微球；(b) NCC/PLA/PEG

从图 2-17 可知，PLA/PEG 由 W/O/W 制备得到微球，而 NCC/PLA/

PEG 却呈凌乱的纤维素形貌，无球形成倾向。NCC/PLA/PEG 含有大量不同尺寸 NCC，而较大尺寸 NCC 可能是由 NCC 团聚所致，较小尺寸 NCC 参与反应形成光滑薄膜状，结合本法分离提纯可知有部分 NCC 参与接枝反应。PLA/PEG 能形成微球的原因在于 PLA/PEG 为嵌段两亲性聚合物，在制备过程中自身较易自组装形成微球[166,170]，图 2-17（a）为直径约 10 μm 的微球；而 NCC/PLA/PEG 尽管存在两亲性聚合物的 PLA/PEG 链段，但是基于 NCC 的刚性，阻碍了 PLA/PEG 链段在制备过程中自组装形成微球，甚至 PLA/PEG 链段在多个 NCC 的活性点上形成的多臂结构因 NCC 的纳米效应致使 PLA/PEG 链段相互团聚而更无法自组装形成微球，故形成了如图 2-17（b）所示的形貌结构。

2.3.4 结论

通过 LA 开环聚合得到 PLA/PEG 接枝共聚物和 NCC/PLA/PEG 接枝共聚物；NCC/PLA/PEG 接枝共聚物的热稳定和储能效率高于 PLA/PEG 接枝共聚物，说明 NCC 的纳米效应能有效地提高 PLA/PEG 的热稳定性和储能效率；微球初探试验表明，NCC/PLA/PEG 接枝共聚物因 NCC 的刚性使其几乎不可能具备 PLA/PEG 接枝共聚物自组装形成微球的能力，故采用 W/O/W方法无法使 NCC/PLA/PEG 接枝共聚物形成 NCC 功能性相变微球。

2.4 芦苇浆 NCC/PEG 相变储能材料的助催化剂制备及表征

2.4.1 引言

物质在发生相变的过程中会吸收或放出大量热量，利用这种性质制备的贮热材料即为相变材料（Phase Change Materials，PCM），又称为潜热储能材料（Latent Thermal Energy Storage，LTES），它不仅具有高储热密度、热效率，设备体积小巧灵活等特点，更重要的是它在体系吸放热的过程中始终保持恒温。按照相变方式可分为固-液、固-固、固-气和液-气相变。聚乙二醇（PEG）是共聚法采用最多的相变材料，如纤维素接枝共聚物等，该类材料主要应用在保暖纤维方面[171-181]。本书试验利用聚乙二醇与纳米纤维素制备了一种复合相变材料，并通过运用 IR，DSC，TGA 等分析手段对其储热性能进行研究。

2.4.2 试验

2.4.2.1 材料

纳米纤维素（NCC），m（Ag^{+}）/m（NCC）为5%的纳米银溶胶均为试验室自制；聚乙二醇（PEG），规格为相对分子质量（Mr）10 000，进口分装；化学试剂辛酸亚锡，分析纯，哈尔滨化学试剂厂；N，N-二甲基甲酰胺（DMF）、对苯甲基二异氰酸酯（TDI）、无水乙醚、苯、环己烷、二氯甲烷、硫酸镁，均为分析纯，天津市科密欧化学试剂开发中心。

2.4.2.2 方法

（1）原料预处理。

聚乙二醇的纯化与干燥：按一定的溶质/溶剂比加入苯，在适当温度的水浴中至其完全溶解。待溶液冷却后，加入环己烷，搅拌后静置于低温处，使聚乙二醇析出。抽滤后，真空干燥，备用。

DMF 干燥：取一定体积 DMF，加入一定质量无水硫酸镁，直至无水硫酸镁呈颗粒状，过夜，减压蒸馏，密封，备用。

NCC 的干燥：试验室自制得 NCC 悬浮液，真空冷冻干燥，密封，备用。

（2）相变材料的制备。

将已纯化干燥的一定质量的 PEG-10000 加入盛有适量 DMF 的烧瓶中，按照参考文献［157］所述的方法制备粉体相变材料。

2.4.2.3 分析测试

红外光谱分析：Magna-IR560 型傅里叶变换红外光谱仪（美国尼高力 Nicolet 仪器有限公司），KBr 压片法，4 000～400 cm^{-1}；扫描量热仪，用高纯标准样品校准温度及热焓，高纯 Ar 保护，加热速率 10.0 ℃/min，Ar 速率 20 mL/min，试样量为 15 mg，扫描温度范围从 273～373 K。TGA：采用扫描热重分析仪 TG209F3（德国耐驰 Netzsch 仪器有限公司）。试验时用高纯氮气保护，氮气流量为 80 mL /min，试样量控制在 8～15 mg，扫描时升温速率以 10.0 ℃/min 为宜，温度范围从室温到 700 ℃。

2.4.3 结果与分析

2.4.3.1 傅里叶变换红外光谱分析

图 2-18 为相变材料（a），聚乙二醇（b），纳米纤维素（c）傅里叶变换红外光谱图[48]。

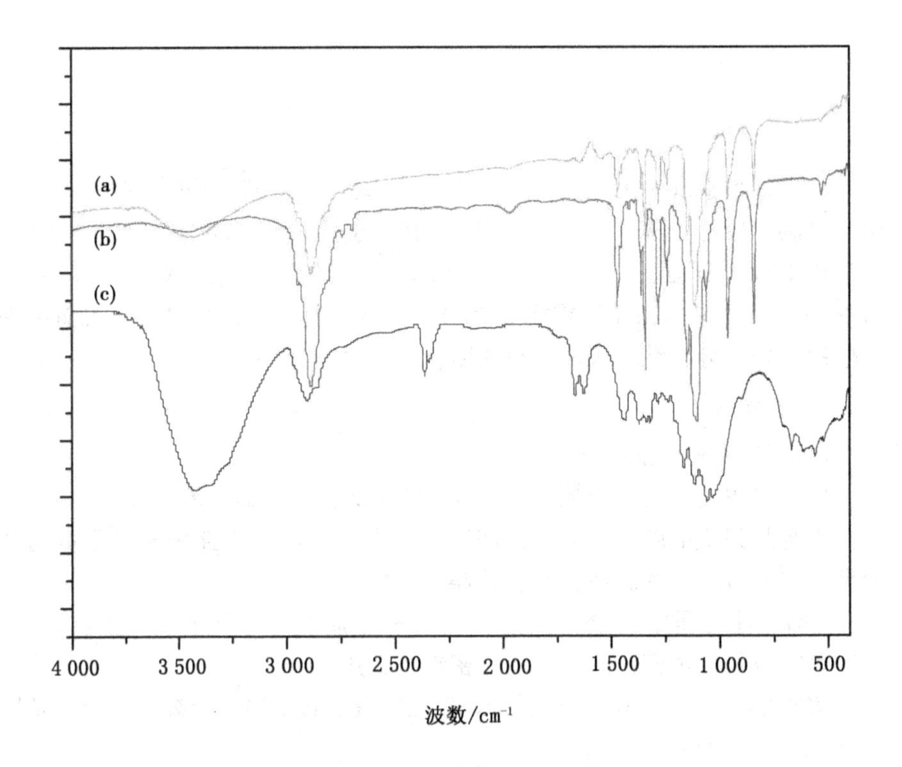

图 2-18　傅里叶变换红外光谱图[48]

(a) 相变材料；(b) 聚乙二醇；(c) 纳米纤维素

从图 2-18 可知，通过对比曲线（a）和曲线（b）发现，相变复合材料 NCC-PEG 在 3 440 cm^{-1}处出现新峰，为羟基吸收峰，说明 PEG 经过化学接枝成功引入了 NCC，但峰强度又明显弱于 NCC，说明接枝后相变复合材料中 NCC 中的羟基伸缩振动受到明显的限制，可能是 NCC 的羟基中氢键受到 PEG 中 C—O—C 的影响；对比曲线（a）与曲线（c），发现接枝后的 NCC-PEG 相比于 NCC，在 1 110 cm^{-1}处产生了新的吸收峰，这是 PEG 中 C—O—C 的伸缩振动峰，并且表现出 PEG 几乎所有的特征峰，但峰强度出现了一定的下降，可能是接枝后的 NCC 使接枝后的 PEG 作为支链自由移动受到了一定限制，但又由于其纳米尺寸效应使得 PEG 没有明显被限制。

2. 4. 3. 2　DSC 分析

图 2-19、图 2-20 分别为 PEG-10000 及 NCC-PEG-10000 升温过程的 DSC 分析曲线。试验结果表明：纯 PEG 在升温过程中发生了固-液相转变，其相变温度（T_m）为 334. 1 K，相变焓为 187. 1 J/g，接近文献参考值[178]；而以

NCC 为骨架通过化学接枝制备的 NCC-PEG 相变复合材料，在升温过程发生了固-固相变，其相变温度（T_m）为 328.6 K，相变焓高达 150.1 J/g，高于文献参考值[152]，低于纯 PEG 的相变焓。这主要是由于作为相变储能功能基的 PEG 的链端，通过 TDI 化学接枝于 NCC 中的 D-吡喃葡萄糖中的羟基上，因此使得所得材料内部由于 NCC 的刚性的空间位阻效应以及纳米纤维素的羟基与聚乙二醇中的醚键中的氧原子形成氢键导致 PEG 链段部分无法结晶，限制了部分能够结晶的链段，从而导致相变焓的减小；当然，PEG 链接枝于 NCC 上，它的运动自由程度受到了一定限制，导致结晶度的下降，从而影响 PEG 晶区的规整性，也引起相变焓的减小。NCC-PEG 相变复合材料在相变过程中，虽限制了聚乙二醇链段的自由流动，但由于 NCC 的纳米效应使得纳米纤维素链与聚乙二醇又处于一种微妙的相互缠绕的平移转动，故有着固-固相变及高相变焓的特性，同时由于上述原因，也使得材料的相变温度由最初的 334.1 K 向低温方向移至 321.5 K，拓展了相变材料在低温领域的应用。

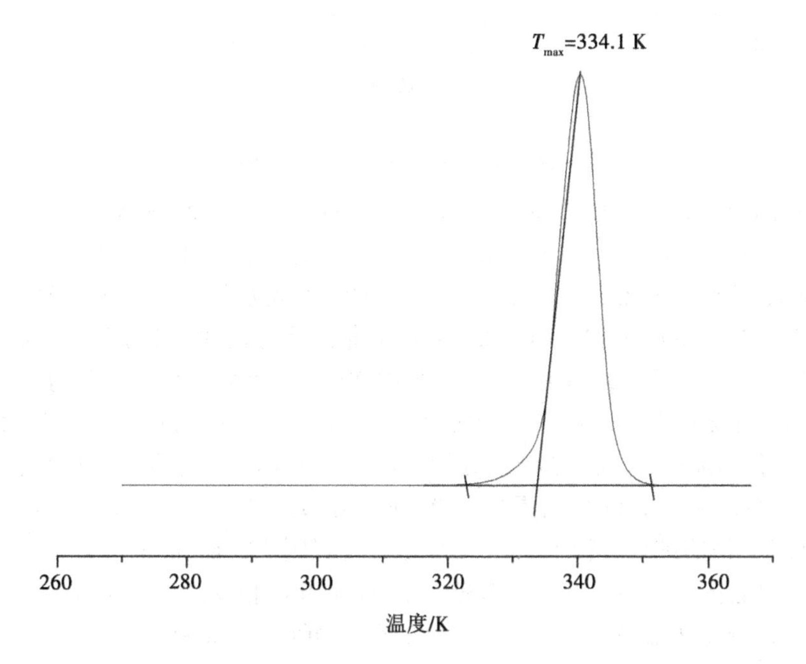

图 2-19　PEG-10000 的 DSC 曲线[48]

2.4.3.3　热重分析

图 2-21 为纳米纤维素（a）、聚乙二醇（b）、相变复合材料（c）热重曲线图，其中 A 图为 TGA，B 图为 DTG。[48]

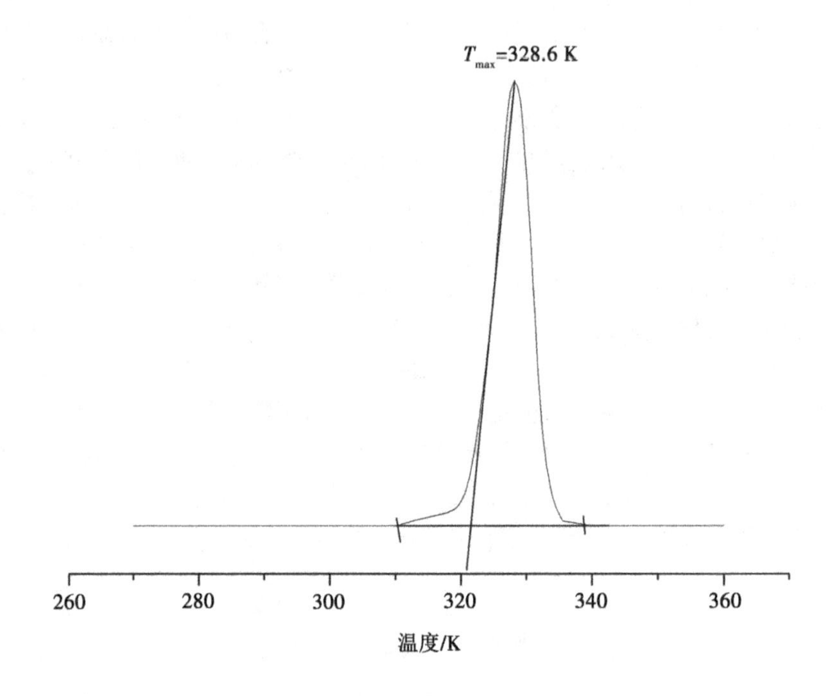

图 2-20 NCC-PEG10000 的 DSC 曲线[48]

从图 2-21 可知，NCC，PEG，NCC-PEG 的最大热解温度分别为 328.96，251.49，376.55 ℃，其中 NCC-PEG 的热稳定性优于 NCC，远远高于 PEG，说明所制备 NCC-PEG 具有优良的热稳定性能。结合图 2-21A（a）与图 2-21B（a）可知，NCC 的热失重曲线具有两个主降解峰，在 50~160 ℃有一个起始峰，与大约 8%的吸附水[179]失重峰对应，区间有 10%的失重率，主要的分解峰在 310~320 ℃，这可能归功于纤维素的分解氧化降解（失重 85%），在大约 540 ℃处的小峰（失重 10%）是残留碳的氧化分解峰。结合图 2-21A（b）与图 2-21B（b）可知，PEG 主要在 150~250 ℃失重 100%，说明纯化过程中 PEG 几乎不再含吸附水，而在 60 ℃左右无失重现象。结合图 2-19 中 PEG 的 DSC 图，说明 PEG 相变过程中不存在热失重现象。结合图 2-21A（c）与图 2-21B（c）可知，NCC-PEG 具有三个热解峰，在 50~200 ℃区间，有约 4%的失重率，对应着 NCC-PEG 中的吸附水，间接说明了 NCC-PEG 中存在氢键，侧面证明了氢键的存在是 NCC-PEG 的相变焓值相比纯 PEG 的减低的原因之一；在 200~400 ℃区间，有 88%左右的失重率，对应 NCC-PEG 中 PEG 主链降解及 NCC 的分解氧化降解；在大约 540 ℃处小峰（失重 8%）是残留碳的氧化分解峰。

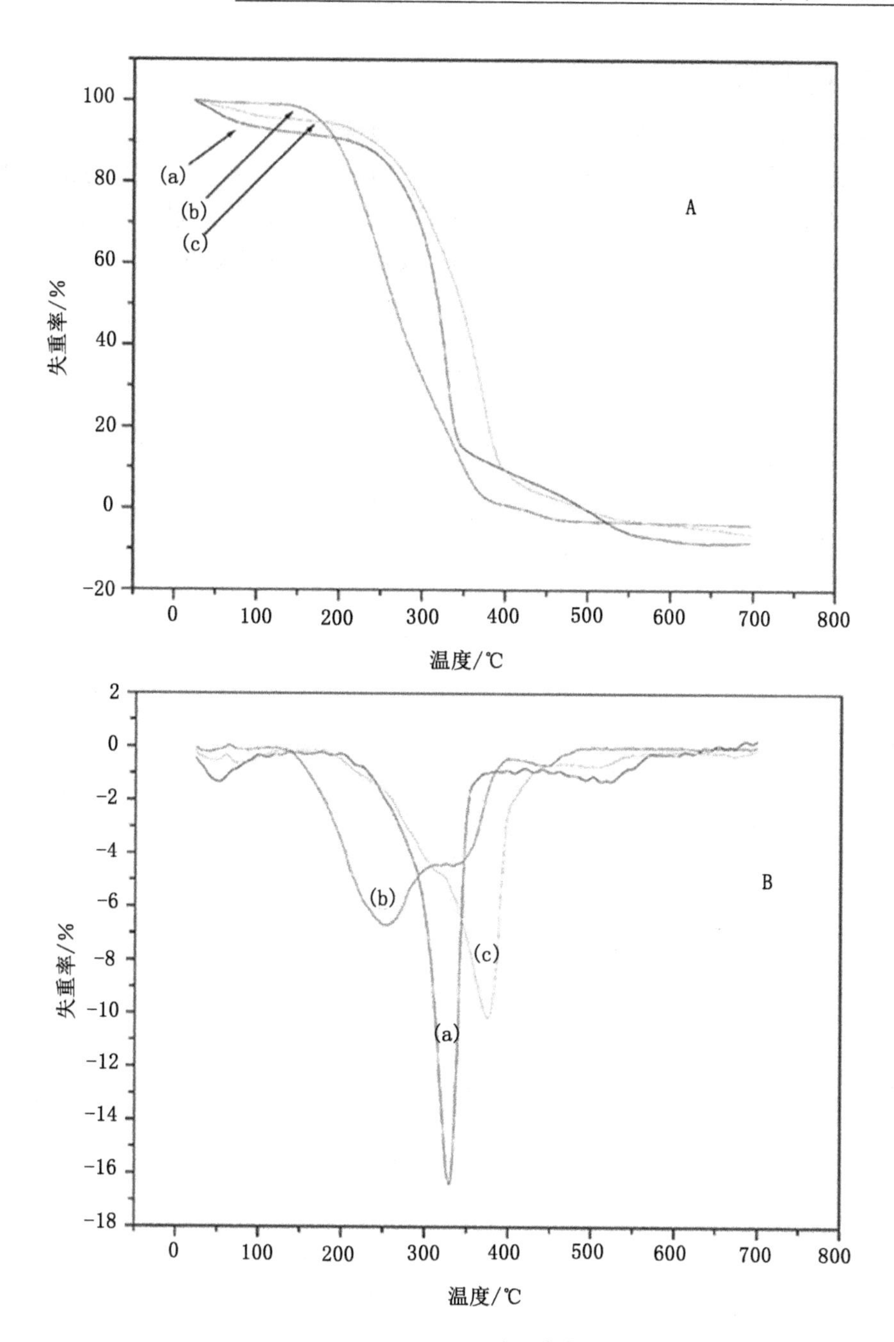

图 2-21 热重曲线图[48]

(a) 纳米纤维素；(b) 聚乙二醇；(c) 相变复合材料；A 图：TGA；B 图：DTG

2.4.4 结论

以 NCC 为骨架，PEG 为相变功能基，通过化学接枝法得到了 NCC-PEG 相变复合材料。由于纳米纤维素具有较小的粒径、较大的比表面积等纳米效应，使得 NCC-PEG 相变复合材料具有固-固相变性能，克服了 PEG 的固-液相变缺陷；相变焓值高达 150.1 J/g，具备较高的储能效率。

3 纳米纤维素复合抑菌材料的制备和表征

3.1 引言

由于纳米材料特殊的小尺寸纳米效应，使之具有特殊的光学、力学、热学和磁学性能，在防护材料、陶瓷材料、磁性材料和传感材料等领域中得到了广泛的应用[182-183]。除此以外，具有纳米尺寸的纳米银粒子还具备优良的抗菌性能，且抗菌性要优于传统银离子[184]。常见纳米银粒子的制备方法，按照制备机理可分为物理方法[185]和化学方法[186]两类；按照反应条件可分为紫外线辐射法、γ射线辐射法、光化学还原法、超声还原法、电极电解法等[187]。其中化学还原法基于氧化还原化学反应的原理，操作方便、简单易懂，是制备纳米银粒子最常用的方法之一，它是通过添加还原剂将银盐当中的银离子还原成单质银，从而制得纳米银粒子。由于纳米银粒子在制备过程中比较容易发生团聚，影响其抗菌效果，因此需要寻找一种合适的稳定剂。制备分散优良的纳米银粒子是相对关键的。张云竹等[188]以水合肼为还原剂，在聚乙烯吡咯烷酮的保护下，还原硝酸银制备纳米银粒子。Ullha 等[189]以间苯二胺为保护剂，利用丙三醇还原高浓度的硝酸银，得到各向异性的纳米银粒子。除表面活性剂和高分子聚合物以外，近年来，把天然高分子化合物作为稳定剂也有报道。例如，基于纤维素的多羟基特性，以适当的还原剂还原金属离子可得到粒径分布均一的金属纳米粒子[190-191]。NCC 除具有纤维素的多羟基特性外，还具有纳米材料的纳米效应使之表面羟基活性大大提升，在纳米尺寸范围内可以有效地提供活性反应点[192]，这对获取粒度均匀的纳米金属粒子是非常有利的。本试验基于纳米纤维素可以很好地与水形成稳定的胶体体系的性质，添加还原剂硼氢化钠，置换出硝酸银中的单质银被纳米纤维素表面原位吸附，有效阻止了初始形成的粒子的团聚，从而制备得到了分散优良的吸附在纳米纤维素表面的纳米银粒子，并探究了溶胶对大肠杆菌和金黄色葡萄球菌的抑制效果，为抗菌功能性薄膜的制备提供基础数据。

3.2 试验

3.2.1 材料、试剂与仪器

纳米纤维素，试验室自制。

供试菌株：金黄色葡萄球菌（*Staphylococcus aureus*）、大肠杆菌（*Escherichia coli*），均购自黑龙江省科学院应用微生物研究所。

硝酸银（$AgNO_3$）、硼氢化钠（$NaBH_4$）、无水乙醇和氯化钠，均为分析纯，购自天津市科密欧化学试剂开发中心；培养基：蛋白胨 10 g，氯化钠 10 g，酵母膏 5 g，琼脂 20 g，去离子水 1 000 mL，用 1 mol /L 氢氧化钠溶液调节 pH 7.0~7.5。

101-2A 型电热鼓风干燥箱，天津市泰斯特仪器有限公司；JY98-3D 超声波细胞粉碎仪，宁波新芝生物科技股份有限公司；超声波清洗机，宁波新芝生物科技股份有限公司；TU-1901 双光束紫外可见分光光度计，北京普析通用仪器有限公司；LDZX-40C 型立式自控电热压力蒸汽灭菌器，上海申安医疗器械厂；HPG-280H 人工气候箱，哈尔滨市东联电子技术开发有限公司制造；生物洁净工作台，哈尔滨市东联电子技术开发有限公司制造。

3.2.2 纳米纤维素/银纳米粒子的原位合成

根据文献［46］所述的方法得到 NCC 的固态物含量为 0.6% NCC 水溶液，并取 50 mL 的 NCC 溶液置于圆底烧瓶中，冰浴条件下以 500 r/min 的搅拌速度，按照不同 m（Ag^+）/m（NCC）加入不同体积的 0.01 mol/L $AgNO_3$ 溶液，搅拌一段时间使之充分分散，逐滴加入现配制的 $NaBH_4$溶液，溶液颜色发生变化，表明发生了反应，继续搅拌一段时间。待反应完成后，将混合溶液用无水乙醇离心洗涤多次至中性，得到纳米纤维素/银纳米粒子沉淀，并加入适量的去离子水，配置 NCC 固溶物含量约为 0.6% 的水溶胶。

3.2.3 纳米纤维素/银纳米粒子抑菌性能测试

将配制好的营养琼脂培养基分装于三角瓶及试管中，然后将试验用的移液枪头、生理盐水、试管及三角瓶等用牛皮纸包好，滤纸用打孔器打成6 mm 的纸片，同培养基一起放入高压蒸汽灭菌锅，在温度 121 ℃下灭菌20 min。菌种接代培养 2~3 代后用生理盐水配制成菌悬液，大肠杆菌的菌悬液含量为 5×

10^6 cfu mL^{-1}，金黄色葡萄球菌菌悬液的含量为 9×10^6 cfu mL^{-1}。取 15 mL 高压灭菌后的培养基倒入无菌平皿中，待冷凝后加入 0.05 mL 菌悬液，用玻璃棒涂布均匀后，将事先于不同 m（Ag）/m（NCC）制备的抑菌剂样品中浸泡 10 min 的滤纸片贴于培养基表面，每个培养皿 3 片，在 37 ℃下培养 24 h 后，测定抑菌圈直径，计算出抑菌圈宽度并取其平均值。

抑菌圈宽度计算公式[193]：

$$W = \frac{D_1 - D_2}{2}$$

式中：W——抑菌环的宽度，mm；

D_1——抑菌圈的总直径，mm；

D_2——滤纸片的直径，mm。

3.2.3 表征

3.2.3.1 TEM 分析

利用透射电子显微镜（TEM）对 NCC 及复合物粒子形貌进行表征。首先取纳米纤维素溶液在铜网中吸附 8 min，并在质量分数为 2% 的铀溶液中染色 5 min，进行 TEM 检测，观察 NCC 的形貌；其次取含有纳米纤维素/纳米银粒子溶液滴入铜网中吸附 5 min，进行 TEM 检测，观察复合粒子的形貌。

3.2.3.2 XRD 分析

使用高功率多晶 X 射线衍射仪 XRD 对复合物进行结构表征。测试条件：冷冻干燥样品，Cu 靶，镍过滤器，$\lambda = 1.54\times10^{-10}$ m，扫描范围 $2\theta = 5°\sim80°$，管电流 30 mA，管电压 40 kV。

3.2.3.3 紫外可见分光光度（UV）分析

用去离子水将不同试样配制成固态物含量相同的不同溶液，取 1 mL 待测液以纯纳米纤维素溶液为对照液，用 1 cm 石英比色皿，在 250~550 nm 范围内，以 1 nm 为精度测定溶液的吸收光谱。

3.2.3.4 热重分析

热失重由热重分析仪 TG209F3 测量，称取纳米纤维素/纳米银粒子水溶胶冷冻干燥得到的样品 5 mg，在氩气氛围保护下，在 30~700 ℃温度范围，以 10.0 K/min 的加热速率对样品进行测量。

3.2.3.5 固溶物含量测定

取纳米纤维素/纳米银粒子水溶胶冷冻干燥样品，称重质量为 m_1，然后将样品在马弗炉中煅烧，得残留物质量为 m_2，可知残留物为 Ag_2O，则最后

所得抑菌剂样品中银的固溶物含量为[192]

$$w(\%)=\frac{\frac{216}{232}m_2}{m_1-\frac{216}{232}m_2}\times\frac{V_1}{V_2}\times 100\%$$

式中：V_1——吸附银粒子的纳米纤维素溶胶的总体积，mL；

V_2——冷冻干燥的吸附银粒子的纳米纤维素溶胶的体积，mL；

m_1——V_2mL 样品冷冻干燥后的质量，g；

m_2——m_1g 样品在马弗炉中煅烧后残留物的质量，g。

3.3 结果与分析

3.3.1 样品宏观形貌

图 3-1（a~c）分别对应于不同 m（Ag^+）/m（NCC）的纳米纤维素/银纳米粒子溶胶的表观形貌，丁达尔效应及冷冻干燥所得样品形貌[194]。

由图 3-1（a）和（c）可知，随着银含量的不断增加，溶胶及冷冻干燥所得样品的颜色也不断加深，当 m（Ag^+）/m（NCC）为 10%时，几乎为褐色；由图 3-1（b）可知，不同 m（Ag^+）/m（NCC）所得的纳米纤维素/纳米银粒子溶胶都出现了丁达尔效应，说明所得样品达到了纳米级。

3.3.1 纳米纤维素透射电子显微镜分析

图 3-2 为 NCC 的透射电子显微镜图[194]。

从图 3-2 可知，制备的 NCC 横截直径 20 nm，长度 300 nm，形貌规整有度，形成具有网状的团聚现象，可能是由于 NCC 粒径小、表面能大、比表面积大、表面羟基多，分子间能产生强烈的氢键作用，在干燥过程中出现团聚所致。

3.3.2 纳米纤维素/银纳米粒子透射电子显微镜分析

图 3-3（a~e）分别对应于银纳米粒子的理论质量为 NCC 质量分数的 0.5%，1%，3%，5%和 10%的透射电子显微镜图；图 3-3（f）为银纳米粒子的理论质量为 NCC 质量分数的 5%且无纳米纤维素为分散剂时所得到的银粒子[194]。

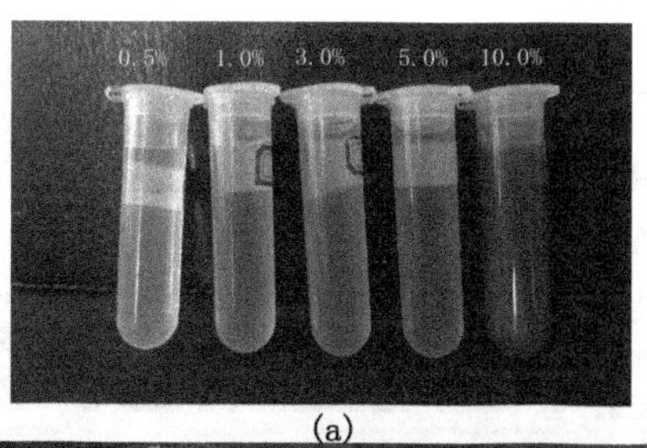

(a)

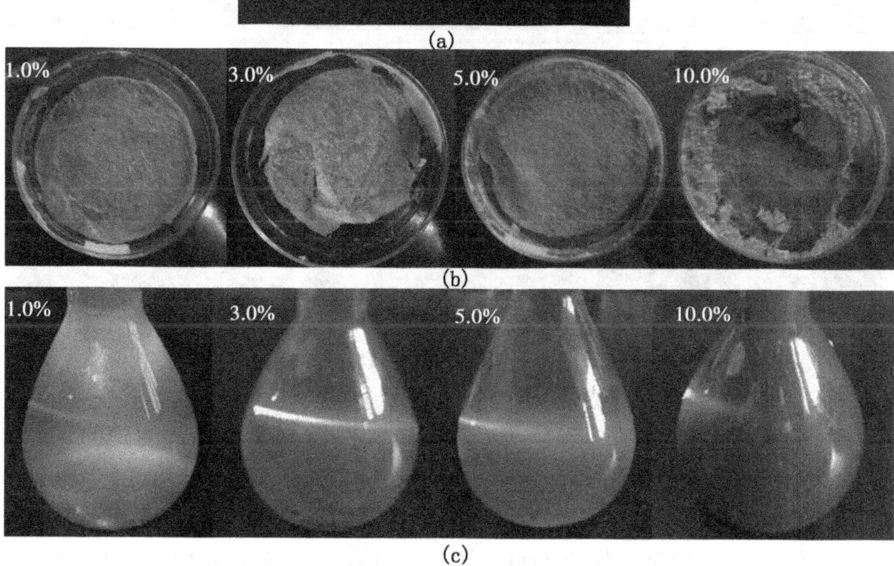

(b)

(c)

图 3-1 样品宏观形貌[194]

(a) 不同 m (Ag^+) /m (NCC) 的纳米纤维素/银纳米粒子溶胶的表观形貌；(b) 丁达尔效应；(c) 冷冻干燥样品形貌

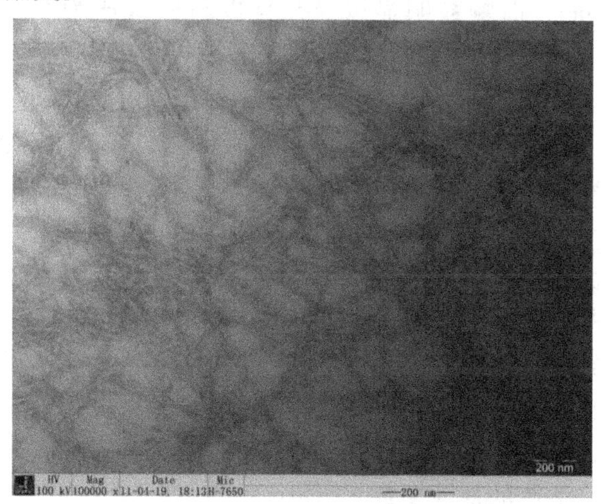

图 3-2 纳米纤维素的透射电镜[194]

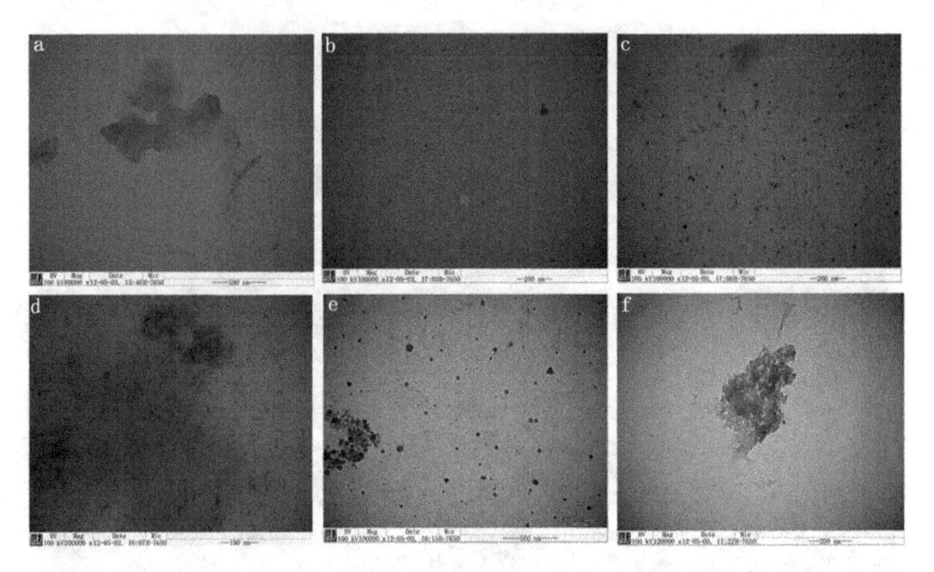

图 3-3　纳米纤维素/银纳米粒子透射电子显微镜图[194]

a. 0.5%；b. 1%；c. 3%；d. 5%；e. 10%；f. 无纳米纤维素为分散剂

由于纳米纤维素/银纳米粒子复合物未经染色，NCC 与铜网中的碳膜对比度较低，致使图中只能观察到银纳米粒子。由图 3-3 可知，随着银纳米粒子与 NCC 质量比的增加，银纳米粒子都为球形且其粒径大小逐渐增大，同时由 NCC 表面的分布转变为自身团聚，并在质量比小于 5%时能获得分散优良的球形银纳米粒子。当质量比为 0.5%时，见图 3-3（a），银纳米粒子尽管分散均匀，粒子粒径也与质量比为 1%时，见图 3-3（b）的银纳米粒子粒径均在 6 nm，但颗粒明显少，并且也与质量比为 3.0%时［图 3-3（c）］所得大多处于 10 nm 的银纳米粒子分散程度相似，无团聚现象；当质量比为 5.0%时，见图 3-3（d），银纳米粒子粒径大多处于 10 nm，明显低于质量比为 10.0%时，见图 3-3（e），所得粒径在 20 nm 的银纳米粒子，并且都具有一定程度的团聚现象，但分散效果仍优于未添加 NCC 作为分散剂时制备的银纳米粒子，见图 3-3（f），说明 NCC 起到了分散作用。当然，由银纳米粒子分布可知其都顺着 NCC 表面分布，可能原因是大多数银纳米粒子的粒径都小于 NCC 的横截直径，而且由 TEM 可知 NCC 所形成的纳米网状有利于银纳米粒子的附着，以及基于本法的原位合成，NCC 表面羟基提供的活性点也有利于银纳米粒子在 NCC 表面的负载。考虑银纳米粒子的浓度、粒径以及分散程度，以纳米纤维素/银纳米粒子质量比在 3%～5%为制备抗菌性复合溶胶的最佳参数。

3.3.3 X 射线衍射分析

图 3-4 为 m（Ag）/m（NCC）为 5%时纳米纤维素/银纳米粒子复合物的 X 射线衍射图[194]。

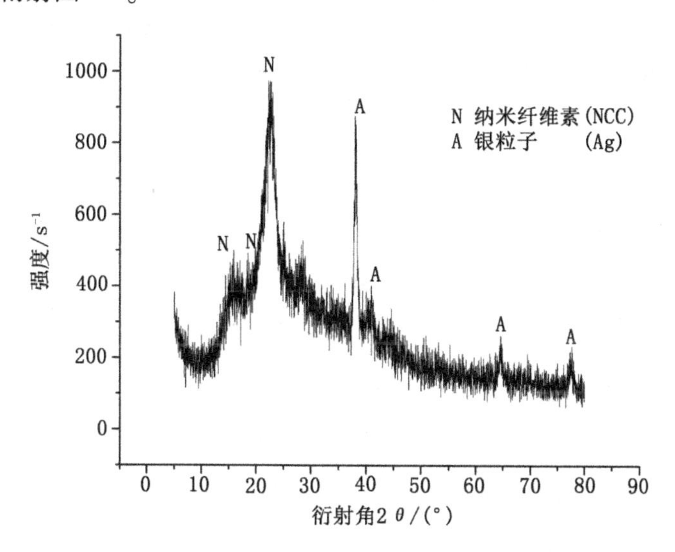

图 3-4 纳米纤维素/银纳米粒子的 X 射线衍射图[194]

由图 3-4 可知，纳米纤维素/银纳米粒子的 XRD 图谱不仅具有所有 NCC 的特征衍射峰[46]，也在 38.2°，44.2°，64.3°和 78.1°出现新的衍射峰，分别对应 Ag（111），Ag（200），Ag（220）和 Ag（311）晶面的衍射峰[195]，说明所得复合物中 NCC 和银纳米粒子相互混合并未改变各自的晶型。当然，通过对比发现对应 Ag 的四个衍射峰都出现了宽化现象，说明复合物中银粒子是纳米级的，因粒径小比表面积大所致[196]。通过软件 PeakFit 拟合峰值，由 Scherrer 公式计算，可知纳米纤维素/银纳米粒子中银纳米粒子的晶粒尺寸为 11.87nm，与 TEM 所测银纳米粒子直径相近。

3.3.4 紫外分光光度计检测

图 3-5 为不同 m（Ag）/m（NCC）的纳米纤维素/银纳米粒子复合物紫外光谱图，其中 a 为 0.5%，b 为 1.0%，c 为 3.0%，d 为 5.0%，e 为 10%[194]。

银纳米粒子在 400 nm 处有一特征吸收峰，由图 3-5 可知，当银离子的质量与纳米纤维素质量比为 0.5%时在 400 nm 处无吸收峰，说明纳米纤维素表面未吸附上银粒子或者银粒子较少；随着两者质量比的增大，纳米银粒子的紫外吸收谱图在 400 nm 处的吸收峰逐渐加强。一般情况下，粒子颗粒度越小，吸收峰的位置会发生蓝移[197]，图 3-5（d）即 m（Ag）/m（NCC）为 5.0%时，银在 400 nm 处的吸收峰稍有蓝移；而图 3-5（e），即 m（Ag）/m（NCC）为 10.0%时，吸收峰出现了明显的红移，说明纳米银粒子发生了团聚使颗粒变大[198]。通常，金属胶体吸收峰的半高宽越宽，粒子尺寸的分布就越广泛[197]，在图 3-5 中，随着银相对于纳米纤维素质量的不断增大，吸收峰的半高宽不断变宽，说明所得纳米粒子的尺寸也相应变宽。

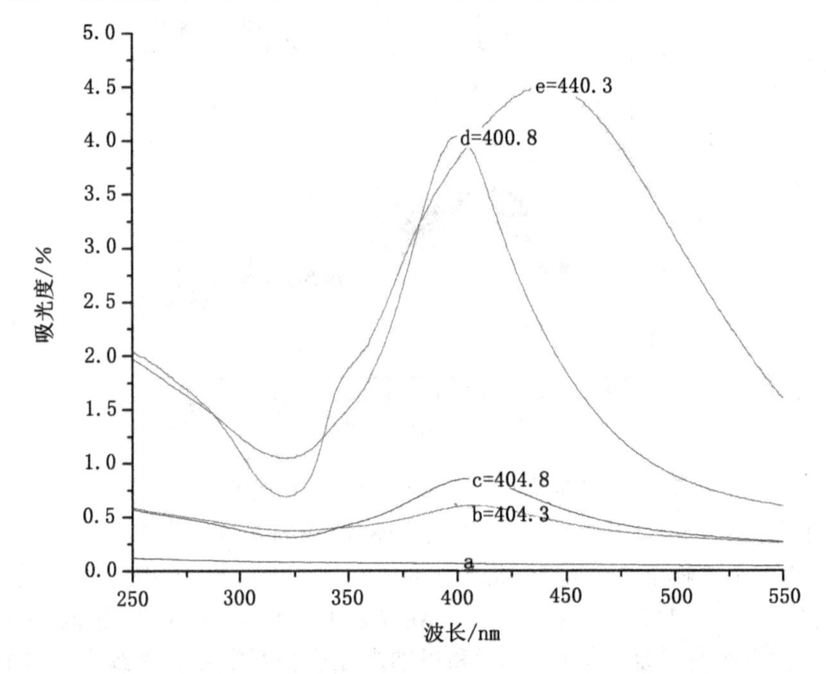

图 3-5 不同 m（Ag）/m（NCC）制备的纳米纤维素/银纳米粒子复合物的紫外光谱图[194]

3.3.5 热重分析

图 3-6 为纳米纤维素/银纳米粒子粉体（a）和纳米纤维素（b）的热失重曲线[194]。

由图 3-6 可知，纳米纤维素/银纳米粒子粉体和 NCC 的热重曲线有所不同，即对于 NCC 而言，见图 3-6（b），存在三个最大热失重峰，在 50～200 ℃，有 9% 的质量热失重峰，对应 NCC 吸附水分的蒸发过程；在 220～330 ℃，有约 80% 的质量热失重峰，对应 NCC 的分解氧化降解过程，即最大热失重区最大热失重温度为 304 ℃；在 350～530 ℃，有近 20% 的质量热失重，对应碳的氧化降解[144]；对于纳米纤维素/纳米银粒子冷冻干燥所得粉体，见图 3-6（a），同样也存在三个最大热失重峰，即 50～200 ℃，210～

304 ℃和 330~389 ℃，各自分别对应吸附水的蒸发，纳米纤维素的分解氧化降解和纳米银的氧化以及残留炭的氧化降解和纳米银的氧化，同时也发现剩余，即为氧化银。但是，纳米纤维素/纳米银粒子粉体的吸附水热失重峰仅为 2%左右，最大热失重区最大热降解温度为 256 ℃，都明显低于 NCC，可能原因是纳米银粒子吸附在 NCC 表面使得 NCC 表面羟基被纳米银粒子覆盖而阻碍其吸附空气中的水蒸气，同时因为纳米银的氧化使得部分氧化银具有催化裂解作用，致使纳米纤维素/纳米银粒子粉体的热稳定性下降，也进一步说明了存在纳米银被氧化成氧化银的过程。

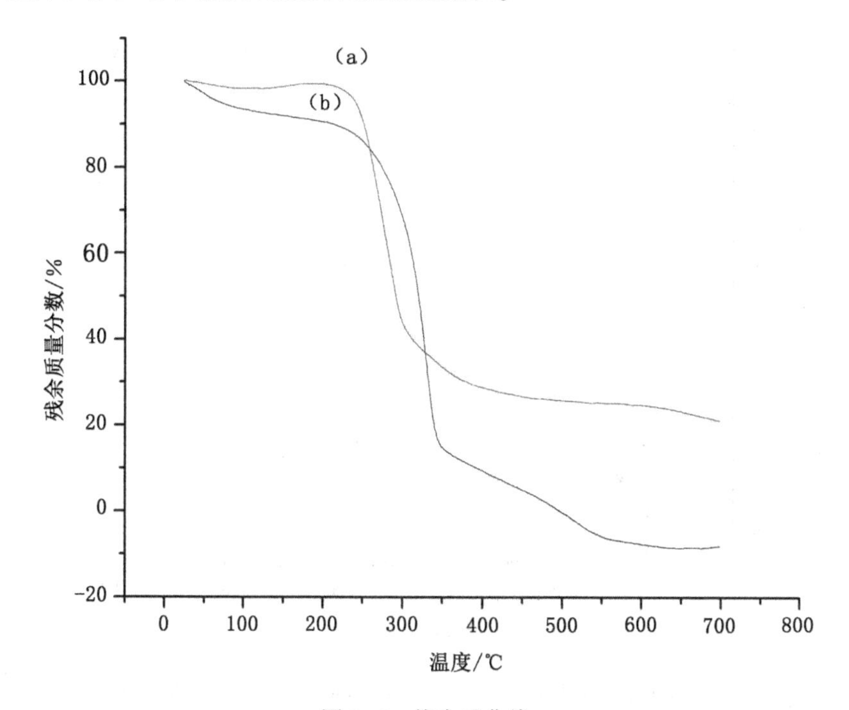

图 3-6　热失重曲线

(a) 纳米纤维素/银纳米粒子粉体；(b) 纳米纤维素[194]

3.3.6　固溶物含量测定

由图 3-7 可知纳米纤维素/银纳米粒子粉体经过煅烧仅剩氧化银，因此，固溶物含量的测量考虑残留物质为氧化银[194]。图 3-7 为不同纳米纤维素/银纳米粒子粉体经过煅烧折合银纳米粒子的实际固溶物含量的变化。

从图 3-7 可知，随着 m（Ag）/m（NCC）的增大，纳米纤维素/银纳米粒子的银粒子的质量分数也是逐渐增大的，但增大趋势逐渐平缓，最后近乎饱和。当两者比值在0.5%~5%时，其固溶物含量几乎呈直线型增加，可能原因是纳米银粒子质量分数低于5%时，纳米银粒子的粒径小于NCC的直径，可以很好地吸附在NCC的表面和相互聚集的孔隙内。然而，当m（Ag）/m（NCC）为10%时，其纳米银固溶物含量较5%时相差不大，这可能是由于NCC的表面和相互聚集的孔隙对纳米银粒子的吸附在m（Ag）/m（NCC）为5%时逐渐达到饱和，而高于5%后存在更多的自由纳米银粒子脱离NCC的控制从而团聚，与TEM观察结果相似。

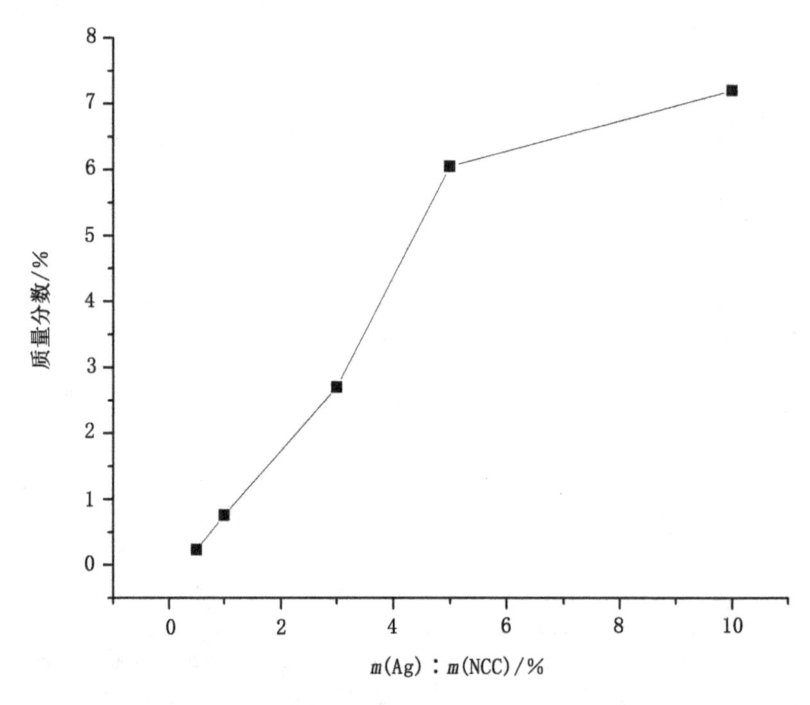

图3-7　不同m（Ag）/m（NCC）制备的抑菌剂固溶物含量变化[194]

3.3.7　纳米纤维素/银纳米粒子的形成机理分析

由透射电子显微镜图可知，纳米银粒子的直径几乎为棒状NCC直径的一半左右，并且顺着NCC表面分布。基于本法原位合成，纳米银粒子与纳米纤维素之间相互紧密堆积，在平面内形成一定的孔隙。假设制备的棒状NCC粒子为圆柱形，由球体紧密堆积模型模拟圆柱形堆积截面图，见图3-8，可以计算出孔洞直径（K），其数学关系式如下[199]：

$$K=(\sqrt{2}-1)D$$

式中：D——纳米纤维素的直径。

通过计算得出孔洞 K 为 8.28 nm。因此，我们结合 TEM 中纳米银粒子的分散程度与纳米银粒子直径之间的关系，发现在 m（Ag）/m（NCC）小于 3%时所得纳米银粒子直径几乎都小于 8 nm，能很好地填充纳米纤维素之间形成的孔隙中，故可以获得分散优良的纳米银粒子，说明本假设的正确性。

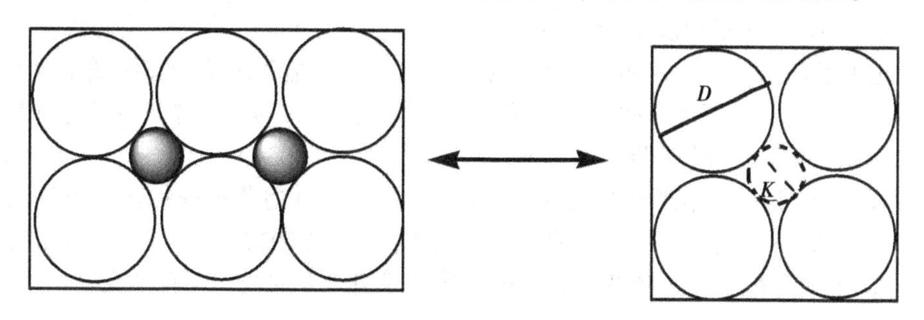

图 3-8 纳米纤维素与纳米银粒子紧密堆积示意图[194]

3.3.8 抑菌性能测试

将以不同 m（Ag）/m（NCC）制备得到的复合物溶胶配制成相同体积，最终两者比值为 0.5%，1%，3%，5%，10% 的溶胶中对应的银粒子浓度分别为 0.000 1，0.000 2，0.000 6，0.001，0.002 mol/L，我们分别用 S_1，S_2，S_3，S_4，S_5表示，对照组为 S_0。对于不同银粒子浓度的抑菌剂对大肠杆菌和金黄色葡萄球菌的抑菌圈宽度见表 3-1，抑菌效果见图 3-9[194]。

表 3-1 不同 m（Ag）/m（NCC）制备的抑菌液抑菌效果[194]

菌种	抑菌圈宽度/mm					
	S_0	S_1	S_2	S_3	S_4	S_5
大肠杆菌	0±0.000	0.32±0.015	0.655±0.013	1.20±0.023	1.50±0.017	0.815±0.018
金黄色葡萄球菌	0±0.000	0.715±0.016	0.95±0.020	1.33±0.034	1.005±0.036	0.425±0.013

由表 3-1 可知，对大肠杆菌，m（Ag）/m（NCC）为 0.5%时有抑菌圈产生但不明显，说明此浓度下对大肠杆菌有抑制作用但是不明显；之后随着银粒子浓度增大，抑菌宽度也逐渐变大，当银粒子浓度达到 0.001 mol/L 时，抑菌圈宽度最大为 1.50 mm；当银粒子浓度进一步增大至 0.002 mol/L 时，抑菌圈反而变小，这可能是由于 m（Ag）/m（NCC）为 0.5%～5%时，制备的银粒子粒径比较小，均小于 10 nm，抑菌性随银粒子含量增加而增强，而两者比值为 10%时制备的银粒子的粒径变大，比表面的改变使制备

出的银粒子的纳米性能有所降低，进而使得抗菌性能降低[193]。对金黄色葡萄球菌，m（Ag）/m（NCC）为0.5%时，也有不明显的抑菌圈产生，但比大肠杆菌的抑菌圈略微大些；随着银粒子浓度的增加，抑菌圈宽度也出现先变大后变小的现象，当银粒子的浓度为0.000 6 mol/L时抑菌圈宽度最大为1.33 mm。银粒子浓度低于0.000 6 mol/L时，对金黄色葡萄球菌的抑菌圈要比大肠杆菌的大，说明低浓度下银粒子对金黄色葡萄球菌的抑制效果要好一些。从表3-1和图3-9可知，m（Ag）/m（NCC）= 3%时，纳米纤维素/银纳米粒子对大肠杆菌抑菌圈宽度最大（1.33±0.034）mm；m（Ag）/m（NCC）= 5%时，纳米纤维素/银纳米粒子对金黄色葡萄球菌抑菌圈宽度最大（1.50±0.017）mm；综上所述，m（Ag）/m（NCC）= 3%时，纳米纤维素/银纳米粒子对大肠杆菌和金黄色葡萄球菌均有抑制作用且效果最好。

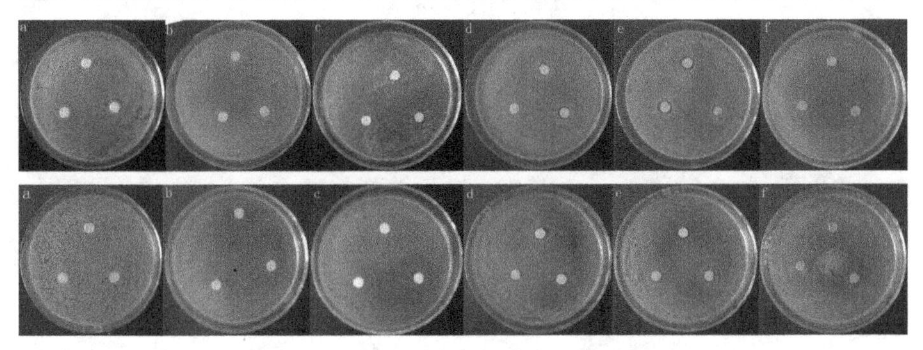

图3-9 不同m（Ag）/m（NCC）制备的抑菌液对大肠杆菌（上）和金黄色葡萄球菌（下）的抑菌效果图[194]

注：a，b，c，d，e，f分别对应S_0，S_1，S_2，S_3，S_4，S_5。

3.4 结论

（1）m（Ag）/m（NCC）为5%制备的纳米纤维素/银纳米粒子，X射线衍射分析表明，纳米纤维素/银纳米粒子中NCC和银纳米粒子相互混合并未改变各自的晶型，纳米纤维素/银纳米粒子中银纳米粒子的晶粒尺寸为11.87 nm，与TEM所测银纳米粒子直径（10 nm）相近；热重分析结果表明对于最大热失重区最大热失重温度而言，纳米纤维素/银纳米粒子（256 ℃）的热稳定性较纳米纤维素（304 ℃）稍有下降。

（2）透射电子显微镜（TEM）分析、紫外光谱分析、固溶物含量分析、机理分析和抑菌活性分析结果表明，m（Ag）/m（NCC）为3%（对应的银纳米粒子浓度为0.000 6 mol/L）时，纳米纤维素/银纳米粒子对大肠杆菌和金黄色葡萄球菌均有抑制作用且银纳米粒子在纳米纤维素/银纳米粒子中分散最好。

4 纳米纤维素复合增强膜的制备和表征

4.1 三种纳米纤维素对NCC/PVA复合膜性能的影响

4.1.1 引言

近年来，随着环境问题日益突出，利用无污染的天然纤维作为复合膜材料的增强相越来越受到重视。纤维素来源丰富，是可再生和可降解的天然高分子，当纤维素具有纳米尺度时，称为纳米纤维素（Nanocrystalline Cellulose，NCC），其粒径一般在30~100 nm。[67]纤维素链由羟基间的氢键作用相互连接成稳定的结构，所以它们具有较大的强度和较强的刚度。据报道，无碱玻璃纤维的弹性模量为73 GPa[200]，天然纤维结晶部分的弹性模量为167.5 GPa[201]，动物纤维晶须的弹性模量为143 GPa。[34]由于这些良好的力学特性，NCC作为纳米增强材料引起了广泛兴趣。聚乙烯醇（PVA）是一种水溶性聚合物，具有良好的成膜性和乳化性能，大量应用于涂料、黏合剂、薄膜等的生产中，将PVA与NCC混合得到的聚合物性能可以纯PVA膜相比得到提升，大大拓宽其应用范围。[202-203]白露等[204]研究了聚乙烯醇/纳米纤维素膜的渗透汽化性能，Zimmermann等[205]通过机械处理亚硫酸盐纸浆分离得到纳米纤维素，并研究了其对PVA基复合材料的增强作用。Lu等[203]报道了关于微晶纤维素增强PVA基纳米复合膜的热学性能和力学性能。国内外关于NCC增强PVA纳米复合材料的研究有很多，但是并不系统。Leitner等[206]从甜菜纤维中制备出NCC，通过溶液铸浇法制备了NCC和PVA的复合膜，结果显示随着NCC含量的增加膜的抗拉强度增强。Julien等[207]研究了不同原料制备的纳米纤维素膜的强度与长径比之间的关系，结果显示膜的拉伸强度会随着纳米纤维素长径比的增加而增强。Kvien等[208]通过定向PVA中的纳米纤维素制备了单向增强纳米复合膜，并通过DMTA分析了其力学性能，这些都说明复合膜的力学性能不仅与NCC的含量有关，还可能与NCC的长径比以及排布方式有关，而且复合膜作为包装材料，对其透光性也有一定的要求。因此，研究不同形貌纳米纤维素对NCC/PVA复合膜的力学性能、稳定性及透光性等的影响，寻找它们之间的区别与联系，对拓展复合膜的应用提供了数据依据。酸水解三种不同原料制备了不同形貌的纳米纤维素。比较不同含量、比较不同形貌 NCC 对 NCC/PVA 复合膜性能的影响，为制备高强度、高透光率的抗菌包装材料奠定理论基础。

4.1.2 试验

4.1.2.1 材料与仪器

微晶纤维素，上海恒信化学试剂有限公司；脱脂棉，哈尔滨卫生敷料总厂（哈尔滨市产品质量监督检验所监制）；漂白芦苇浆，黑龙江省牡丹江恒丰纸业集团有限责任公司。硫酸、碳酸氢钠均为分析纯，购自天津市科密欧化学试剂开发中心；聚乙烯醇（PVA），天津市兴复精细化工研究所，平均聚合度为1750±50。

FZ102 型微型植物粉碎机（天津市泰斯特仪器有限公司）；DC-1006 型低温恒温槽（深圳市超杰试验仪器有限公司）；101-2A 型电热鼓风干燥箱（天津市泰斯特仪器有限公司）；KQ-200VDE 型三频数控超声波清洗器（昆山市超声仪器有限公司）；Scientz-IID 型超声波细胞粉碎机（宁波新芝生物科技股份有限公司）；FD-1A-50 型冷冻干燥机（北京博医康试验仪器有限公司）；H-7650 型透射电子显微镜（日本日立 Hitachi 仪器有限公司）；Quanta 200 型环境扫描电子显微镜（美国 FEI 公司）；Magna-IR560 型傅里叶变换红外光谱仪（美国尼高力 Nicolet 仪器有限公司）；D/max-RB 型 X 射线粉末衍射仪（日本理学 Rigaku 仪器有限公司）；ZL-300A 型纸与纸板抗张力试验机（长春市纸张试验机有限责任公司）；TG209F3 型热重分析仪，（德国耐驰 Netzsch 仪器有限公司）；TU-1901 型双光束紫外可见分光光度计（北京普析通用仪器有限责任公司）；ZetaPALS 高分辨 Zeta 电位及粒度分析仪（美国布鲁克海文 Brookhaven 仪器有限公司）；TG209F3 热重分析仪（德国耐驰 Netzsch 仪器有限公司）。

4.1.2.2 方法

（1） NCC 的制备。

NCC 的制备采用硫酸水解法：将质量分数为 55%的硫酸溶液加入装有微晶纤维素（MCC）、脱脂棉（Cotton wool）以及芦苇浆（Reed pulp）粉末的恒温搅拌装置中，分别水解 2.0，4.0，4.0 h 后得到不同悬浮液，离心洗涤至 pH=6~7，分散在适量蒸馏水中后利用超声波细胞粉碎仪超声处理数分钟，得到质量分数都为 0.5%的稳定的纤维素胶体，分别编号 M，C，R。

（2） NCC/PVA 复合膜的制备。

简单共混流延成膜法制备 NCC/PVA 复合膜。质量分数 0.5%的 NCC 水溶胶，按表 4-1 原料比例混合（以微晶纤维素原料为例），90 ℃水浴，以 500 r/min 的转速搅拌 4 h，超声处理 20 min，真空脱除气泡，将成膜液在平整的聚四氟乙烯板上铺膜，用聚四氟乙烯刮板刮匀，室温下风干，得到 NCC/PVA 复合膜。

表 4-1　原料比例（以微晶纤维素原料为例）

No.	m（NCC）/$m_{总}$	V（NCC）/mL	m（PVA）/g	V（水）/mL
M-PVA-0	0.0%	0.00	4.00	100.0
M-PVA-1	0.5%	4.00	3.98	96.0
M-PVA-2	1.0%	8.00	3.96	92.0
M-PVA-3	3.0%	24.00	3.88	76.0
M-PVA-4	5.0%	40.00	3.80	60.0
M-PVA-5	7.0%	56.00	3.72	44.0

4.1.2.3　表征

（1）NCC 透射电子显微镜（TEM）及粒度（DLS）分析。

首先将纳米纤维素溶液在 100 W 45 Hz 的条件下超声处理 2 min，然后取一滴滴在玻璃纸上，将铜网置于溶液底部吸附 8 min 后，在质量分数为 2%的铀溶液中染色 5 min，再进行 TEM 检测，观察 NCC 的形貌。

测定纳米纤维素的粒度。取 5 mL 纳米纤维素水溶液，在 100 W 45 Hz 的条件下超声处理 3 min 后，控制计数率为 40～80 kHz，扫描时间为 1.5 min，扫描 3 次得出平均粒度值。

（2）复合膜扫描电子显微镜分析。

采用美国 Quanta 200 型环境扫描电子显微镜（SEM）对共混膜的表面和用液氮冷冻断裂的断面形貌进行表征。

（3）纳米纤维素和复合膜红外分析。

对试验制备的 NCC 冷冻干燥样品、纯 PVA 膜和三种不同形貌 NCC 与 PVA 共混制备的质量分数为 7%的 NCC/PVA 复合膜采用 Magna-IR560 型傅里叶变换红外光谱仪进行表征，样品与溴化钾以 1∶100 的比例压片，扫描范围为 4 000～400 cm^{-1}。

（4）复合膜力学性能表征。

将膜裁剪成长 100 mm、宽 15 mm 的长条，在待测膜上随机取 5 点，用螺旋测微仪测定膜厚度，取平均值 d。依据 GB13022-91，采用 ZL-300A 纸与纸板抗张试验机，在 40 mm/min 的拉伸速度下，记录膜破裂时的拉伸强度和断裂伸长率，每种样品3个平行样，最后取各组数据的平均值。

（5）复合膜透光性测定。

利用TU-1901双光束紫外可见分光光度计测定复合膜的透光率，首先在两比色皿槽中各放入一块规格相同的石英比色皿校正基线，然后将待测样品裁成横条，贴于比色皿表面，以空白的比色皿作为对照，在波长300~800 nm范围内扫描，再将吸光度转换成透光率，以透光率大小表示膜透明程度。膜的透光率按下式计算[209]：

$$T=0.1^{A}\times 100$$

式中：T——透光率,%；

A——吸光度。

（6）复合膜热学性能表征。

利用TG209F3热重分析仪对共混膜的热稳定性进行表征。

4.1.3 结果与分析

4.1.3.1 NCC透射电镜及粒度分布

图4-1为三种纳米纤维素的透射电子显微镜和及粒度分布图。表4-2为三种纳米纤维素的粒度分析结果[210]。

从图4-1可知，三种原料NCC均呈棒状，再交织成网状。采用Nano Measurer分析软件对三种原料NCC的TEM图中NCC样品的横截面尺寸进行测量，M，C，R主要横截面尺寸分别为20，15，15 nm。

表4-2 不同纳米纤维素粒度分析结果[210]

纳米纤维素	平均粒度	粒度分布				粒度分布宽度/nm
		粒度/nm	强度/%	粒度/nm	强度/%	
M	185.3	180.9	24	182.8	62	9.6
		184.7	100	186.6	85	
		188.5	47	190.5	9	
C	264.2	89.4	16	125.6	48	400.1
		176.5	86	247.9	100	
		348.2	87	489.1	47	
R	376.6	259.0	18	299.8	55	279.9
		347.2	96	402.0	100	
		465.4	130	538.9	21	

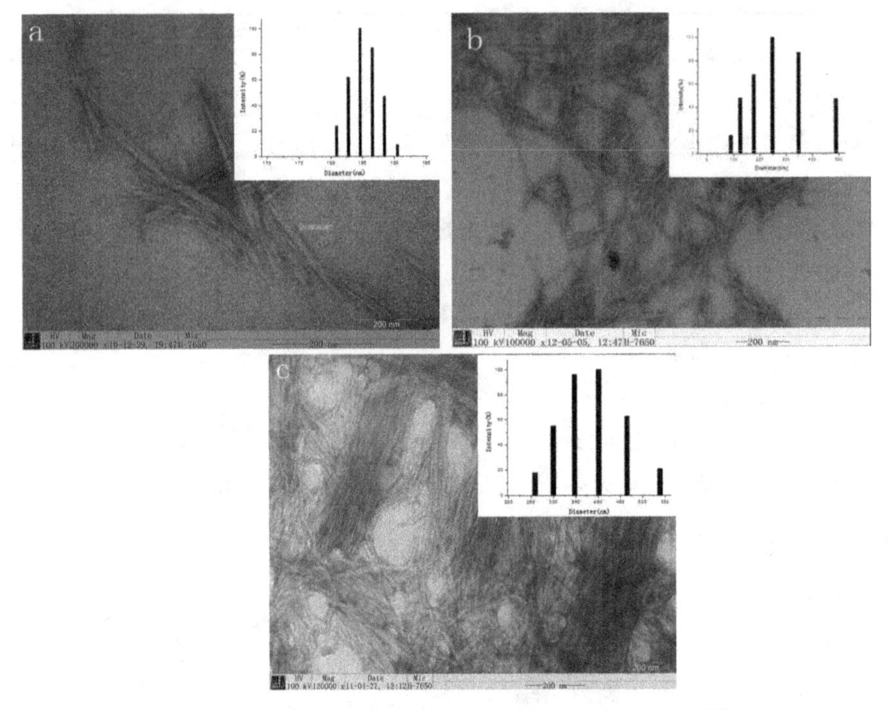

图 4-1　三种 NCC 的透射电子显微镜和粒度分布图[210]

a 为 M，b 为 C，c 为 R

由表 4-2 可知，三种 NCC 的直径相差不大，但各自最大强度对应的粒度值分别为 184.7，247.9，402 nm，分布宽度却表现不一。而从图 4-1 可知三种纳米纤维素为长径比较大的不规则颗粒，对于基于激光法粒度分析的理论模型是建立在颗粒为球形、单分散条件上的，因此较大粒度值主要由纳米纤维素的长度所决定[211]；并且由文献［20，212］可知，电镜法与激光粒度法相结合，获取不规则形状颗粒，颗粒尺寸分布是具有可信度的，通过仔细对比透射电镜与激光粒度分析结果可知，上述粒度测试方法能正确地反映 NCC 粒度的本征。故本文中三种纳米纤维素有不同的长径比，并且各自的长径比主要分布从小到大分别为 9，18 和 25，分别对应微晶纤维素、脱脂棉、芦苇浆三种原料制备的三种纳米纤维素。

4.1.3.2　NCC/PVA 复合膜的表面和断面形貌

图 4-2 为纯 PVA 膜和部分 NCC/PVA 复合膜的表面和断面形貌图。[210]

图 4-2 为通过简单共混法制备的不同形貌的纳米纤维素与 PVA 复合膜的表面和断面形貌图。图 4-2（a）为纯 PVA 膜的形貌图，从图 4-2 可以看出，纯 PVA 膜，表面均一、光滑，整体比较平整，见图 4-2（a）。图 4-2

(b~c) 为微晶纤维素制备的长径比为9的NCC添加量分别为0.5%和7%时NCC/PVA共混膜的形貌，由图4-2可知，NCC加入量为0.5%时膜的表面依然是光滑的，当NCC添加量为7%时膜的表面略显粗糙，而断面也出现少许裂纹，但影响并不明显，说明纳米纤维素粒径较小时能够很好地与PVA混和，见图4-2 (b)、图4-2 (c)。图4-2 (d~e) 为脱脂棉制备的长径比为18的NCC添加量分别为0.5%和7%时NCC/PVA共混膜的形貌，从图中4-2可以看出，NCC添加量为0.5%时复合膜的表面比长径比为9时的复合膜表面要粗糙，NCC添加量为7%时复合膜的表面出现凹凸不平的现象，而断面也出现了少量裂痕，这可能是由于NCC和PVA相容性变差，NCC分布不均匀沉积造成的，见图4-2 (d)、图4-2 (b) 、图4-2 (e)。图4-2 (f~g) 为芦苇浆制备的长径比为25的NCC添加量分别为0.5%和7%时NCC/PVA共混膜的形貌，由图4-2可知，NCC添加量为7%时复合膜表面明显比NCC添加量为0.5%时复合膜表面粗糙，有许多细小的凸起，断面也出现较多裂痕，这可能是由于NCC长径比较大时，更难以均匀分布而出现严重团聚导致的，见图4-2 (g)、图4-2 (f)。

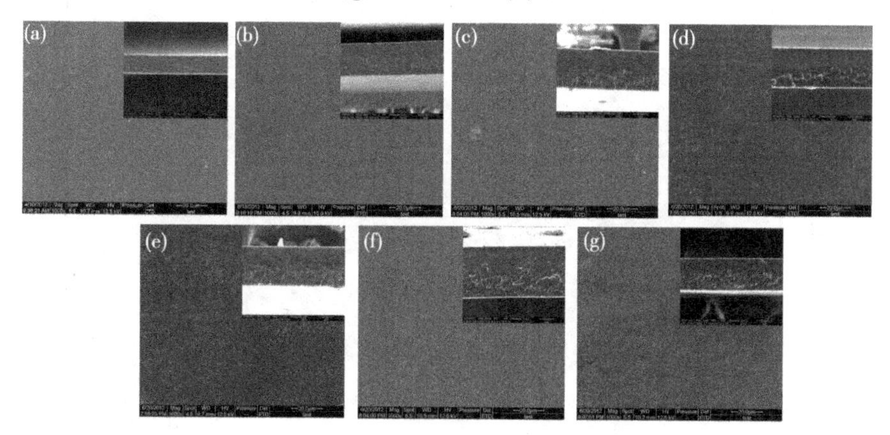

图4-2 纯PVA膜和部分NCC/PVA复合膜的表面和断面形貌图[210]

4.1.3.3 纳米纤维素和复合膜的FT-IR分析

图4-3为NCC，PVA以及三种原料微晶纤维素 (M)、脱脂棉 (C)、芦苇浆 (R) 制备的不同形貌纳米纤维素的添加量为7%时的NCC/PVA复合膜的红外光谱图[210]。

三种原料制备的NCC的红外基本一致，我们以微晶纳米纤维素为代表。图4-3 (a) 为NCC的红外光谱图，在图4-3中3 420，2 900，1 430 cm^{-1}左右的吸收峰分别对应羟基、C—H以及纤维素葡萄糖上的—CH_2伸缩振动吸收峰[55]，说明所得产品是纤维素类物质。[5]图（b）为纯 PVA 膜的红外吸收曲线，位于 3 262 cm^{-1}处和 2 917 cm^{-1}处的吸收峰分别对应 PVA 分子链上羟基的伸缩振动吸收峰和 C—H 伸缩振动吸收峰。图（c）～（e）分别表示由微晶纤维素、脱脂棉和芦苇浆制备的不同形貌的 NCC 添加量为 7% 时的 NCC/PVA 共混膜的红外吸收曲线，三者之间的吸收峰并无明显差异，说明不同形貌的 NCC 对复合膜的振动吸收没有影响。比较 NCC（a）、纯 PVA 膜（b）以及复合膜（c）～（e）的红外曲线可以看出，复合膜红外曲线中没有新峰出现，表明其是由 NCC 和 PVA 的红外曲线简单叠加得到的，各组分形成了复合体系但并没有发生化学反应。另外，复合膜中羟基峰较 NCC 变宽且向低波数移动，可能是由 NCC 表面的大量羟基及分子链中的 O—C—O 键都可以与 PVA 分子中的羟基形成氢键作用导致羟基的化学环境变复杂，这也说明 PVA 分子链和 NCC 分子链间存在能提高两者相容性的氢键缔合作用力[204]。

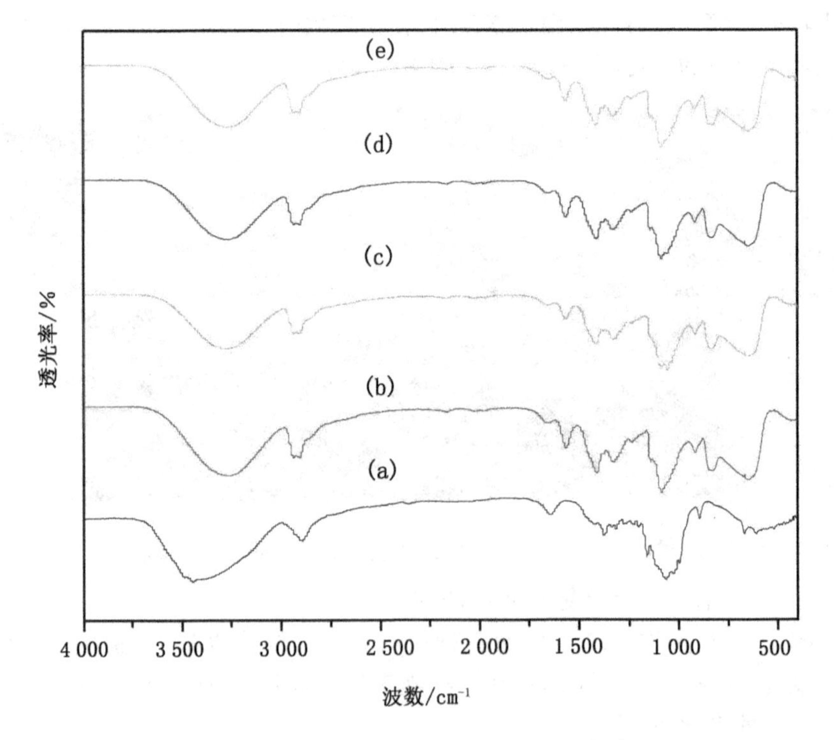

图 4-3　NCC 和部分膜的红外光谱图[210]

(a) NCC；(b) 纯 PVA；(c) M-PVA-5；(d) C-PVA-5；(e) R-PVA-5

4.1.3.4 NCC/PVA 复合膜的力学性能

图 4-4 表示不同形貌的纳米纤维素对 NCC/PVA 共混膜的拉伸强度和断裂伸长率的影响[210]。

由图 4-4 可知，不同长径比纳米纤维素加入量对 PVA 膜拉伸强度和断裂伸长率的影响是不同的：对微晶纤维素原料而言，m（NCC）/$m_{总}$为 3% 时制备 NCC/PVA 复合膜拉伸强度最大，较 PVA 膜拉伸强度提高 62%；对脱脂棉原料而言，m（NCC）/$m_{总}$为 1% 时制备 NCC/PVA 复合膜拉伸强度最大，较 PVA 膜拉伸强度提高 49.9%；对漂白芦苇浆原料而言，m（NCC）/$m_{总}$为 0.5% 时制备 NCC/PVA 复合膜拉伸强度最大，较 PVA 膜拉伸强度提高 40.8%。可能原因是 NCC 和 PVA 本身都含有大量羟基，当两者混合时存在强烈的氢键相互作用，NCC 长径比较小时，具有较高的比表面积，即使随着 NCC 含量的增加，表面暴露的大量羟基也能使其在 PVA 中很好地分散，因此微晶纳米纤维素增强 PVA 复合膜拉伸强度升高后基本不再改变；对于长径比较高的芦苇浆纳米纤维素，氢键的相互作用虽强但其多孔性以及膜的密度变小使纳米纤维素在 PVA 中难以形成紧密排列的棒状结构[207]，也就降低了氢键作用，随着 NCC 含量增加，NCC 在 PVA 中的沉积现象会加剧，因此 NCC 含量相同时，芦苇浆纳米纤维素对 PVA 的增强作用不如微晶纳米纤维素明显，且随着 NCC 含量增加，复合膜的拉伸强度升高到一定程度后出现下降的现象；对于脱脂棉纳米纤维素，其长径比介于上两者之间，且由粒度分析可知其宽度分布较广，既有易与 PVA 共混的短棒状 NCC，也有难以紧密排列的丝状 NCC，因此其对 PVA 的增强作用也是介于上两者之间。同时，由图 4-4 可知，三种原料 NCC 分别制备的三种 NCC/PVA 复合膜断裂伸长率均较 PVA 膜断裂伸长率低；m（NCC）/$m_{总}$为 0.5% 时制备的 NCC/PVA 均复合膜断裂伸长率、漂白芦苇浆 NCC 制备的 NCC/PVA 复合膜断裂伸长率均较 PVA 膜断裂伸长率低。由于 PVA 是柔性链，加入刚性链的 NCC 后复合膜的断裂伸长率变低，长径比较小的微晶纳米纤维素能够与 PVA 很好地混溶，因此其断裂伸长率变化不是很大；而长径比较大的纳米纤维素在与 PVA 混合时其棒状结构的排布比较混乱，横向排布比平行排布时能使 PVA 复合膜的机械性能提高更多[208]。

4.1.3.5 复合膜的透光性

图 4-5 为微晶纳米纤维素［图（a）］、脱脂棉纳米纤维素［图（b）］、芦苇浆纳米纤维素［图（c）］质量分数分别为 0，0.5%，1%，3%，5%，7%（分别对应曲线 0，1，2，3，4，5）时 NCC/PVA 复合膜在 400~800 nm 范围内的透光率[210]。由图 4-5 可知，对于长径比较小的微晶

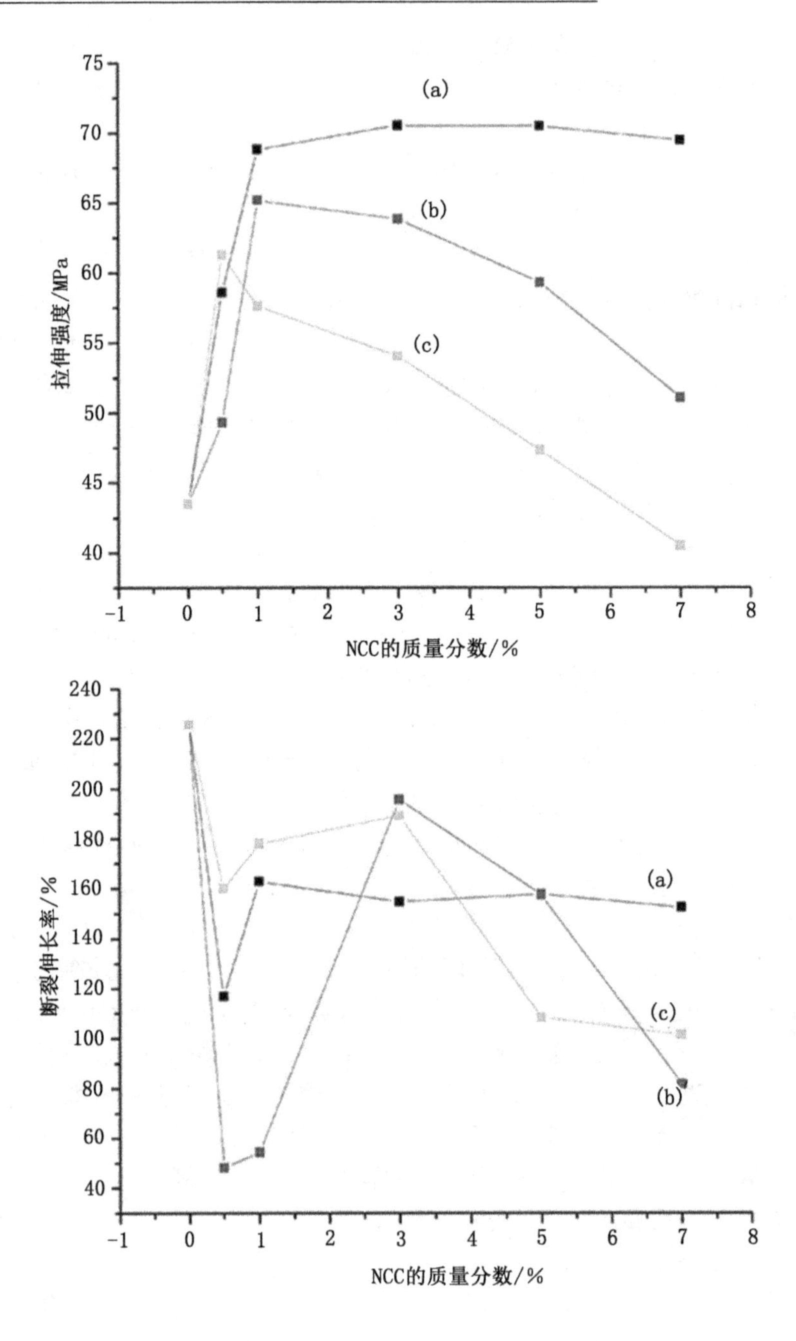

图 4-4　不同形貌的纳米纤维素与 PVA 复合膜的拉伸强度和断裂伸长率

(a) M-PVA；(b) C-PVA；(c) R-PVA[210]

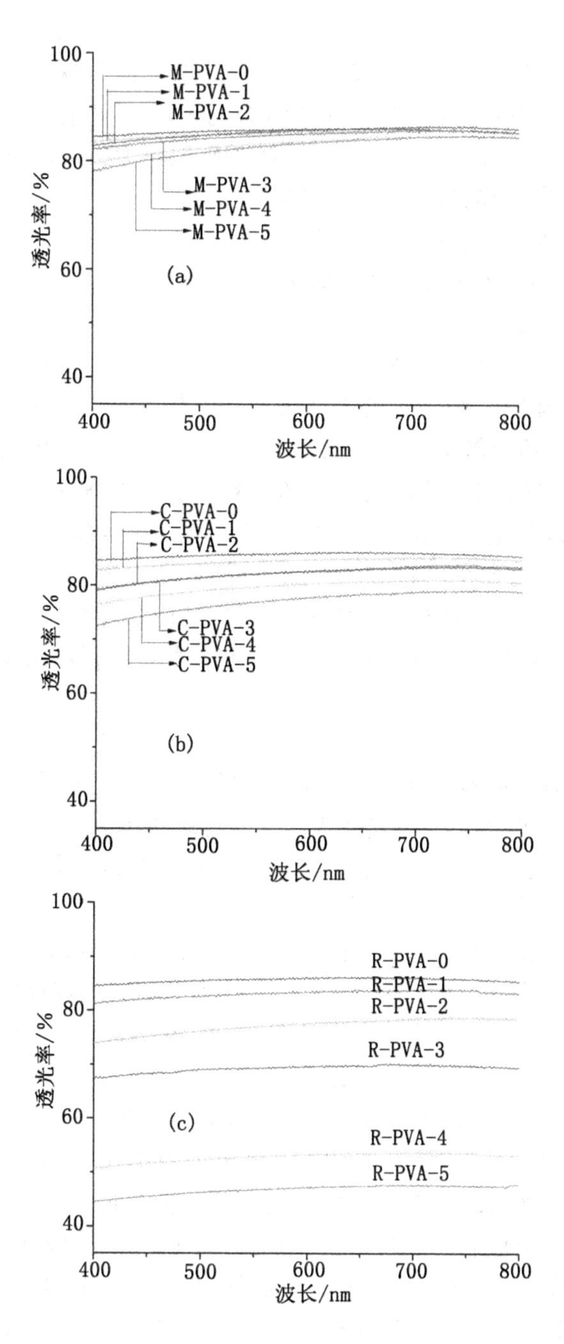

图 4-5 不同 NCC 含量的 NCC/PVA 复合膜的透光率[210]

纳米纤维素，由于其颗粒较小，能与 PVA 形成较好的相容体系，膜的表面比较平整，故其透光率不会随着 NCC 含量的增加而出现明显的变化；随着纳米纤维素长径比的增加，复合膜中 NCC 与 PVA 的相容性会变差，NCC 出现沉积现象，膜变得凹凸不平，同时 NCC 颗粒越大，光的散射现象就越严重，从而使得复合膜的透光率逐渐降低。

4.1.3.6　NCC 及其复合膜的热学性能分析

图 4-6 为三种原料制备的 NCC 及 NCC 含量为 7% 时 NCC/PVA 复合膜的热失重曲线[210]。

由图 4-6 可知，对于 NCC［图 4-6（a）］而言，存在三个最大热失重峰，50~200 ℃为 NCC 吸附水分的蒸发过程，约有 9% 的质量热失重；220~330 ℃对应 NCC 的分解氧化降解过程，约有 80% 的质量热失重，此区间为 NCC 最大热失重区，最大热失重温度在 300 ℃；350~530 ℃对应碳的氧化降解，有近 20% 的质量热失重[144]。对于 NCC/PVA 复合膜［图 4-6（b）］而言，80~150 ℃失重率在 3%，为吸附水分的蒸发过程；150~340 ℃失重率在 50%，为 PVA 主链断裂过程，是失重的主要区域；340 ℃以上主要是含碳物质的。NCC 的加入对 PVA 膜的热稳定性基本没有影响，仍然比较稳定。

4.1.4　结论

（1）酸水解法制备 NCC，透射电子显微镜和尺寸分布分析结果表明三种原料 NCC 均呈棒状，交织成网状。微晶纤维素 NCC、脱脂棉 NCC、漂白芦苇浆 NCC 主要横截面尺寸分别为 20，15，15 nm，长径比分别约为 9，18，25。

（2）红外光谱分析结果表明 m（NCC）/$m_{总}$为 7% 时制备 NCC/PVA 复合膜中 PVA 分子链和 NCC 分子链间存在能提高两者相容性的氢键缔合作用力。热重分析结果表明 m（NCC）/$m_{总}$为 7% 时制备 NCC/PVA 复合膜的热稳定性与 NCC 热稳定性基本一致。

（3）扫描电子显微镜分析结果表明 m（NCC）/$m_{总}$为 0.5% 时制备 NCC/PVA 复合膜的表面和断面较为规整。对微晶纤维素原料而言，m（NCC）/$m_{总}$为 3% 时制备 NCC/PVA 复合膜拉伸强度最大，较 PVA 膜拉伸强度提高 62%；对脱脂棉原料而言，m（NCC）/$m_{总}$为 1% 时制备 NCC/PVA 复合膜拉伸强度最大，较 PVA 膜拉伸强度提高 49.9%；对漂白芦苇浆原料而言，m（NCC）/$m_{总}$为 0.5% 时制备 NCC/PVA 复合膜拉伸强度最大，较 PVA 膜拉伸强度提高 40.8%；三种原料中漂白芦苇浆 NCC 长径比最高且 m（NCC）/$m_{总}$为 0.5% 时制备 NCC/PVA 复合膜拉伸强度最大。三种原料

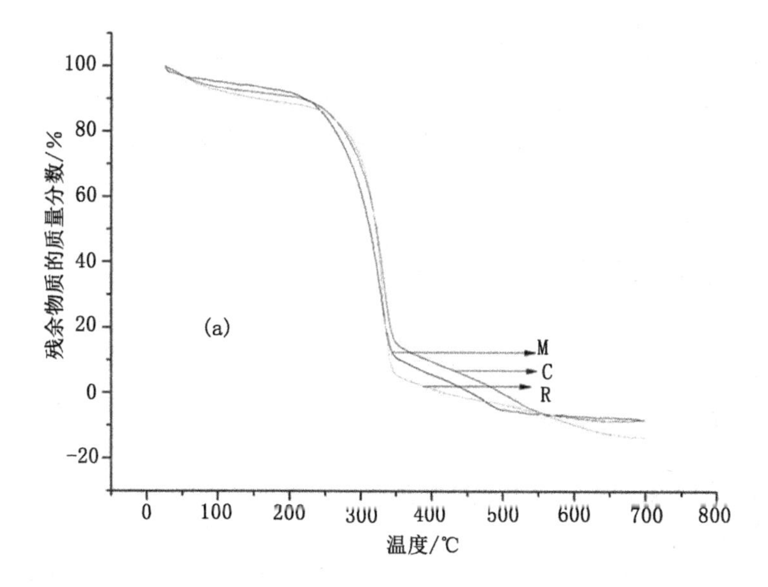

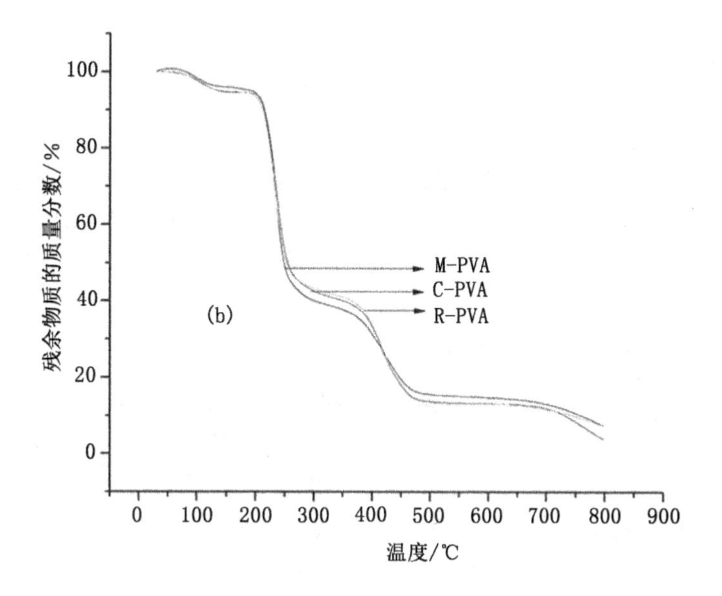

图 4-6 NCC 及 NCC/PVA 复合膜的热失重曲线[210]

(a) NCC；(b) NCC/PVA

NCC分别制备的三种NCC/PVA复合膜断裂伸长率均较PVA膜断裂伸长率降低；m（NCC）/$m_{总}$为0.5%时制备NCC/PVA复合膜断裂伸长率，漂白芦苇浆NCC制备的NCC/PVA复合膜断裂伸长率均较PVA膜断裂伸长率低。随着m（NCC）/$m_{总}$的增加，NCC/PVA复合膜透光率较PVA膜透光率降低；微晶纤维素NCC/PVA复合膜透光率较PVA膜透光率降低最小。

4.2 冷冻预处理对NCC/PVA共混膜性能的影响

4.2.1 引言

本试验在碱预处理硫酸酸解法制备出纤维素Ⅱ型的NCC的研究基础上，通过简单共混流延成膜法制得不同质量分数的NCC/PVA共混膜，研究冷冻预处理对NCC/PVA膜的性能影响以及冷冻预处理对NCC/PVA共混增容机理，为NCC在复合材料中的应用提供基础试验数据。

4.2.2 试验

4.2.2.1 材料与仪器

NCC，按1.6.2.2法制备，药品和试验仪器参见1.6.2.1。万能材料试验机，北京兰德梅克公司；TU-1901型双光束紫外可见分光光度计，北京普析通用仪器有限责任公司；TG209F3热重分析仪，德国Netzsch仪器有限公司。

4.2.2.2 NCC/PVA共混膜的制备

按表4-3比例加入NCC水溶胶（6.184 g/L）、聚乙烯醇（PVA）和去离子水，在90 ℃条件下以600 r/min的转速搅拌3 h使PVA完全溶解，再超声波处理10 min和真空脱除气泡数分钟后，得到一定比例的成膜液，在平整的聚四氟乙烯板上铺膜，用刮板刮匀，在室温下干燥24 h，得到共混膜。其中比例设置是为了保证成膜液有统一的质量浓度44.2 g/L，从而保证各共混膜有相近的厚度，超声波处理是为了增加共混的均匀性。按上述共混膜制备方法，在搅拌得到成膜液后，放入-20 ℃的冰箱中冷冻预处理1 h，在室温下融化，再继续进行后续处理，得到相应比例的冷冻预处理共混膜。

表 4-3　原料比例

共混膜编号	冷冻预处理共混膜编号	$V_{(纳米纤维素)}$ /mL	$m_{(PVA)}$ /g	$V_{(水)}$ /mL	$m_{(纳米纤维素)}:m_{总}$
PVA-0	CPVA-0	0.00	4.420 0	100.00	0%
PVA-1	CPVA-1	3.57	4.397 9	96.43	0.5%
PVA-2	CPVA-2	7.14	4.375 8	92.86	1%
PVA-3	CPVA-3	21.43	4.287 4	78.57	3%
PVA-4	CPVA-4	35.71	4.199 0	64.29	5%
PVA-5	CPVA-5	50.00	4.110 6	50.00	7%

4.2.2.3　表征

样品膜用液氮冷冻取断裂口做断面，表面直接取样采用 Quanta 200 型扫描电子显微镜（SEM）对样品膜的形貌进行表征；对 NCC，PVA 膜和 PVA-5共混膜进行傅里叶变换红外光谱表征；用螺旋测微仪测量各样品膜上 10 个随机采样点的厚度分别得到每种样品膜的平均厚度 d，再从各组样中剪下 3 个 1.5 cm×15 cm 的长条，在 40 mm/min 速度下用万能材料试验机测量其拉伸强度和断裂伸长率，并求其平均值和平均偏差，进行力学性能表征；将样品膜夹入 TU-1901 双光束紫外可见分光光度计的薄膜样品夹上在可见光区（400~800 nm）进行扫描，空气作为参照，得到各组样品在可见光区的光谱图，进行透光率表征；样品膜的热稳定性表征采用热重分析，然后利用 Proteus Analysis 分析软件对样品质量损失起始点、中点、拐点和质量变化的热失重数据进行综合分析。

4.2.3　结果与分析

4.2.3.1　SEM 分析

图 4-7 为样品膜的表面形貌和断面形貌[213]。从图 4-7 可以看出，随着 NCC 加入量的增加，共混膜和冷冻预处理共混膜的表面不平整度增加，并且断面缺陷也逐渐增多；同等原料比例制备的纳米纤维素晶/聚乙烯醇共混膜，冷冻预处理膜的表面和断面更加平整，从而可以看出冷冻预处理对共混膜中 NCC 和 PVA 相容起到了积极的作用。

4.2.3.2　FT-IR 分析

图 4-8 为不同样品的红外谱图[213]。从图 4-8 可以看出，PVA-0 膜在 3 267 cm^{-1}的 O—H 伸缩振动可以看出 PVA 的羟基的缔合度高于 NCC，而 PVA-5的 O—H 伸缩振动吸收峰又要比 PVA-0 的 O—H 吸收峰宽并向低波

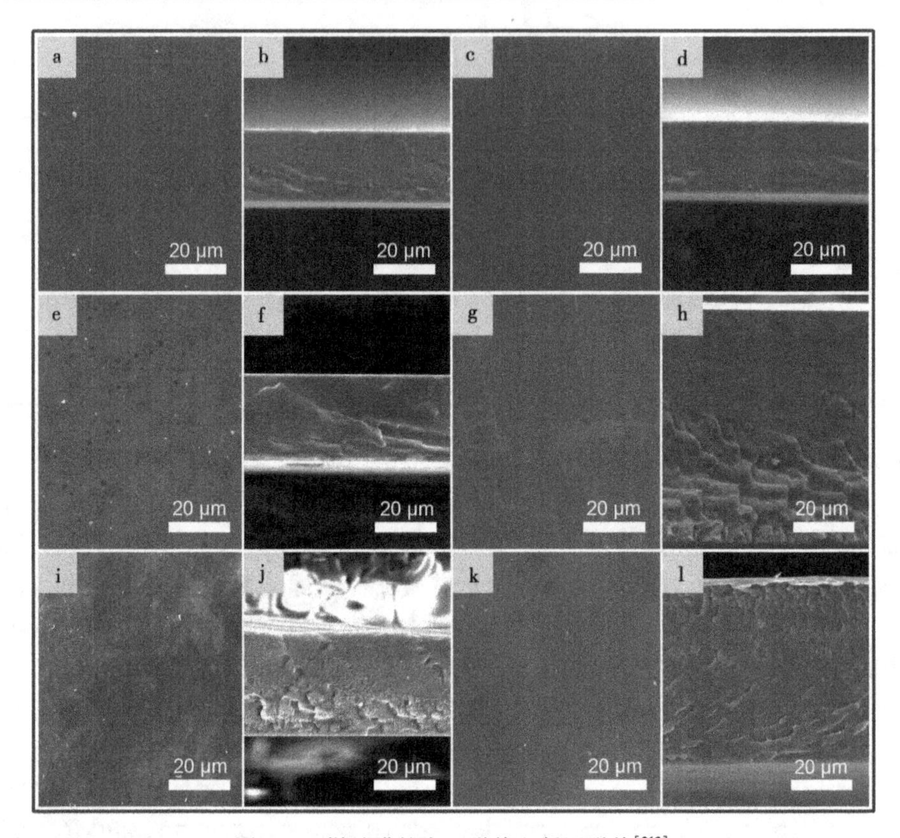

图 4-7 样品膜的表面形貌和断面形貌[213]

a, b. PVA-0; e, f. PVA-1; i, j. PVA-5; c, d. CPVA-0; g, h. CPVA-1; k, l. CPVA-5

数移动，说明 PVA 和 NCC 两者中的羟基产生了很强的相互作用力和氢键的相互缔合；从 2 900 cm^{-1}左右的 C—H 伸缩振动和指纹区吸收峰的变化可以看出 PVA-5 是由 NCC 和 PVA 叠加而得，没有产生化学变化。综上可知，NCC 和 PVA 的共混是基于氢键作用力的简单物理共混。

4.2.3.3 力学性能分析

图 4-9 为样品膜的拉伸强度（a）和断裂伸长率（b）随 NCC 质量分数的变化[213]。从图 4-9（a）可以看出，冷冻预处理对纯 PVA 膜的拉伸强度影响不大，但添加 NCC 后，冷冻预处理对相同质量分数的 NCC 共混膜的拉伸强度有明显的提高；在 NCC 含量为 0.5%时，两者的拉伸强度都出现最大值，其中 PVA-1 较 PVA-0 提高约 15%，CPVA-1 较 CPVA-0 提高约 16%；当 NCC 含量进一步增加（超过 0.5%），两者的拉伸强度开始逐步降低，PVA-2 和 CPVA-2 已经略低于纯 PVA 膜了。从图 4-9（b）可以看出，除纯 PVA 膜外，冷冻预处理对相同质量分数 NCC 共混膜的断裂伸长率有一定

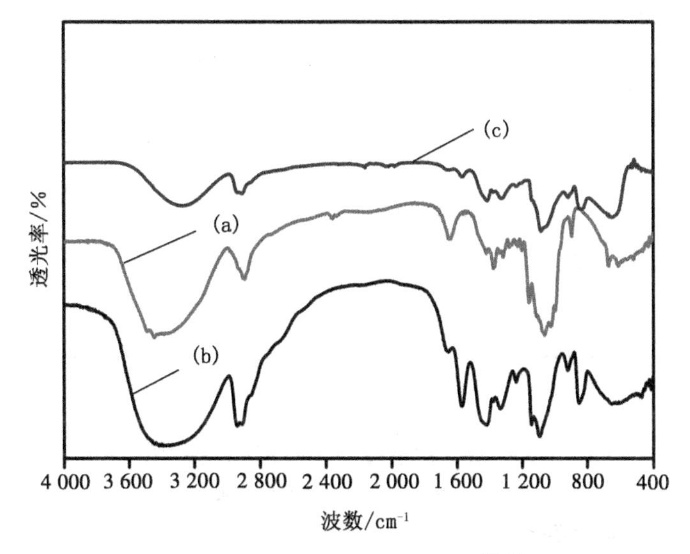

图 4-8 不同样品的红外谱图[213]

(a) 纳米纤维素；(b) PVA-0；(c) PVA-5

的提高；当 NCC 的质量分数为 0.5% 时，两者的断裂伸长率发生骤降，PVA-1 较 PVA-0 降低约为 33%，CPVA-1 较 CPVA-1 降低约为 34%。

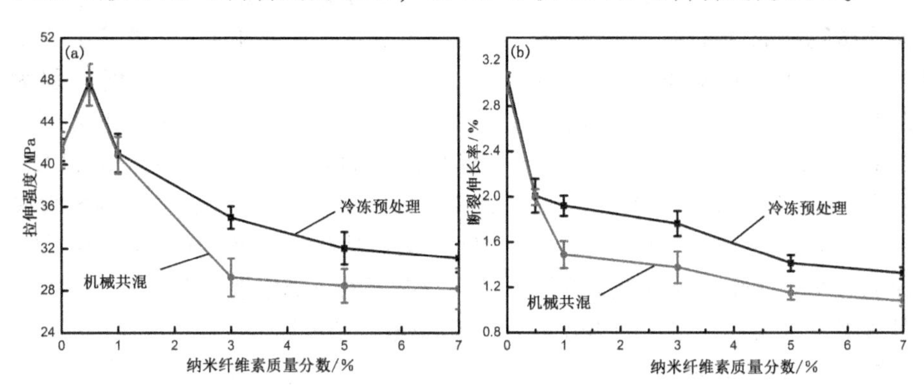

图 4-9 力学性能随 NCC 质量分数的变化[213]

(a) 拉伸强度；(b) 断裂伸长率

4.2.3.4 透光性分析

图 4-10 (a) 为不同样品可见光区透光率共混法；图 4-10 (b) 冷冻预处理法[213]。从图 4-10 可知，当 NCC 质量分数为 0.5% 时，两种方法制备的共混膜较纯 PVA 膜的透光率都变化不大，CPVA-1 的透光率还略有提高，但随着 NCC 含量的增加共混膜的透光率都开始明显地降低；在纳米纤维素晶质量分数相同的条件下，冷冻预处理较未冷冻预处理的共混膜的透光率均

有一定的提升。

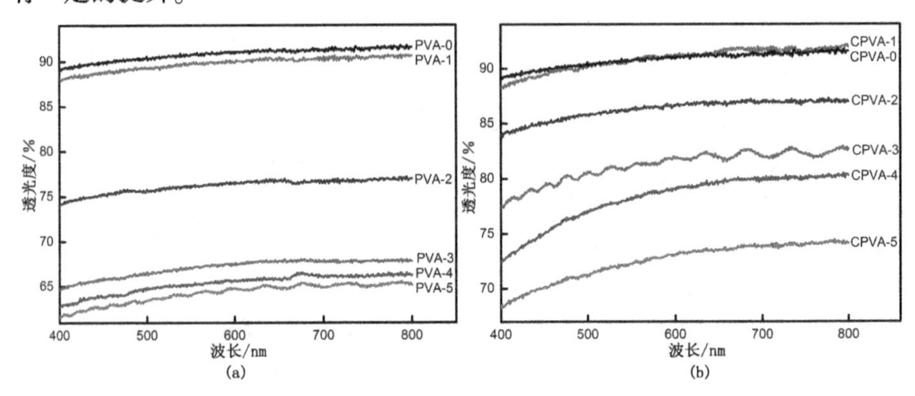

图 4-10 不同样品可见光区透光率[213]

(a) 共混法；(b) 冷冻预处理法

4.2.3.5 热稳定性分析

图 4-11、图 4-12 分别为共混法、冷冻预处理法制备不同样品的 TG (a) 和 DTG (b) 图[213]。从图 4-11 和图 4-12 可以看出，共混膜存在三个失重区：80~150 ℃为吸附水失重区，失重率在 3%；150~340 ℃为 PVA 主链断裂过程区，该区域为失重的主要区域，失重率在 50%；340 ℃以上主要是含碳物质的烧失区。从 Proteus Analysis 软件的分析结果可知，在主要失重区，共混法制备的 PVA-0，PVA-1 和 PVA-5 对应的分解温度分别为 214.3，216.8，210.1 ℃，相应的失重速率最高峰所对应的峰值温度分别为 228.5，231.6，234.6 ℃；冷冻预处理法制备的 CPVA-0，CPVA-1 和 CPVA-5 在该区域的分解温度分别为 210.1，216.8，225.1 ℃，相应的最大失重速率温度分别为 227.7，238.7，244.7 ℃。从起始失重温度和最大失重速率温度可以看出，加入纳米纤维素晶后共混膜的热稳定性略微增加，冷冻预处理对共混膜热稳定性的提升也有一定的积极作用。

4.2.3.6 机理分析

综上所述，从图 4-8 红外光谱分析可知纳米纤维素晶和 PVA 都带有大量的羟基，纳米纤维素晶和 PVA 都具有明显的氢键作用力。由于纳米纤维素晶本身纳米效应，在向纳米纤维素晶溶胶中加入 PVA 时很容易使其发生团聚现象。因此，这里引入分子间与分子内的氢键作用力来解释以上现象的变化原因。由图 4-13 (a) 可以看出 PVA 膜中聚乙烯醇分子之间有较强的氢键作用，对自身拉伸强度提高有较大的贡献。随着纳米纤维素晶的加入，纳米纤维素晶在 PVA 复合膜中主要以两种状态分布：①少量的纳米纤维素晶在搅拌和超声波的作用下，经过 PVA 的乳化分散主要以较小颗粒态（一

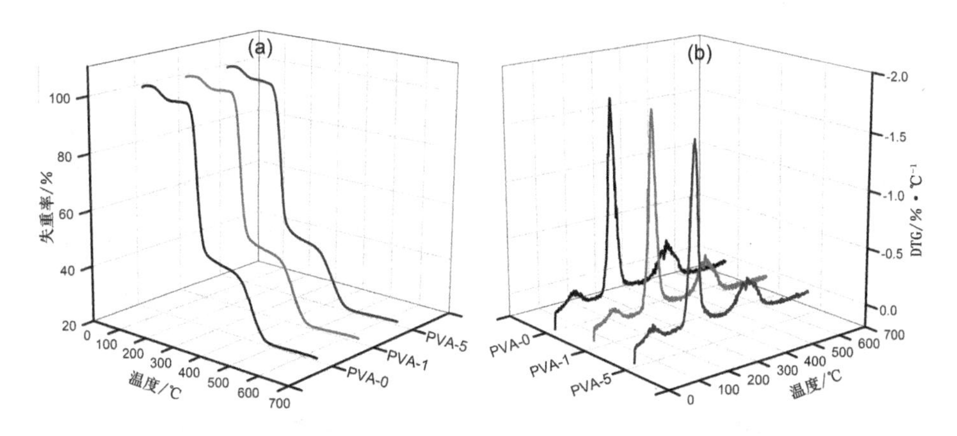

图 4-11 共混法制备不同样品的 TG (a) 和 DTG (b) 图[213]

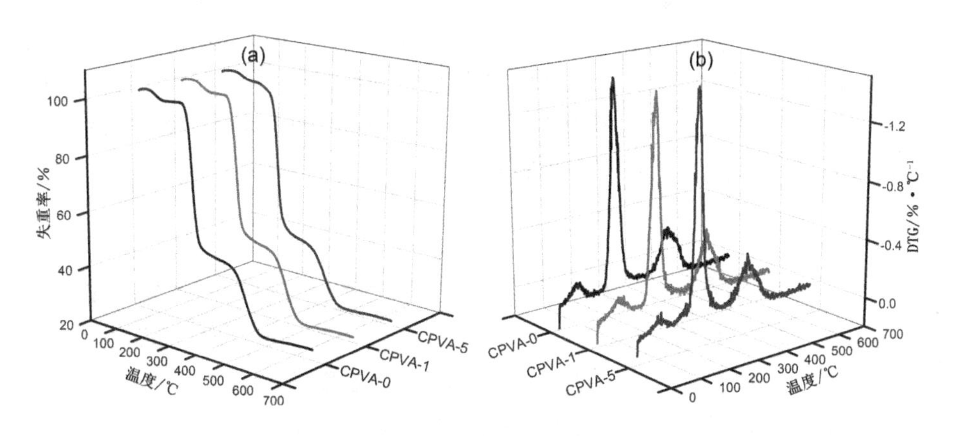

图 4-12 冷冻预处理法制备不同样品的 TG (a) 和 DTG (b) 图[213]

个或几个纳米纤维素分子组合）的高分散态分布在 PVA 复合膜中，并与 PVA 表面的—OH 形成良好的氢键作用力，见图 4-13 (b)；②随着纳米纤维素晶含量的增加，单纯的搅拌、超声波辅助和 PVA 的乳化作用已经不足以使纳米纤维素晶良好的分散，大量的纳米纤维素晶因纳米效应发生自团聚现象，相对表面积大大下降形成较大颗粒聚集体（几十乃至更多纳米纤维素分子组合），主要以颗粒状分布在 PVA 复合膜中或部分沉积在膜的底部，见图 4-13 (c) 和图 4-7 (j)。

根据上述机理假设可以很好地用来解释纳米纤维素晶/PVA 共混膜力学性能和透光率的变化，在质量分数为 0.5% 纳米纤维素的共混膜中，纳米纤维素晶主要以线性小颗粒分布在 PVA 膜中，对共混膜的氢键作用力起到加强作用；随着纳米纤维素晶含量的增加，纳米纤维素晶自身团聚形成较大颗

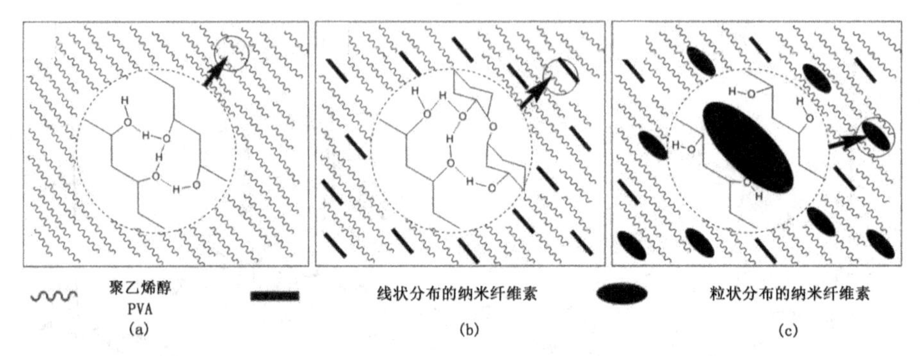

图 4-13 共混机理[213]

粒聚集体，从而阻碍了纳米纤维素晶与 PVA 之间氢键的形成，导致共混膜力学性能和透光率的急剧下降；而低温处理可以使共混物低于下界临界温度（LCST）[214-216]，能有效地破坏纳米纤维素分子之间因氢键缔合所形成的超凝聚态结构，在一定浓度范围内相应增加了较小纳米纤维素晶聚集体的比例，增加了与 PVA 之间的氢键作用，从而使相同质量分数纳米纤维素晶的共混膜的力学性能和透光率有明显的提高。

4.2.4 结论

（1）与对照样（PVA 膜）相比，添加纳米纤维素质量分数为 0.5%时，样品膜的拉伸强度达到最大值；简单共混法制备的 PVA-1 膜，其拉伸强度提高了 15%，并且透光率变化不大；冷冻预处理法制备的 CPVA-1 膜，其拉伸强度提高了 16%，但透光率略高于对照样。

（2）添加相同质量分数纳米纤维素的复合膜，冷冻预处理法可以得到比简单共混法具有更高拉伸强度和更高透光率的复合膜。

（3）热重分析表明加入纳米纤维素后样品膜的热稳定性略有提高。制备的 NCC/PVA 膜在可降解包装材料上有潜在应用价值。

4.3 戊二醛交联对 NCC/PVA 共混膜性能的影响

4.3.1 引言

本试验在前期 NCC/PVA 共混膜制备的基础上，利用硫酸催化的戊二醛交联反应对 NCC/PVA 共混膜进行交联改性，进一步改善了共混物的力学性能和耐水性能，并探究了不同交联时间对 NCC/PVA 共混膜性能的影响。

4.3.2 试验

4.3.2.1 材料与仪器

丙三醇（分析纯），购自天津市兴复精细化工研究所；NCC、药品参见 4.2.2.1。

101-2A 型电热鼓风干燥箱，天津市泰斯特仪器有限公司；其他仪器参见 4.2.2.1。

4.3.2.2 样品膜的制备

在 250 mL 的圆底烧瓶中加入 7.14 mL 该纳米纤维素（NCC）水溶胶、4.38 g 聚乙烯醇（PVA）、92.86 mL 去离子水和 0.44 g 甘油，其中甘油作为增塑剂，在 90 ℃下搅拌 2~3 h 使 PVA 完全溶解，用双层纱布过滤除去不溶物，再超声处理 10 min，真空脱泡 10 min，得到一定比例的成膜液（FFS），然后在平整的聚四氟乙烯板上铺膜，用刮板刮匀，在室温下的干燥 24 h，得到共混膜 GM-1。

不添加纳米纤维素水溶胶，将 92.86 mL 去离子水用 100 mL 替代，按上述方法得到 PVA 膜 GM-0。

4.3.2.3 戊二醛交联处理

分别取 5 块大小相同的 GM-0 膜和 GM-1 膜在 0.96 mol/L 硫酸钠水溶液中浸泡活化 0.5 h 后，然后用戊二醛交联液（比例见表 4-4）[217]对活化后的样品分别进行浸泡交联 0.5，1.0，3.0，6.0，18.0，30.0，60.0 min，制成相应的交联膜，分别记作 GM-0-0.5，GM-0-1，GM-0-3，GM-0-6，GM-0-18，GM-0-30，GM-0-60 和 GM-1-0.5，GM-1-1，GM-1-3，GM-1-6，GM-1-18，GM-1-30，GM-1-60，为了方便数据处理把未交联的 PVA 膜和共混膜分别记作 GM-0-0 和 GM-1-0。

表 4-4 戊二醛交联液的配比

物质	浓度/（$mol \cdot L^{-1}$）
戊二醛	0.03
硫酸	0.15
硫酸钠	0.96

4.3.2.4 表征

选取样品 GM-0-0，GM-0-3，GM-0-60 和 GM-1-0，GM-1-3，GM-

1-60采用4.2.2.3节的检测方法表征其形貌和化学态、力学性能、透光性和热稳定性。

水溶性表征：取4 cm×4 cm的样品膜在105 ℃的干燥箱中干燥24 h后，称重质量记作m_1；将干燥后的膜样品放入装有50 mL的蒸馏水的培养皿中在20 ℃的恒温箱中浸泡24 h后，取出膜样品将表面的水用滤纸吸干，将样品膜用105 ℃的干燥箱再次干燥24 h后，得到m_2。其中溶解率% =（m_1-m_2）×100/m_1。

4.3.3 结果与分析

4.3.3.1 SEM分析

图4-14为PVA膜、共混膜以及两者改性膜的表面和断面SEM图。[96] 从中可以看出PVA膜和复合膜都具有光滑均一的表面形貌和平整的断面形貌，随着戊二醛改性时间的增加对其表面形貌和断面形貌的影响不大，但复合膜断面裂纹比相应的PVA膜要多，可能原因是一方面纳米纤维素在复合薄膜中的聚集引起受力不均；另一方面复合膜经过戊二醛交联反应后，薄膜中形成高度空间网络结构导致其分子链（PVA分子链）自由度受限，在低温脆断时（液氮脆断温度，-196 ℃）容易断裂。

4.3.3.2 FT-IR分析

图4-15（a，b）分别为PVA膜和NCC/PVA共混膜的红外光谱。[96] 随着交联时间的增加PVA膜和共混膜的图谱都出现3点主要的变化：①3 300~3 400 cm^{-1}处的O—H伸缩振动吸收峰峰值逐渐减小；②1 720 cm^{-1}，2 731 cm^{-1}和2 866 cm^{-1}处—CHO的碳氢和碳氧伸缩振动峰值逐渐增大；③990 cm^{-1}和1 385 cm^{-1}处的缩醛环和—C—O—C—的振动吸收峰也逐渐增加[218-220]。以上变化说明PVA膜和共混膜都与戊二醛发生了交联反应，并且随着浸泡时间的增加交联度也逐渐变大，但NCC具有高结晶度和低的可及度，很难与戊二醛发生交联反应，所以相同的交联反应时间PVA膜表现出更强的戊二醛交联反应特征峰值。

4.3.3.3 力学性能分析

图4-16是随交联时间增加拉伸强度和断裂伸长率变化曲线图[96]。从图中可以看出：①随着交联时间的增加PVA膜和NCC/PVA共混膜的拉伸强度逐渐提高，断裂伸长率逐渐降低，其中PVA膜和共混膜的初始拉伸强度和断裂伸长率分别为47.25 MPa，445.8%和58.88 MPa，290.1%，终止时分别为90.01 MPa，8.2%和97.20 MPa，4.6%；②在交联反应初期拉伸强度和断裂伸长率变化较大，当在交联反应后期达到稳定；③PVA膜较复合

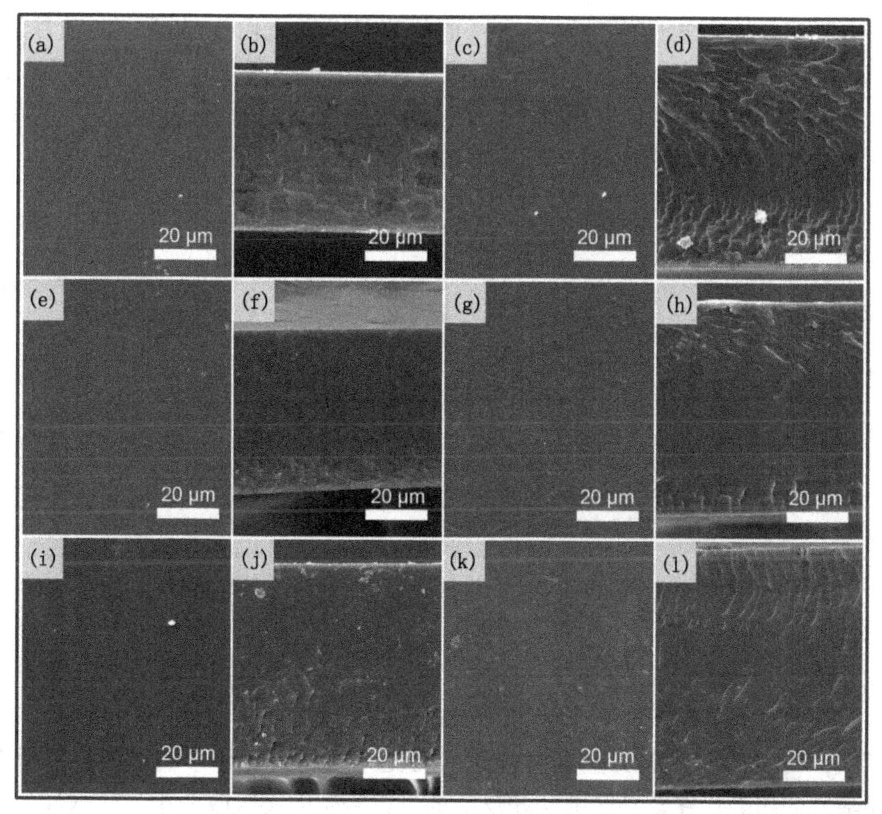

图 4-14 样品膜的表面和断面 SEM 图[96]

(a)(b)GM-0-0;(c)(d)GM-1-0;(e)(f)GM-0-3;(g)(h)GM-1-3;(i)(j)GM-0-60;(k)(l)GM-1-60

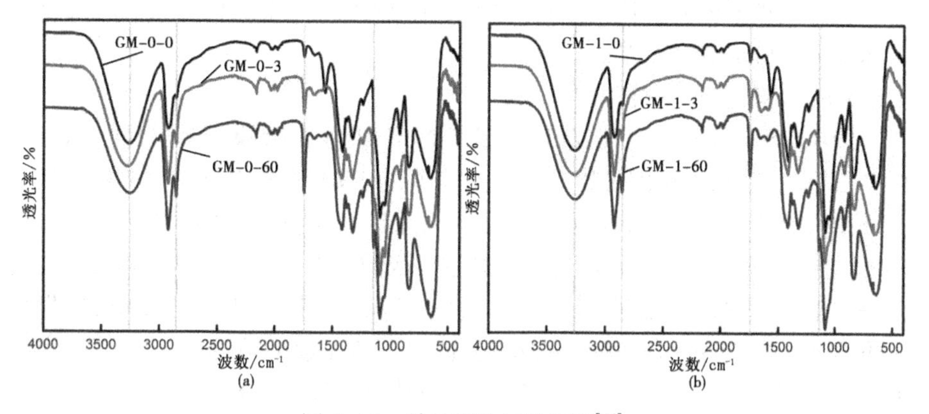

图 4-15 样品膜的红外光谱[96]

(a)PVA 膜;(b)NCC/PVA 共混膜

膜交联反应的力学性能变化的提高更为明显。这是由于在反应初期甘油、PVA 的羟基快速参与了交联反应形成了网状结构，到反应后期交联反应速度较缓慢，也进一步说明图 4-14 中共混薄膜出现的断面纹理不平的原因。综上所述，交联反应对 PVA 膜和共混膜的拉伸强度有较大的提高。

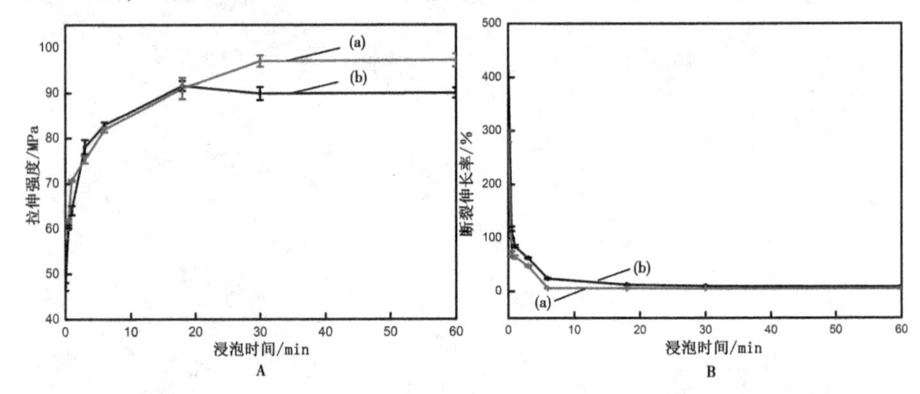

图 4-16　样品膜拉伸强度变化曲线 A 和断裂伸长率变化曲线 B[96]

（a）共混膜；（b）PVA 膜

4.3.3.4　透光性分析

图 4-17 为复合膜的紫外可见光透光率-波长变化曲线[96]。从图 4-17 可知，交联反应对 PVA 膜和复合膜的可见光区的透光率影响不大，但呈明显降低的趋势；在紫外区随交联反应的进行羟基的尾吸收变小；交联样品膜在羟基尾吸收前出现一个小峰，这个峰的峰值随交联时间的增加明显增大。这是由于交联反应的进行与体系中的羟基发生了交联，使样品中的羟基数目减小，同时也引入未反应的醛基（参见红外光谱），醛基的 π-π * 跃迁形成了 230 nm 处的吸收峰[216]。

4.3.3.5　热稳定性分析

图 4-18、图 4-19 分别是 PVA 膜、NCC/PVA 共混膜和交联膜的 TG 图、DTG 图[96]。从热失重图可以看出，未交联的 PVA 膜和 NCC/PVA 复合膜存在三个失重区：70～340 ℃为吸附水的失重区，失重率 4%；150～340 ℃为 PVA 主链断裂过程，该区域为失重的主要区域，失重率 50%，340 ℃以上主要是含碳物质的烧失区；交联后样品膜的断裂分解过程和含碳烧失过程发生了重合；相同交联时间 NCC/PVA 复合膜比 PVA 膜的热分解温度高；交联的 PVA 膜和 NCC/PVA 复合膜较未交联的样品膜的热分解温度有较大的提高，提高约 30 ℃。总之，交联反应使薄膜产生交联网状结构使样品膜的热稳定性进一步地加大。

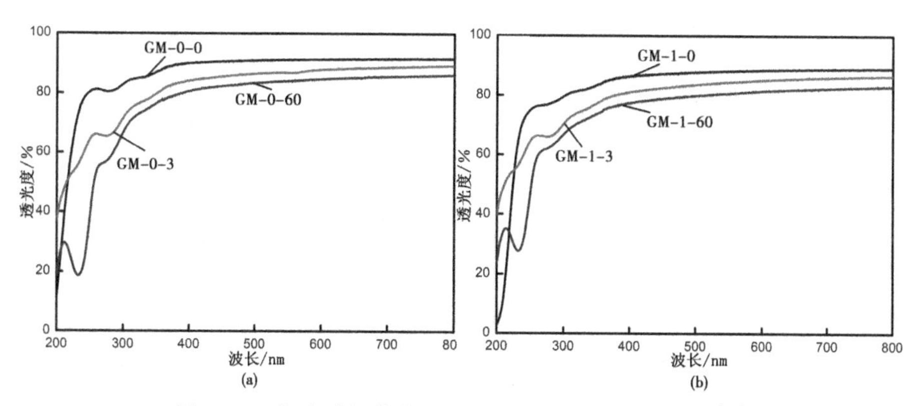

图 4-17 复合膜的紫外可见光透光率-波长变化曲线[96]

(a) GM-0 膜透光率曲线；(b) GM-1 膜透光率曲线

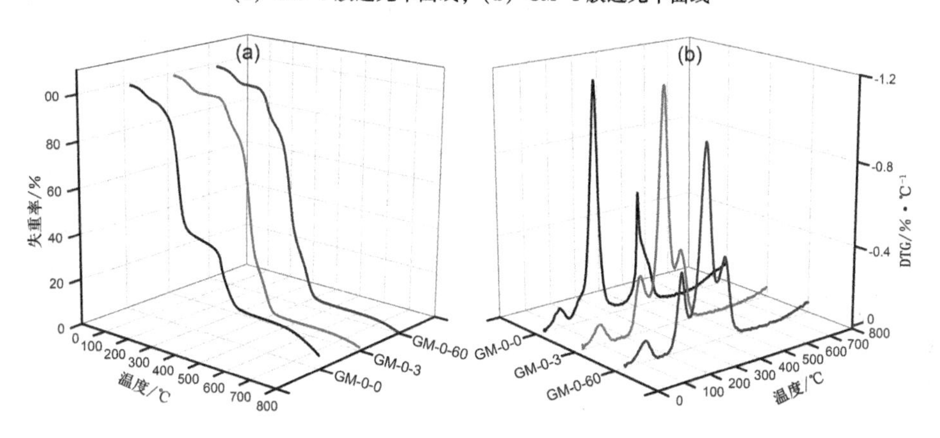

图 4-18 GM-0 热失重曲线[96]

(a) TG；(b) TGA

4.3.3.6 水溶性分析

图 4-20 为不同交联度的 PVA 膜和复合膜的溶解率曲线[96]。从图 4-20 可知，PVA 和 NCC/PVA 共混膜随着交联度的增加耐水性得到了明显的提高，PVA 的溶解率从 13.09% 降低到 0.41%，复合膜从 13.86% 降低到 0.70%；水溶性前期降低较为明显，后期由于交联反应趋向完全水溶性基本不变。结合上述结果可知，PVA 和 NCC/PVA 的共混膜经过交联反应形成了交联网状结构导致其水溶性下降，因此薄膜的水溶性与形成的网状结构有着密切关系，交联度越大耐水性能越好。

4.3.4 结论

（1）戊二醛交联反应对 PVA 膜和 NCC/PVA 共混膜的拉伸强度有较大

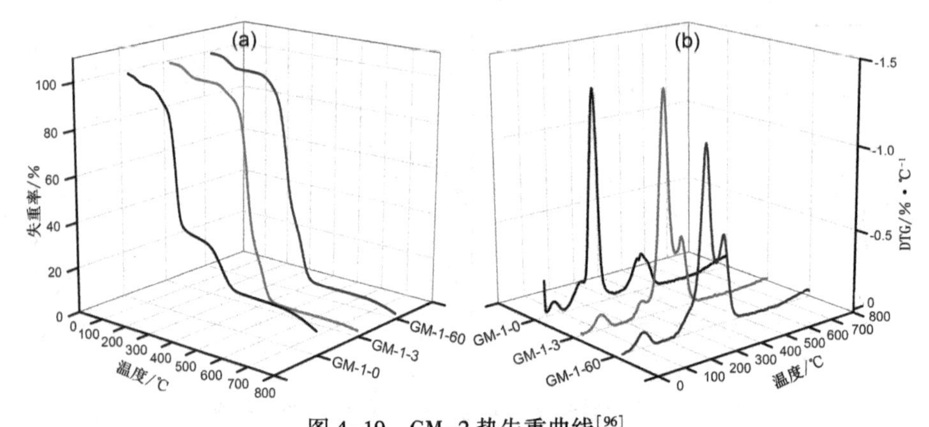

图 4-19 GM-2 热失重曲线[96]

(a) TG；(b) TGA

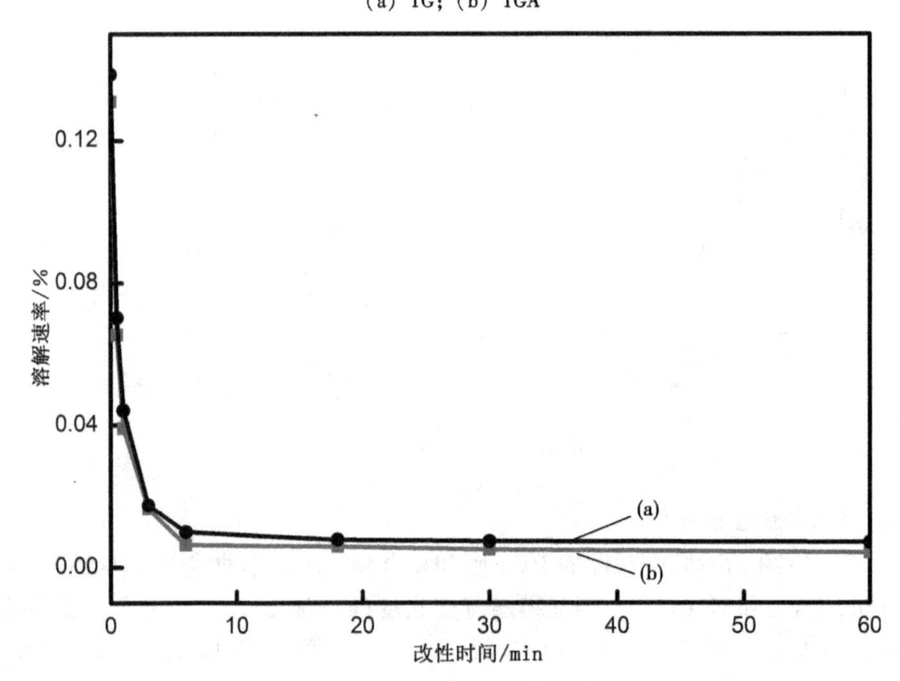

图 4-20 不同交联度的 PVA 膜和复合膜的溶解率曲线[96]

(a) PVA 膜；(b) 共混膜

的提高，PVA 最大提升 90.50%，复合膜最大提升 65.08%。

(2) 戊二醛交联反应对膜的断裂伸长率影响较大，到反应后期 PVA 膜的断裂伸长率降至 8.2%，复合膜降至 4.6%。

(3) 戊二醛交联反应对 PVA 膜和复合膜的透光性影响不大，但随着交联反应的进行 230 nm 处出现了羰基 π-π * 吸收峰。

(4) 戊二醛交联反应使 PVA 膜和复合膜的热稳定性有着明显的提升，两者均提高大约 30 ℃左右，并且碳链的断裂和含碳物质的烧失两个失重区发生重合。

(5) 戊二醛交联反应对 PVA 膜和复合膜的耐水性也有着明显的提升，PVA 膜最大降至 0.41%，共混膜最大降至 0.70%。

4.4 NCC 夹层的聚乙烯醇层级膜的制备及表征

4.4.1 引言

当纤维素处于纳米状态时就可以很好地分散在溶液中形成水溶胶，且 NCC 有较高的比表面积和丰富的表面羟基，这样应用 LBL 氢键吸附驱动力和纳米粒子范德华力的吸附能与多羟基高分子聚合物进行氢键沉积和组装。本书试验选用了多羟基水溶性烯基化合物——聚乙烯醇（PVA）作为基体，它具有良好的成膜性能和化学稳定性，是可降解的高分子材料，但是 PVA 膜在水中易溶胀不能保持其形态，故采用已经干燥的 PVA 膜，利用 NCC 溶胶中的水在其表面活化润胀，使 PVA 暴露出表层羟基与 NCC 发生氢键作用，吸附沉积在 PVA 表层。同时，这种定向地吸附作用使具有高结晶度的 NCC 紧密排布在 PVA 层上，避免了 NCC 分布不均匀对透光率的影响，从而制备出高透光率、高拉伸强和较高热稳定性的 PVA/NCC/PVA 层级膜。

4.4.2 试验

4.4.2.1 材料与仪器

参见 4.2.2.1。

4.4.2.2 样品的制备

(1) PVA 膜和 NCC 膜的制备。

向 200 mL 的烧杯中加入 4.42 g 聚乙烯醇（PVA）和 100 mL 去离子水，在 90 ℃水浴中搅拌使其完全溶解，再超声处理 10 min，真空脱除气泡，得到成膜液（FFS）。在平整的聚四氟乙烯板上铺膜，用聚四氟乙烯刮板刮匀，室温下风干 4 h，得到 PVA 膜。取 100 mL 质量浓度为 6.184 g/L 的 NCC 水凝胶真空脱泡后按上述方法制得 NCC 膜。

(2) NCC/PVA 共混膜的制备。

向 200 mL 的烧杯中加入 50 mL 的 NCC 水溶胶、4.110 6 g 聚乙烯醇

(PVA) 和 50 mL 去离子水，按 4.2.2.2 方法得到与纯 PVA 相同质量浓度的成膜液（为了尽可能保证膜厚度相近）。在平整的聚四氟乙烯板上铺膜，用刮板刮匀，室温下风干，得到质量分数为 7% NCC/PVA 共混膜，记作 PVA7，作为对比试样。

(3) PVA/NCC/PVA 层级膜的制备。

向 200 mL 的烧杯中加入 6.165 9 g 聚乙烯醇（PVA）和 150 mL 去离子水，取该溶液 50 mL 按 4.2.2.2 方法制得一层纯 PVA 膜，然后按同法取 50 mL的 NCC 水溶胶在这层纯的 PVA 膜上铺膜，风干后再取 50 mL 该 PVA 溶液在 NCC 上铺膜，最终得到质量分数为 7% 的 PVA/NCC/PVA 膜，记为 TL（three layers）。按同法制成一层 PVA 和一层 NCC 的双层膜 DL（Double layers）作为测量衰减全反射红外分析试样。

4.4.2.3 表征

采用 Specttwn 2000 型傅里叶变换红外光谱仪（美国珀金埃尔默 Perkin Elmer 仪器有限公司）对 NCC 膜、PVA 膜和 DL 膜的两面分别进行衰减全反射红外测量；样品膜的形貌、结晶态、力学性能、透光性和热稳定性参见 4.2.2.3。

4.4.3 结果与分析

4.4.3.1 复合膜组成和结构分析

(1) SEM 分析。

图 4-21 为样品的表面形貌和断面形貌图[96,221]。通过表面形貌图的对比可以看出 TL 膜的表面与 PVA 膜表面一样光滑、均一，而 PVA7 膜表面有些细小突起。通过断面形貌图的对比可以看出，PVA 膜断面很平整，而 PVA7 膜材料，NCC 与 PVA 基体界面间出现了断痕和空隙，说明它们的相容性变差，致使界面受力不均匀，导致复合膜的力学性能和透光率下降；在 TL 膜中 NCC 和 PVA 保持单相均匀分布，且界面紧密结合，初步验证了 NCC 和 PVA 都保持单层均相分布，不存在界面间的共混。

(2) FT-IR 表征。

图 4-22 为不同样品的红外图谱[96,221]。从图 4-22 可知，成膜以后的 NCC 和 PVA 在 3 300 cm^{-1}附近 O—H 的伸缩振动都向低波数移动且峰范围变宽，说明成膜后 NCC 和 PVA 具有较高的缔合度；图 4-22（b）和图 4-22（d）在 1 090 cm^{-1}处 C—O 伸缩振动及指纹区的振动峰值可以得知图 4-22（b）和图 4-22（d）应属同种物质，均为 PVA，表明 PVA 在 DL 膜中保持单层均相分布；图 4-22（a）和图 4-22（c）在 1 062 cm^{-1}和 1 025 cm^{-1}处的

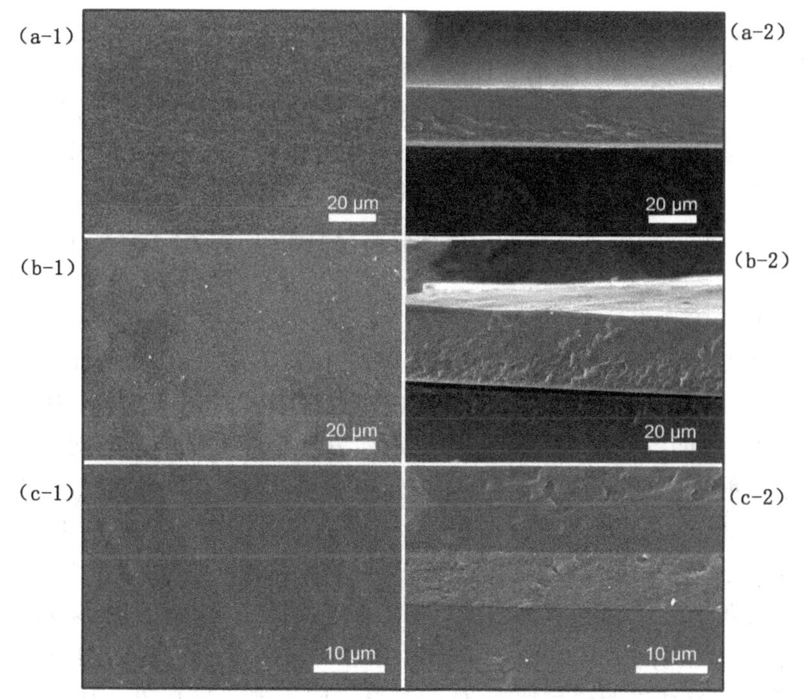

图 4-21 膜的表面形貌（1）和断面形貌（2）[96,221]

（a）PVA 膜；（b）PVA7 膜；（c）TL 膜

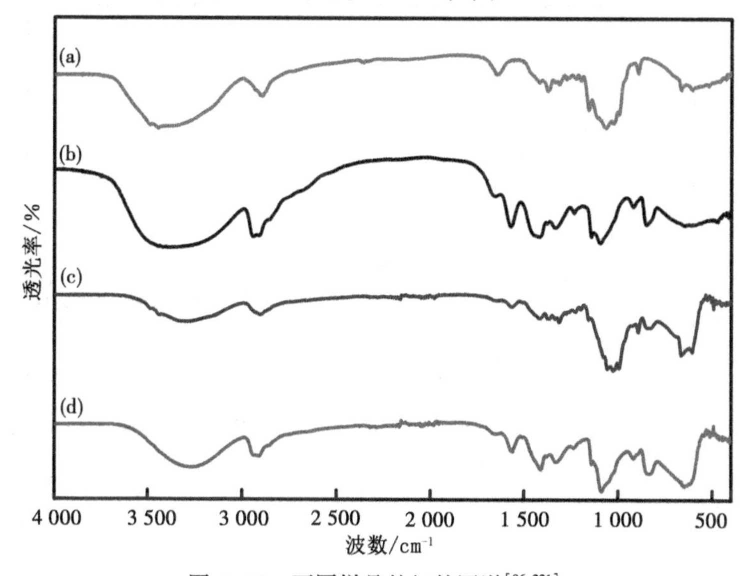

图 4-22 不同样品的红外图谱[96,221]

（a）NCC；（b）PVA；（c）DL 膜的 NCC 面；（d）DL 膜的 PVA 面

宽吸收峰是由 NCC 的 C—O—C 的伸缩振动引起，并且在 1 500~1 000 cm^{-1} 范围内的吸收峰具有一定的相似性，图 4-22（c）曲线的 850 cm^{-1}处峰值可能是由于 NCC 层的厚度较薄（图 4-21）超出了 ATR-IR 的检测深度 10 μm，其中掺杂了部分 PVA 的吸收所致，因此表明 NCC 在 DL 膜中也处于单相分布状态。结合以上分析进一步说明在 DL 膜中 NCC 与聚乙烯醇通过氢键缔合相互交联形成极其紧密的层级薄膜，并且 NCC 和 PVA 保持单层均相分布。

（3）XRD 分析。

图 4-23 为不同样品的 XRD 图谱[96,221]。从图 4-23 可以看出，NCC 膜在 2θ=12.1°，19.8°和 22.6°处的衍射峰分别对应Ⅱ型纤维素（$1\bar{1}0$）（110）和（200）晶面的衍射峰[222]；PVA 膜在 2θ=19.4°处的衍射峰对应（101）晶面的衍射峰；PVA7 膜的 XRD 图中仅包含了 2θ=19.4°的 PVA（101）晶面衍射峰和 2θ=22.6°的 NCC（200）晶面的衍射峰，而 NCC 的 19.8°峰与 PVA 的 19.4°发生重合，NCC 的 2θ=12.1°衍射峰由于 NCC 含量少和峰值小等原因被弱化；TL 复合膜的 XRD 图中只有一个 2θ=19.4°的衍射峰，该峰强度较 PVA 膜的 19.4°处的衍射峰强度大，这主要是因为 NCC 在 PVA 膜表面受到氢键驱动力的诱导使 NCC 的晶格定向排列，只有 2θ=19.8°的 NCC（110）晶面满足衍射条件，并且该峰与 PVA 的 19.4°处的衍射峰发生重合。

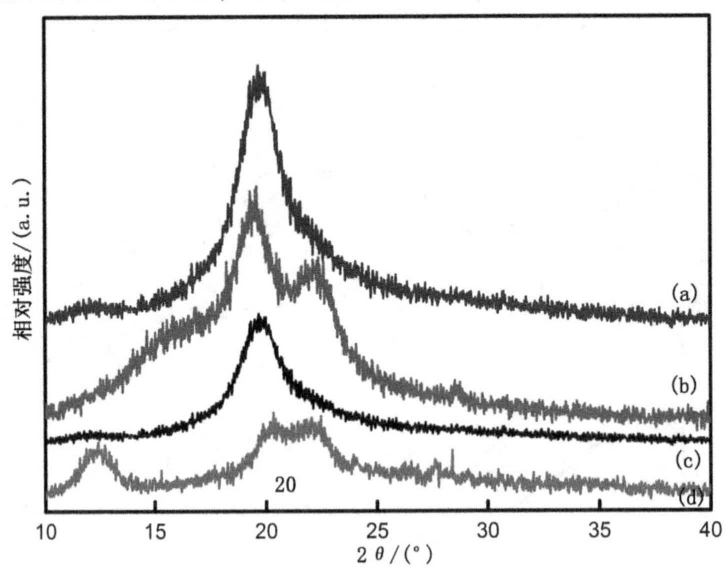

图 4-23　不同样品的 XRD 图谱[96,221]

(a) PVA7; (b) TL; (c) PVA; (d) NCC

4.4.3.2 PVA/NCC/PVA 层级膜的形成机理分析

（1）氢键驱动力验证。

在 NCC 膜和 PVA 膜上分别取 5 点，采用 JC2000C2 接触角测量仪（上海中晨数字技术设备有限公司）测量与水的接触角，从而得到两者与水接触角的平均值分别为 14.5°和 45.0°，图 4-24 为其中一组图像[96,221]。从中可知 NCC 和 PVA 都具有较好的亲水性（与水的接触角均小于 65°，属于亲水性表面），这是因为它们均属于极性高分子化合物且表面富含羟基能与水形成强的氢键作用力。结合以上 SEM 和红外分析，可以侧面说明 PVA 和 NCC 之间可以依靠表面羟基的氢键作用和范德华力相互为 PVA 和 NCC 形成层层自吸附提供了驱动力。

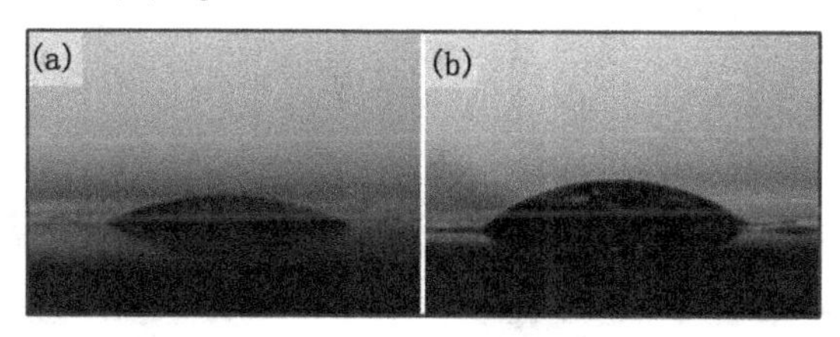

图 4-24 不同膜表面接触角图片[96,221]

（a）NCC 膜；（b）PVA 膜

（2）PVA/NCC/PVA 层级膜的形成机理假设。

从氢键驱动力的测量和分析可知，NCC 和 PVA 都具有很强的吸水性和表面亲和力，结合前面样品膜组成和结构分析提出了如图 4-25 所示的形成机理[96,221]。当 PVA 膜在 NCC 的水溶胶中浸泡时，由于 PVA 的强吸水性，可使已经成膜固化的 PVA 的表面羟基活化暴露在 NCC 水溶胶中与棒状的 NCC 表面的羟基发生氢键作用和范德华力作用，从而紧密地结合在一起。随着 NCC 溶胶中水分的蒸发使 NCC 分子发生凝集和聚沉，形成单相高聚集态的 NCC 膜层。然后，再铺上一层 PVA 水溶液同样由于 NCC 的吸水性导致其表面羟基活化，与溶液中的 PVA 形成氢键聚合在一起，随着水分的蒸发，NCC 表面又附着上一层 PVA，最终形成了具有 NCC 夹层的 PVA 层级膜，并且 PVA 和 NCC 处于单相分布状态，NCC 晶格定向排列。

4.4.3.3 复合膜性能分析

（1）力学性能分析。

表 4-5 为复合膜拉伸强度和断裂伸长率[96,221]。从表 4-5 中可以看出 TL 复合膜比 PVA 膜的拉伸强度有明显提升，增加了 46.1%，这主要是由于 NCC 夹层在 PVA 中形成较好的单相凝聚，该凝聚态的结合对膜的力学性能有较大的提高；而共混膜 PVA7 比 PVA 膜的拉伸强度降低了 31.8%，这主

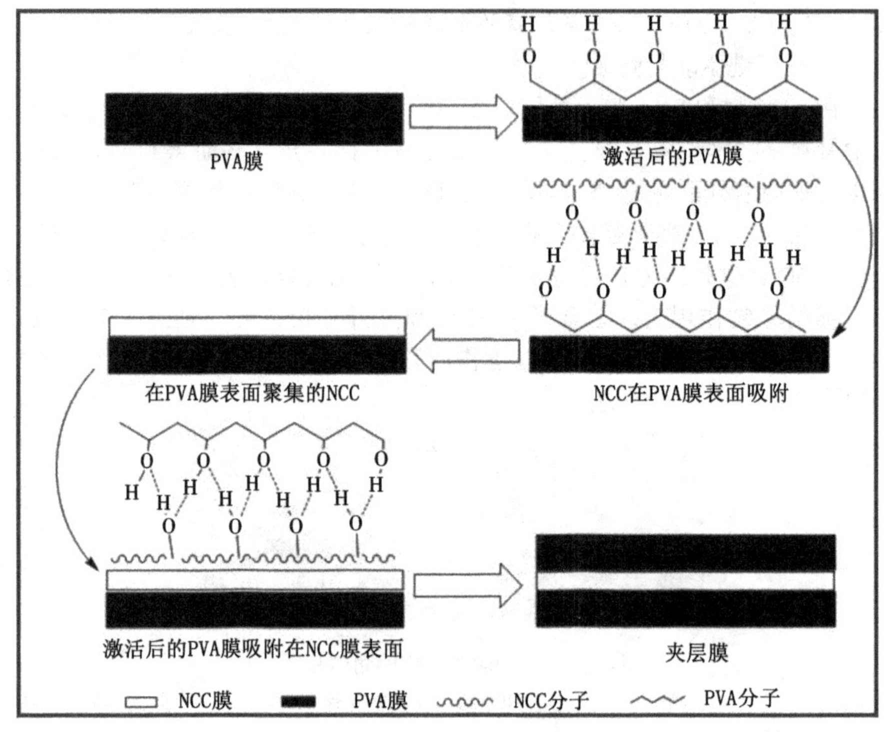

图 4-25 PVA/NCC/PVA 层级膜形成机理[96,221]

要是因为 NCC 的超凝聚态结构影响了 PVA 分子间的氢键结合，影响了 PVA 半晶态结构使其产生缺陷，故导致力学性能的下降。从断裂伸长率来看，TL 复合膜的断裂伸长率有所降低，这是因为 NCC 层影响了柔性 PVA 的伸长和扭动；而复合膜 PVA7 的断裂伸长率降低更剧烈，这同样是由于 NCC 在共混中不能和 PVA 很好地相容而产生的内部缺陷所致。综上所述可以看出，LBL 法不存在共混均匀性的问题，TL 膜表现出 PVA 和 NCC 共同的力学特征。

表 4-5 复合膜拉伸强度和断裂伸长率[96,221]

标号	拉伸强度/MPa	断裂伸长率/%
PVA	41.4	307.5
PVA7	28.2	108.2
TL	60.5	200.0

（2）透光性分析。

从表观透明度图 4-26 和可见光区透光率图 4-27 可以看出，TL 膜与 PVA 膜相比有较高的透光率，而用简单共混法制备相同 NCC 质量分数的 PVA7 膜的透光率较差。按照 $T_{总}=[S/(400\times100)]\times100\%$ 求得 PVA 膜、PVA7 膜和 TL 膜在可见光区的总透光率分别为 87.01%，73.91% 和 91.75%，TL 膜具有最高的透光率。TL 膜透光率的变化主要是由于氢键的吸附作用，使 NCC 的晶格定向紧密排列形成高聚集态的 NCC 层，而 PVA7 膜透光率的降低是因为共混不均匀，使复合膜内产生了空隙和缺陷导致光的散射加剧。

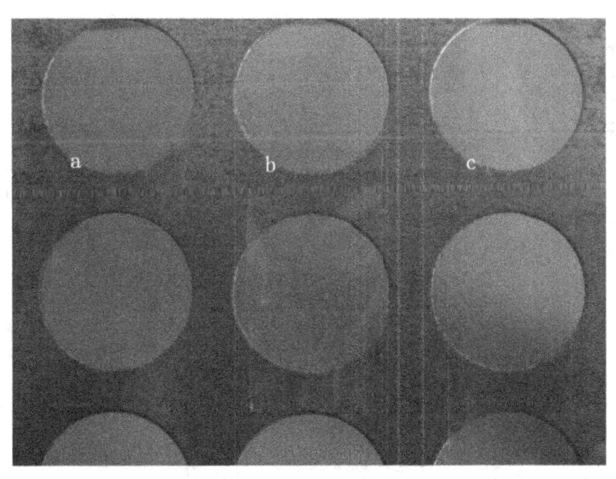

图 4-26 不同样品表观透明度图[96,221]

（a）TL 膜；（b）PVA 膜；（c）PVA7 膜

（3）热稳定性分析。

图 4-28（a）和图 4-28（b）分别是 PVA 膜、PVA7 膜和 TL 膜的 TG 图和 DTG 图[96,221]。从热失重图可以看出样品膜都存在三个失重区：80～150 ℃为吸附水分的蒸发过程区，失重率在 3%；150～340 ℃为 PVA 主链断裂过程区，该区域为失重的主要区域，失重率为 50%～60%；340 ℃以上主要是含碳物质的烧失区。从 Proteus Analysis 软件的分析结果可知，在主要失重区 PVA 膜、PVA7 和 TL 膜，对应的分解温度分别为 210.2，209.5，223.4 ℃，TL 膜的起始失重温度最高；PVA 膜、PVA7 和 TL 膜失重速率最高峰所对应的峰值温度分别为 227.6，235.5，237.5 ℃，TL 膜的最高失重速率峰值和温度最大。产生这种情况的原因是 TL 膜中 NCC 的晶格具有紧密的排布，对膜的耐热性能有较好的增强，而 PVA7 膜中共混的不均匀导致热稳定性的增

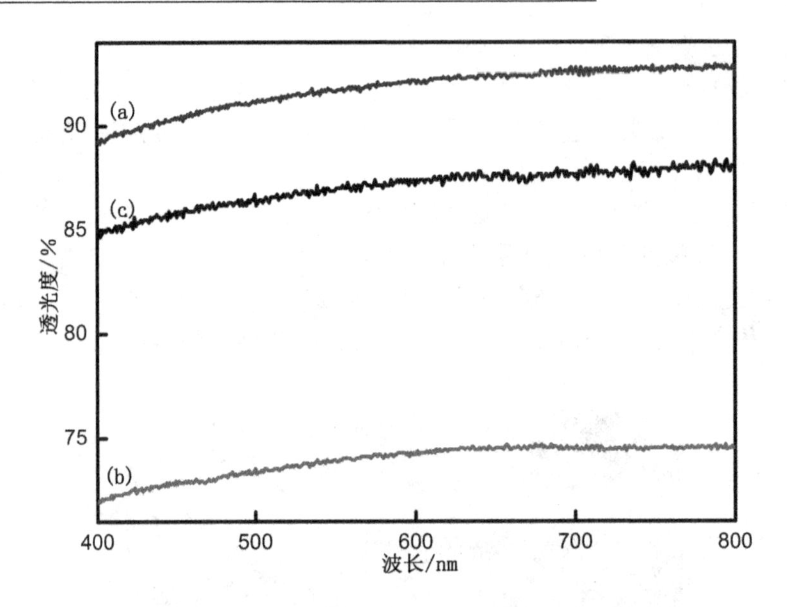

图 4-27　不同样品的可见光区透光率图谱[96,221]

(a) PVA 膜；(b) PVA7 膜；(c) TL 膜

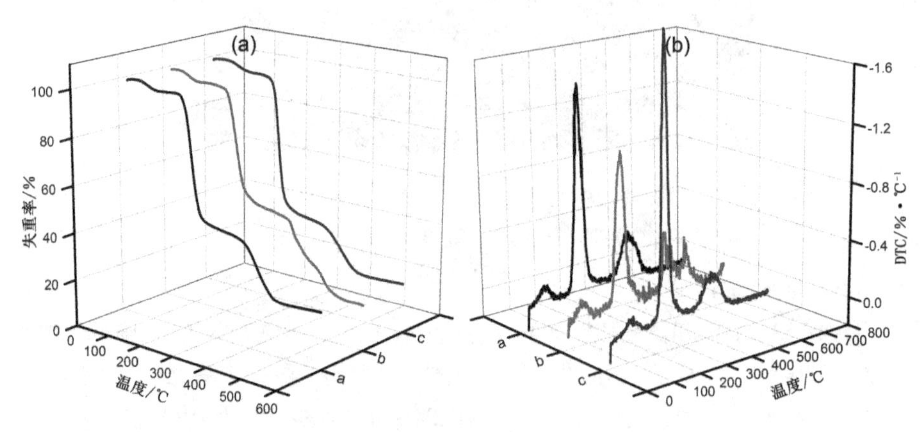

图 4-28　不同样品的 TG 图 (a) 和 DTG 图 (b)[96,221]

(a) PVA 膜；(b) PVA7 膜；(c) TL 膜

加不明显。

4.4.4　结论

以 NCC，PVA 为原料利用 LBL 氢键吸附沉积法制备 PVA/NCC/PVA 层级膜具有高的可行性。PVA 和 NCC 界面接触紧密不易脱离并且膜表面平整光滑与 PVA 膜表观上无差别；NCC 晶格定向紧密排列和其自身高的力学强度对膜的性能起到加强作用：LBL 法制备的 PVA/NCC/PVA 膜与 PVA 膜和相同 NCC 含量的 NCC/PVA 共混膜相比，具有较高的拉伸强度、高的透光率和热稳定性，其中拉伸强度比 PVA 膜提高了 46.1%，透光率提高了 5.44%，热分解温度提高了 13.2 ℃。

4.5 结构可控的高透明 NFC 增强聚乙烯醇层级膜

4.5.1 引言

利用 4.4 节中 NCC 夹层的聚乙烯醇层级膜的制备理论，也可以将 NFC 引入 PVA 基体中，使复合膜的力学性能得到更大的提升，故本章采用 NFC 作为增强组分制备出具有高透光性和高力学性能的 PVA/NFC/PVA 层级膜，并对该层级膜的结构可控性进行深一步的研究。

4.5.2 试验

4.5.2.1 材料与仪器

在本试验中为了对层级膜结构可控性进行探讨，设计了图 4-29 所示的成膜装置，在该装置中底层为 PET 离型膜，上下两边为固定挡板，左右为可动挡板，通过移动可动挡板可以方便地调节成膜面积。在该试验中，成膜液体积均为 50 mL，成膜面积为 16 cm×16 cm，其他用品参见 4.4。

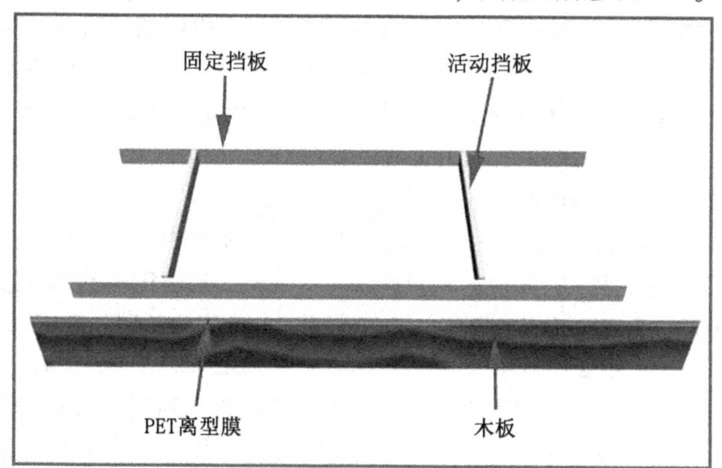

图 4-29 成膜装置图

4.5.2.2 PVA 膜的制备

参见 4.4.2.2 制备 PVA 膜，作为参比样品记为 P-0，其中成膜液质量浓度为 40 g/L。

4.5.2.3 NFC/PVA 共混膜的制备

参见 1.6.2.2 和 4.4.2.2，取 4 g 的 PVA 和 50 mL 2 g/L 的 NFC 水溶胶制备 NFC/PVA 共混膜，记为 P-1。

4.5.2.4 PVA/NFC/PVA 层级膜的制备

采用 20 g/L 的聚乙烯醇水溶液和 2 g/L 的 NFC 水溶胶，参见 4.4.2.2 制得 PVA/NFC/PVA 层级膜，记为 LBL-1。改变 NFC 质量浓度为 4 g/L 和 8 g/L 制备得到相应的 LBL-2 和 LBL-3。

4.5.2.5 表征

对 PVA 膜、NFC/PVA 膜和 PVA/NFC/PVA 层级膜的形貌、力学和透光率表征参见 4.4.2.3 节。

4.5.3 结果与分析

4.5.3.1 SEM 分析

图 4-30 为 P-0 和 P-1 的 SEM 图[96]。从图 4-30 中可以看出，较高长径比的 NFC 在 PVA 膜中的团聚更为明显，P-1 表面出现较多的 NFC 聚集产生的条状突起。图 4-31 为不同浓度 NFC 层的 LBL 膜的断面形貌和表面形貌[96]。从图 4-31 中可以看出通过改变 NFC 组装液的质量浓度可以调控 NFC 层的厚度，LBL-1，LBL-2 和 LBL-3 中间夹层的厚度分别为 2.09，4.38，8.29 μm，与 NFC 的质量浓度 2，4，8 g/L 成比例，而 PVA 层的厚度都在 20 μm 左右；以 NFC 作为组装单元和 NCC 一样能保持膜表面的平整度。总之，NFC 作为 LBL 法的功能性组装单元保留了 LBL 法便捷的结构调控机制。

4.5.3.2 力学性能分析

图 4-32 为样品膜的应力-应变曲线[96]。从曲线中样品的弹性变形区可以计算出 P-0，P-1，LBL-1，LBL-2 和 LBL-3 杨氏模量分别为 0.26，0.47，0.70，1.30，1.97 GPa，拉伸强度分别为 42.54，54.28，64.67，73.97，80.91 MPa，断裂伸长率分别为 292.5%，237.8%，170.7%，118.7%和 108.2%，可以看出纳米纤维素纤维的加入对复合膜的力学性能有明显的提升，P-0 和 LBL-1 具有相同的 NFC 质量添加量，但是通过氢键沉积自组装制备的 LBL 膜更能表现纳米纤维素高杨氏模量和高拉伸强度等特点，而且纳米纤维素纤维夹层比前文所述的 NCC 夹层对 PVA 膜有更好的增

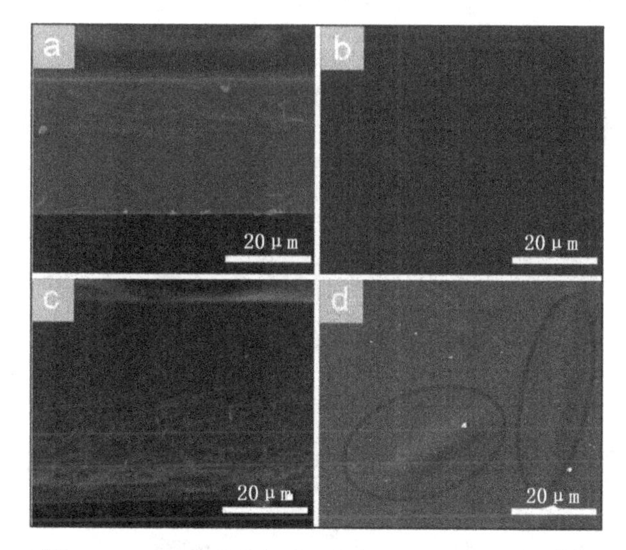

图 4-30 P-0（a，b）和 P-1（c，d）的 SEM 图[96]

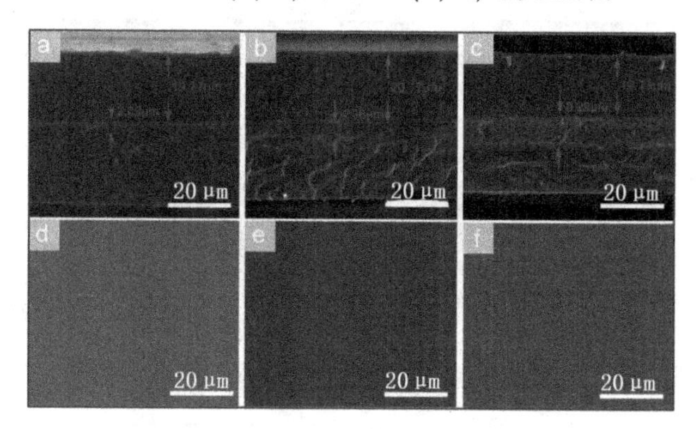

图 4-31 LBL-1（a，d），LBL-2（b，e）和 LBL-3（c，f）的 SEM 图[96]

强效果。这主要是因为高长径比的 NFC 有利于形成相互缠绕的网络构造，但是 LBL 膜中 LBL-2 和 LBL-3 的力学强度增加较少。断裂伸长率的变化是因为刚性纤维素层的加入在拉伸过程中容易发生脱层和裂纹。当然 LBL 膜这些性能的变化归根结底是由于 NFC 的引入。

4.5.3.3 透光性分析

图 4-33 和图 4-34 分别为不同样品宏观图和 UV-VIS 曲线图[96]，从中可以看出采用 LBL 法制备的层级膜和 PVA 都有较高的透明度，在可见光区的透光率高达 90%，而共混法制备 NFC/PVA 膜的表观透明度较差，出现了较多的聚集颗粒，在可见光区的透光性只有 75%。

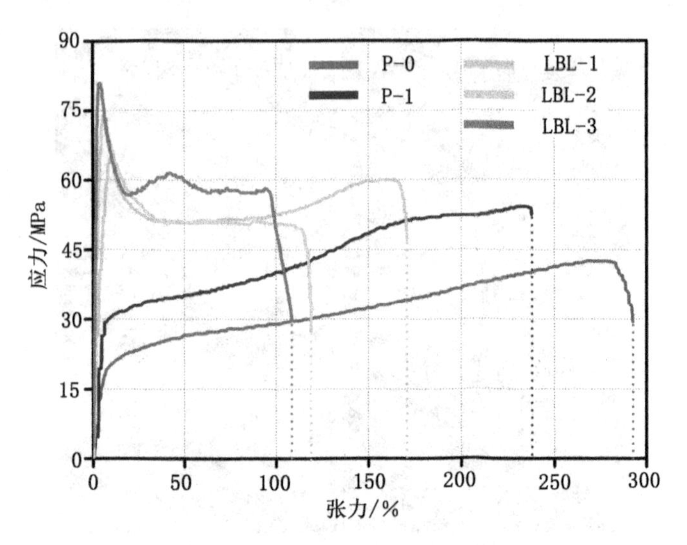

图 4-32 应力-应变曲线图[96]

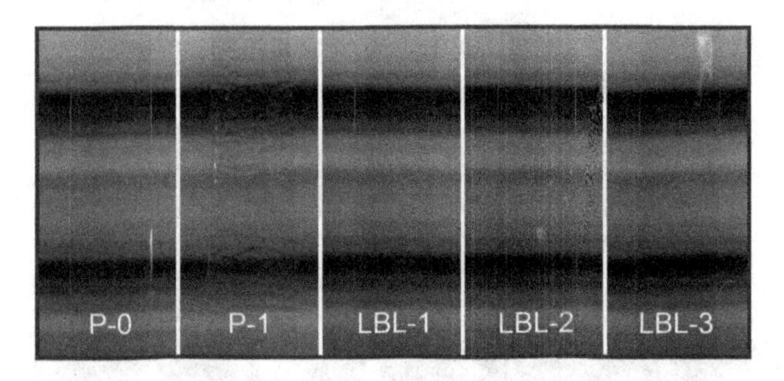

图 4-33 不同样品表观透明度图[96]

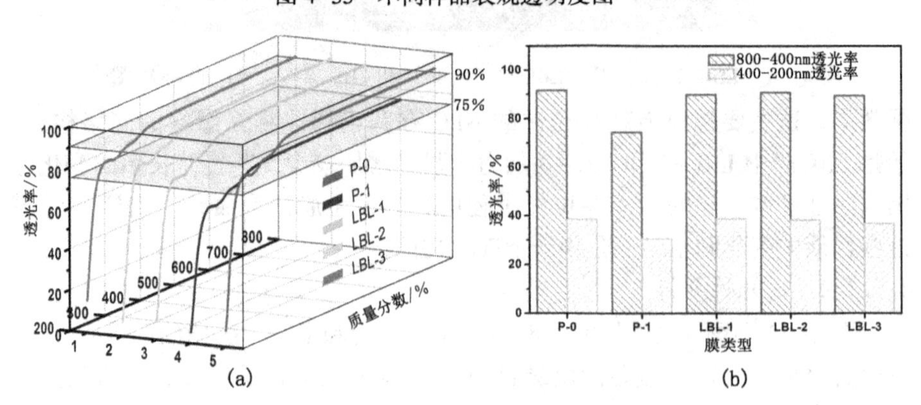

(a)　　(b)

图 4-34 不同样品的透光率[96]

(a) UV/VIS 曲线；(b) UV 和 VIS 区透光率图

4.5.4 结论

(1) 通过改变 NFC 浓度，可以对层级膜的结构进行调控，因此用 LBL 制备 PVA/NCC 或 NFC/PVA 是一种便捷的结构调控手段，而膜的力学性能也随着结构的改变发生了明显的变化。

(2) 通过 NFC 长链纤维的缠绕 LBL 层级膜表现出更高的杨氏模量和拉伸强度，LBL-2 和 LBL-3 的杨氏模量分别提高 4.00 倍和 6.58 倍，拉伸强度分别提高 0.74 倍和 0.90 倍，因此通过 LBL 沉积组装可以有效地避免了 NFC 和 NCC 在共混法复合均匀性方面的不足，同时，又保持纳米纤维素原有纳米特性的保留，不会对其原有物理凝聚态结构产生影响。

4.6 毛竹 NFC/PVA 复合膜的制备及表征

4.6.1 引言

目前纳米纤维素的制备工艺已趋于成熟，但也有一定的缺点，如利用化学酸解法制备纳米纤维素不易控制纤维素的形貌、尺寸；利用物理方法能耗太大；因此，结合物理和化学手段对制备纳米纤维素具有重要意义。本试验采用在较小程度破坏纤维素结构的前提下，首先去除部分抽提物、木质素、半纤维素来获得相对纯化的纤维素，再利用物理方法将纤维素纤丝从原纤维上剥离下来。通过透射电子显微镜（TEM）、扫描电子显微镜（SEM）、傅里叶变换红外光谱（FT-IR）和 X 射线衍射（XRD）对制备的 NFC 进行化学态表征、微观形貌表征和结晶度表征。聚乙烯醇是一种水溶性高分子聚合物，它具有良好的成膜性、热稳定性等特点，作为环境友好型可生物降解材料可以替代难以降解的聚氯乙烯、聚苯乙烯等塑料制品。聚乙烯醇在水中具有良好的分散性，结合纳米纤维素自身性质和优点，适合将聚乙烯醇和纳米纤维素混合制备纳米复合膜材料。因为纳米纤维素含有大量羟基，可以采用简单共混法将聚乙烯醇与纳米纤维素共混制备共混复合膜，也可以使用层层自组装法利用氢键吸附驱动力和范德华力将多羟基高分子聚合物进行氢键组装，制备带有夹层的复合膜。本书分别采用物理共混法和层层自组装法制备不同质量分数的毛竹 NFC/PVA 复合膜，并对复合膜的微观形貌、力学性能、透光性能和降解性进行分析，为制备复合转光膜的基体、NFC 添加量提供基础试验数据。

4.6.2 试验

4.6.2.1 材料与仪器

(1) 原料和试剂。

表 4-6 为原料和试剂。

表 4-6 原料和试剂

名称	规格	生产厂家
毛竹	天然	浙江省富阳市黄公望森林公园
甲苯	分析纯	天津市精细化工有限公司
无水乙醇	分析纯	天津市富宇精细化工有限公司
氢氧化钠	分析纯	天津市科密欧化学试剂开发中心
亚氯酸钠	化学纯	天津市光复精细化工研究所
氨水	分析纯	天津市凯通化学试剂有限公司
聚乙烯醇（1 750±50）	分析纯	国药集团化学试剂有限公司

(2) 仪器。

仪器如表 4-7 所示。

表 4-7 仪器

仪器名称	生产厂家
M-110P 型高压均质机	美国 MFIC 公司
KQ-200VDE 型三频数控超声波清洗器	昆山市超声仪器有限公司
TGL-16 型高速离心机	江苏金坛市中大仪器厂
FZ102 微型植物粉碎机	天津市泰斯特仪器有限公司
SCIENTZ-ⅡD 型超声波细胞粉碎机	宁波新芝生物科技股份有限公司
恒温槽	深圳市超杰试验仪器有限公司
H-7650 型透射电子显微镜	日本 Hitachi 仪器有限公司
Frontier 型傅里叶变换红外光谱仪	PE 公司
Quanta 200 型环境扫描电子显微镜	美国 FEI 公司
D/max-r B 型 X 射线衍射仪	日本 Rigaku 仪器有限公司
电子恒速搅拌器	上海申生科技有限公司
TU-1901 型双光束紫外可见分光光度计	北京普析通用仪器有限责任公司
LDX-200 型液晶屏显示智能电子万能试验机	北京兰德梅克包装材料有限公司
TG209F3 热重分析仪	德国 Netzsch 仪器有限公司

4.6.2.2 方法

(1) 毛竹 NFC 的制备。

将毛竹秆粉碎过 60 目筛，称取 8g 竹粉用滤纸包好，置于索氏抽提器中，注入体积比为 2∶1 的甲苯和乙醇溶液，在 90 ℃条件下抽提 6 h，取出竹粉包，放入通风橱中风干冷却；配置浓度为 0.1 mol/L 的亚氯酸钠溶液，将抽提的竹粉置于上述亚氯酸钠溶液中，用氨水滴定控制溶液 pH 为中性或弱碱性，重复 5 次，直至竹粉无色，接着抽滤，将竹粉洗至中性；将上述白色的竹粉加入到 3% 的 NaOH 溶液中，于 80 ℃水浴条件下反应 3 h 使之抽滤，洗至中性；然后，将产物分散于 500 mL 蒸馏水中，用胶体磨研磨 15 min 后，在 20000PSI 条件下均质 10 次；最后，将水溶胶置于超声波细胞粉碎机下破碎 30 min，制得毛竹 NFC 水溶胶，密封保存。

（2）物理共混法制备复合膜。

按表 4-8 配比将制备的 NFC 水溶胶（5.388 g/L）、蒸馏水混合，超声波处理 15 min，再与聚乙烯醇混合，在 90 ℃条件下机械搅拌 3 h 使 PVA 完全溶解，超声波处理 15 min，真空脱气泡 5 min，得到成膜液。在平整的聚四氟乙烯板上铺膜，用玻璃片刮匀，室温下干燥 24 h，得到相应比例的 NFC/PVA 共混膜。选择这样的比例是为了保证成膜液的质量浓度接近 40.0 g/L，每张膜都由 50 mL 成膜液铺成，保证成膜之后膜的大小、厚度、均匀性接近。

表 4-8　原料配比

编号	*V*（NFC）/mL	*V*（蒸馏水）/mL	*M*（PVA）/g	NCC/%
PVA-0	0.00	50.00	2.00	0
PVA-1	1.86	48.14	1.99	0.5
PVA-2	3.71	46.29	1.98	1
PVA-3	7.42	42.58	1.96	2
PVA-4	11.14	38.86	1.94	3
PVA-5	14.85	35.15	1.92	4

（3）层层自组装法制备复合膜。

称取一定质量聚乙烯醇和蒸馏水，在 90 ℃条件下机械搅拌 6 h，得到质量浓度为 20 g/L 的成膜液，取 50 mL 该溶液超声波处理 15 min，真空脱气泡 5 min，在平整的聚四氟乙烯板上铺膜，制得一层纯 PVA 膜，待其风干后，取一定量 NFC 水溶胶（5.388 g/L）稀释为质量浓度分别为 1.237，2.105，3.011，3.956 g/L，量取 50 mL 上述稀释过的 NFC 水溶胶，在这层纯 PVA 膜上铺膜，风干后再取 50 mL PVA 溶液在纳米纤维素膜上铺膜，最终得到 NFC 质量分数分别为 3%，5%，7%，9%的 PVA/NFC/PVA 层级膜，记作 LBL-1，LBL-2，LBL-3，LBL-4。

4.6.2.3 表征

对 NFC 的水溶胶进行吸附、干燥、染色等操作，采用 TEM 观察纳米纤维素胶体溶液的微观形貌；将 NFC 水溶胶经过冷冻、冷冻干燥处理，采用 SEM 进行表征；采用 FT-IR 对 NFC 以及微晶纤维素进行化学态表征；采用 XRD 对经过冷冻干燥处理后的 NFC 进行表征，测定条件为室温下 Cu 靶 $K\alpha$ 辐射，加速电压为 40 kV，电流为 50 mA，扫描速度为 4°/min。将制得的样品膜用液氮冷冻脆断取断裂口做断面，表面直接取样，喷金处理，采用 SEM 对样品膜进行表征；采用 FT-IR 对样品膜进行化学态表征，波长范围为 4 000~400 cm^{-1}；从各样品膜剪下 3 段 1.5 cm×15 cm 的条形膜，用螺旋测微仪对各条形膜上 5 个随机点的厚度进行测量，求得平均厚度 d，在 40 mm/min的速度下用 LDX-200 液晶屏显示智能电子万能试验机测试样品膜的拉伸强度和断裂伸长率，进行力学性能表征；将样品膜夹到 TU-1901 双光束紫外可见分光光度计的样品夹上，以空气为参照，在 200~800 nm 处进行扫描，进行透光率表征；将样品膜分别埋在取自东北林业大学树林里的土壤中，每隔 5 d 浇等量水、在室温下放置，每隔 10 d 取出样品膜，进行清洗烘干称量，计算其质量损失率，持续进行 60 d。

4.6.3 结果与分析

4.6.3.1 TEM 分析

图 4-35 为 NFC 的 TEM 图[121]。从图 4-35 可以看出，制备的纳米纤维素相互交织，分布均匀，采用仪器自带 Nano Measurer 分析软件对图 4-35 中样品的直径和长度进行测量统计，其直径在 5 nm，长度尺寸主要分布在 1 000 nm 以上。本试验先对毛竹进行粉碎处理，抽提除去抽提物，再利用亚氯酸钠除去木质素、低浓度碱液除去半纤维素，这样的处理方法可以有效得到纯化纤维素，并且很大程度上保留了纤维素的原始结构，再利用物理方法对纤维素进行研磨、高压均质处理，主要是通过物理剪切手段和高压震颤作用将原丝纤维从纤维素上剥离出来，而使其具有较高的长径比。

4.6.3.2 SEM 分析

图 4-36 为 NFC 的 SEM 图[121]。从图 4-36 可以看出，经过冷冻干燥后的纳米纤维素，由于分子间氢键作用发生聚集现象，相互交错，构成类似网状结构，主要呈纤丝状，大量纳米纤维素纤丝交错分布，这样的结构促使其具有良好的力学性能，这对制备高强度 NFC 复合材料提供有效的理论依据，

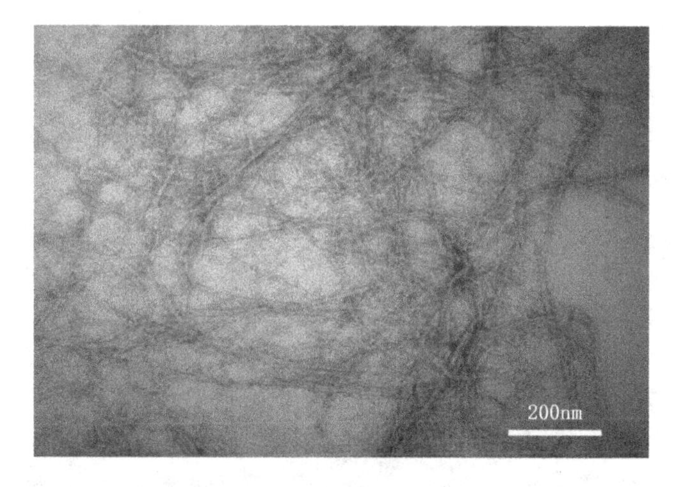

图 4-35 NFC 的 TEM 图[121]

可能会对复合材料的力学性能有很大帮助。

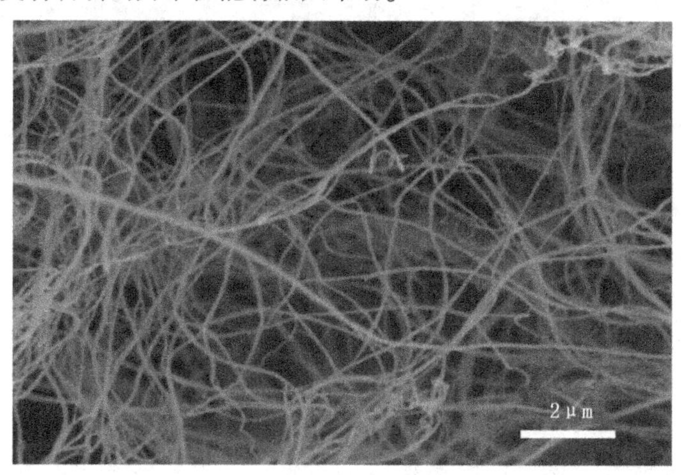

图 4-36 NFC 的 SEM 图[121]

图 4-37 样品膜的表面和断面 SEM 图[121]。从图 4-37 可以看出，共混方法制备的 PVA-0，PVA-2，PVA-4，PVA-5 样品膜，表面平整，说明共混之前对 NFC 进行超声波处理对其分散性起到促进作用，随着 NFC 添加量的增多，膜的断面出现不平整现象，尤其是当添加量达到 4% 时，膜的断面出现褶皱，这可能是 NFC 发生了团聚，导致分散性下降从而影响了样品膜的平整度。层层自组装法制备的 LBL-1，LBL-3 样品膜，表面相对平整、光滑，断面可以明显看见 3 层，中间夹层即为 NFC，二者均处于单相分布状态，比较平整，界面紧密结合，没有发生共混，纳米纤丝纤维素和聚乙烯醇

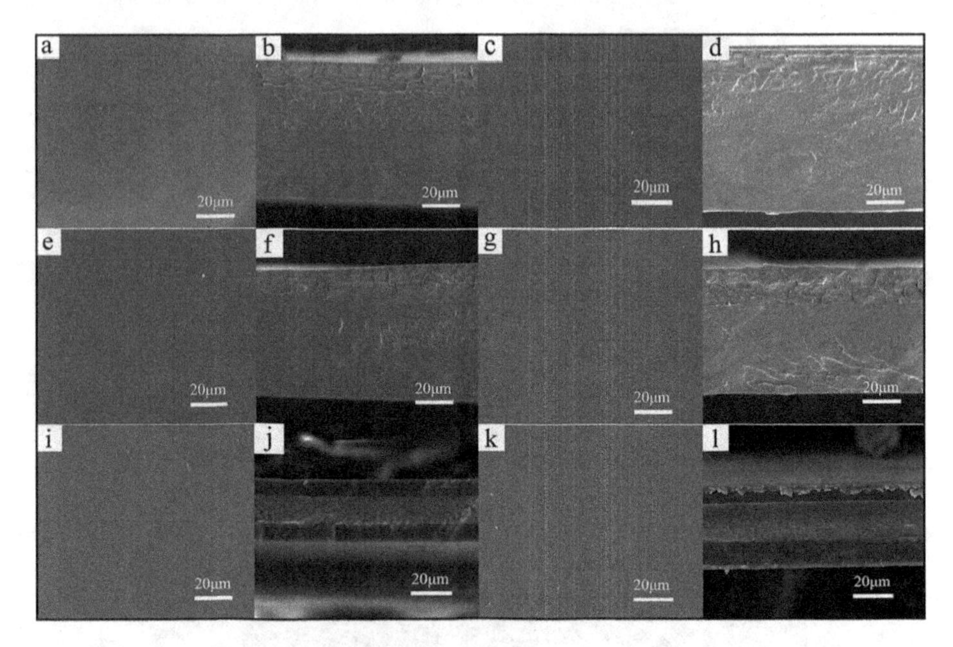

图 4-37 样品膜的表面形貌和断面形貌[121]

(a, b) PVA-0; (c, d) PVA-2; (e, f) PVA-4; (g, h) PVA-5; (i, j) LBL-1 (k, l) LBL-3

之间主要是通过氢键作用为层层自组装提供动力。其中，LBL-1 和 PVA-4 都是纳米纤维素添加量为 3%，相比来说，两者的表面形貌没有太大差异。

4.6.3.3 FT-IR 分析

图 4-38 为样品的红外光谱图[121]。从图 4-38 可以看出，纳米纤丝纤维素和微晶纤维素的红外光谱中均在 3 336 ，2 900，1 650，1 367，1 045，895 cm^{-1}出现吸收峰，说明毛竹制备的纳米纤丝纤维素尽管在形貌上发生一定变化，但化学态仍然保持纤维素原有的特征。其中，3 336 cm^{-1}处为纤维素的—OH伸缩振动峰，相对较宽；2 900 cm^{-1}处所对应的为亚甲基（$—CH_2—$）中的 C—H 对称伸缩振动吸收峰；1 650 cm^{-1}处为 C ═O 伸缩振动峰；1 367 cm^{-1}处为饱和 C—H 的弯曲振动峰；1 045 cm^{-1}处为纤维素醇的 C—O 伸缩振动峰，并且在它的附近有很多相对比较弱的肩峰；895 cm^{-1}处对应于纤维素异头碳的振动频率。本书试验制备的样品与微晶纤维素相比，谱图上的特征峰没有明显的变化，而且有很大的相似，由此可以看出，制备的纳米纤丝纤维素仍然具有纤维素的基本化学结构，仍是纤维素类物质[5]。

图 4-39 为样品的红外谱图[121]。从图 4-39 可以看出，聚乙烯醇（b）与共混法制备的纳米纤丝纤维素/聚乙烯醇膜 PVA-4 和层层自组装法制备的

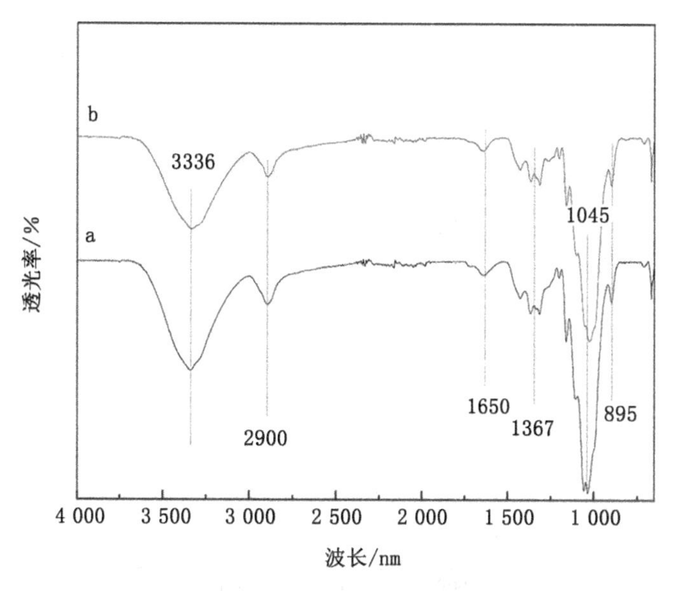

图 4-38 样品的红外光谱图[121]
(a) 微晶纤维素 (b) 纳米纤维素

膜 LBL-1 的红外光谱图中，波峰位置基本保持一致，(b) 图中 3 290 cm^{-1} 和 (c，d) 图中 3 280 cm^{-1}为—OH 伸缩振动峰，说明 NFC 的加入对聚乙烯醇基体的—OH 伸缩振动影响不大，细小的波峰向低波数变化可能是由于 NFC 和 PVA 之间的羟基分子间和分子内的相互作用引起的。图 4-39 (c，d) 中 1 084 cm^{-1}处波峰强度较 (b) 变强，是由于 NFC 的引入，纤维素醇的 C—O 伸缩振动所引起的。结合样品膜 SEM 图说明纳米纤丝纤维素与聚乙烯醇的共混和层层自组装没有发生化学变化，是基于二者羟基的氢键作用力而结合的物理过程。

4.6.3.4 XRD 分析

从图 4-40 可以看出，在 $2\theta=14.74°$，16.2°和 22.8°处出现 3 个衍射峰，分别对应于 I 型纤维素晶面 $(1\bar{1}0)$ (110) (200) 衍射峰[223]，说明制备的纳米纤丝纤维素为 I 型纤维素。

4.6.3.5 力学性能分析

表 4-9 为样品膜的力学性能[121]。从表 4-9 可以看出，相对于纯 PVA 膜，NFC 的引入增强了聚乙烯醇膜的力学性能，体现在对复合膜拉伸强度的增大。在物理共混法制备的复合膜中，随着 NFC 添加量的增大，膜的拉伸强度呈现先增大后减小的趋势，在添加量为 1%时，膜的拉伸强度达到最大，较 PVA-0 提高 37.44%，断裂伸长率较 PVA-0 有所降低；在层层自组

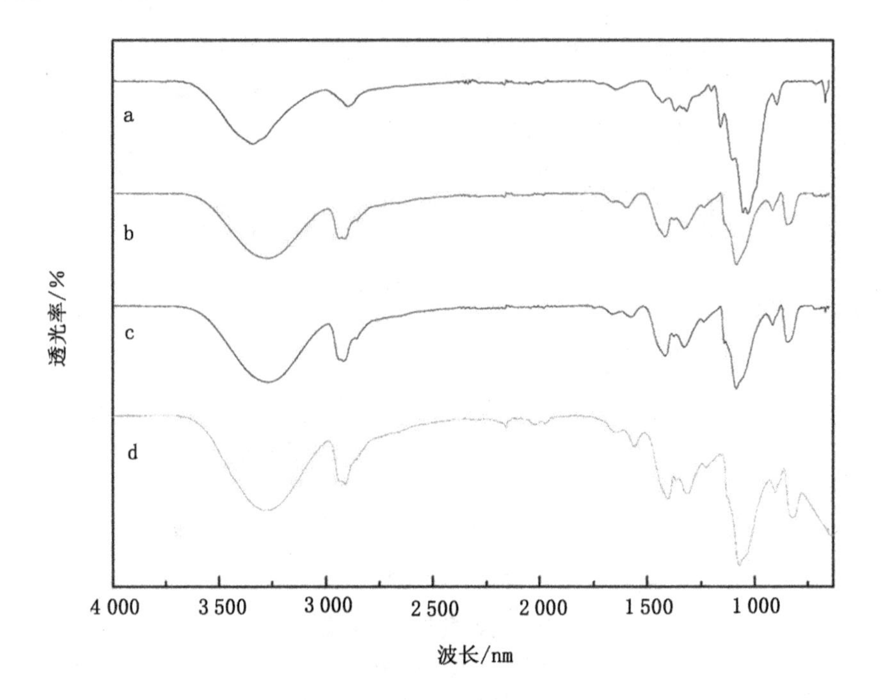

图 4-39 样品的红外谱图[121]

(a) 纳米纤丝化纤维素；(b) PVA-0；(c) PVA-4；(d) LBL-1

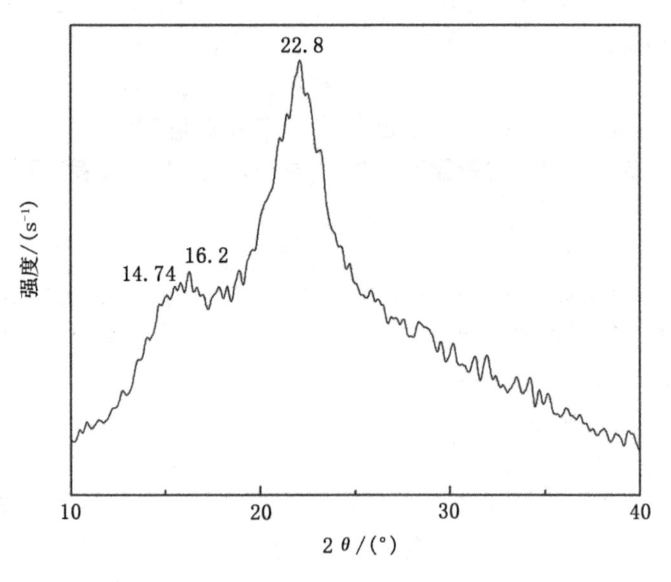

图 4-40 NFC 的 XRD 图[121]

装法制备的复合膜中，随着 NFC 添加量增大，膜的拉伸强度逐渐变大，呈现增大趋势的规律，当添加量达到 9% 时，复合膜较纯聚乙烯醇膜可以提高 86. 32%，断裂伸长率逐渐降低。结合复合膜力学性能的变化，可以判断 NFC 对聚乙烯醇膜的力学性能起到促进作用，可以增加复合膜的拉伸强度，但随着添加量的增大，由于 NFC 自身发生团聚，从而导致其在聚乙烯醇中的分散性下降，以颗粒状分布，限制了复合膜的均匀性，使得复合膜的断裂伸长率下降，拉伸强度不会随 NFC 的添加量的增加而无限制地增大，因此，为了制备出最佳力学性能的复合材料，添加量是非常重要的影响因素。

4. 6. 3. 5 透光性能分析

图 4-41 为样品的透光率[121]。从图 4-41 可以看出，共混法制备的样品膜的透光率相对于纯 PVA 膜有所降低，并且随着 NFC 含量的增加逐渐降低，图中 PVA-0 对可见光的透光率达到 90. 8%，当 NFC 含量小于 1% 时，透光性降低幅度不大，在 80% 以上，含量大于 1% 时，由于 NFC 发生团聚，共混过程中分布不均匀，从而使得共混膜的透光性降低；用层层自组装法制备的样品膜的透光率较纯 PVA 膜的降低，但幅度不大，LBL-1 和 LBL-2 的透光率接近，在 85% 以上，当 NFC 添加量为 7% 以上时，透光率在 75% 以上，可能是由于作为芯层的 NFC 膜厚度增加从而使得透光率有所下降；结合复合膜的透光率的变化，说明将适量的 NFC 添加到聚乙烯醇中对复合膜的透光性能影响不大，具有一定的实际应用意义。

表 4-9 样品膜的力学性能[121]

编号	拉伸强度/MPa	断裂伸长率/%
PVA-0	44. 86	126. 6
PVA-1	51. 61	78. 5
PVA-2	61. 66	69. 2
PVA-3	47. 58	53. 5
PVA-4	35. 60	43. 2
PVA-5	29. 38	40. 4
LBL-1	58. 19	99. 8
LBL-2	75. 38	85. 6
LBL-3	80. 62	61. 9
LBL-4	83. 58	38. 3

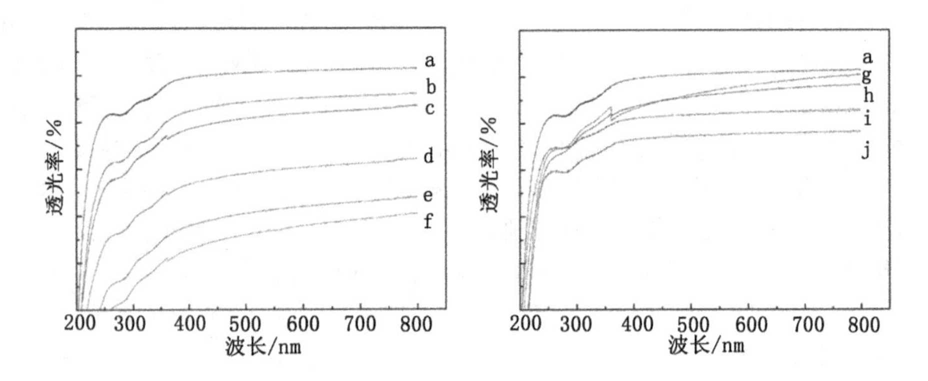

图 4-41 样品的透光率[121]

(a) PVA-0; (b) PVA-1; (c) PVA-2; (d) PVA-3; (e) PVA-4; (f) PVA-5; (g) LBL-1; (h) LBL-2; (i) LBL-3; (j) LBL-4

4.6.3.6 降解性能分析

图 4-42 为样品膜在土壤中的质量损失曲线图[121]。从图 4-42 可以看出，膜的质量损失在前 20 d 最为明显，随后的 40 d 中，膜的质量损失逐渐变得缓慢。与纯聚乙烯醇膜相比，含有 NFC 的样品膜的质量损失程度大一些，并且随着 NFC 含量的增加，质量损失率的幅度也增大。纳米纤丝纤维素和聚乙烯醇作为可生物降解材料，降解性能良好，含有 NFC 的复合膜的降解程度较纯聚乙烯醇膜的明显，是由于 NFC 的结晶度较小，尺寸较小，在土壤中容易被微生物侵蚀。结合上述质量损失率曲线图，说明聚乙烯醇是一种生物降解能力较好的膜材料基体，伴随 NFC 含量增多，降解能力渐佳，可以作为环境友好型材料在膜污染领域得到广泛应用。

4.6.4 结论

(1) 采用抽提法除去抽提物，亚氯酸钠除去木质素，低浓度碱液除去半纤维素得到相对纯化的纤维素，再使用物理手段研磨、高压均质制备出纳米纤维素，在一定程度上避免了单纯化学方法对纤维素结构的破坏，能够获得较大长径比的纳米纤丝纤维素，其直径在 5 nm 左右，长度尺寸主要分布在 1 000 nm 以上。

(2) 试验制备的纳米纤丝纤维素与天然纤维素相比，化学态仍然保持纤维素的原有特征，属于 I 型纤维素，微观结构中纤维素纤丝呈交错分布，形成一定的网状结构，对复合材料的力学性能可能起到促进作用，所以在后续研究中，采用其作为增强组分。

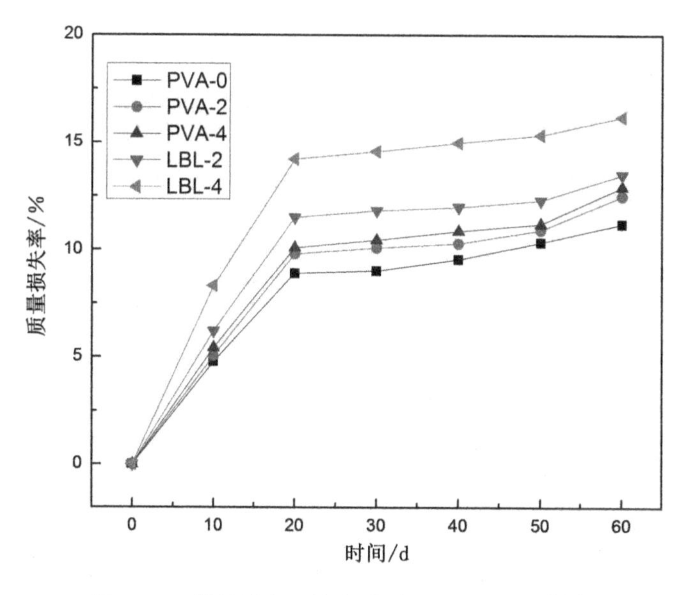

图 4-42　样品膜在土壤中的质量损失曲线图[121]

（3）结合复合膜的 SEM 和红外谱图，说明纳米纤丝纤维素与聚乙烯醇的共混和层层自组装没有发生化学变化，都是基于二者羟基的氢键作用力而结合的物理过程。

（4）共混膜在 NFC 添加量为 1% 时，拉伸强度达到最大值 61. 66 MPa，较 PVA-0 提高 37. 44% 左右；在层层自组装法中，复合膜的拉伸强度较纯聚乙烯醇膜提高 86. 32% 左右，样品膜的断裂伸长率降低。

（5）复合膜的透光率随着 NFC 含量的增加有所降低，适量的添加量对透光率影响不大，复合膜的降解能力良好。

5 纳米纤维素复合磁性功能材料的制备和表征

5.1 芦苇浆 NCC/磁性纳米球的原位合成及表征

5.1.1 引言

磁性高分子微球在磁场中具有顺磁性和高分子离子的特性，微球的顺磁性使固液分离更加简便，广泛应用于细胞分离等生物医学和生物工程[224-225]。合成的磁性高分子微球主要为壳/核式结构一般以磁性物质为核，高分子为壳制备；也有以高分子为核，磁性物质为壳制备[226-228]。近年来，随着纳米技术的快速发展，具有比表面积大和超顺磁性的纳米四氧化三铁（Fe_3O_4）作为一种应用于细胞分离、肿瘤热疗、磁性存储、太阳能转换、磁流体、催化等工业及生物学领域的功能磁性材料，受到广泛关注[229-230]。化学共沉淀法以其简单的装置、温和的操作广泛应用于合成纳米 Fe_3O_4。为了得到分散较好的纳米 Fe_3O_4粒子，化学共沉淀法一般需要加入表面活性剂，不可避免地导致得到的纳米 Fe_3O_4表面吸附部分表面活性剂，影响其在某些特殊领域的应用。原位合成法是在一定条件下，通过化学反应，在基体内原位生成一种或几种增强相，得到增强颗粒尺寸细小、热力学性能稳定、界面无污染、结合强度高的复合材料。由 D-吡喃葡萄糖环彼此以 β-1，4-糖苷键、C_1椅式构象连接而成的直链多糖的线形纤维素高分子[5]为原料，通过酸水解法制备得到保留了纤维素的多羟基特性且在水溶液中可以稳定悬浮的 NCC，在聚集态结构与物性上的特殊性，使其在生物医学材料等产业领域具有广阔的应用前景。本试验利用 NCC 多羟基特性，在羟基的活性点上原位合成纳米 Fe_3O_4，使得纳米 Fe_3O_4与 NCC 表面羟基产生化学键和物理吸附，因 NCC 强的氢键作用力而易相互缔合的特性，使得纳米 Fe_3O_4被 NCC 包裹形成 NCC/磁性纳米球，并通过 AFM，TEM，SEN，IR，XRD 及 PPMS-9 型材料综合性能测量系统对其进行表征，为 NCC 复合功能性相变微球的制备提供试验基础。

5.1.2 试验

5.1.2.1 材料

漂白芦苇浆，黑龙江省牡丹江恒丰纸业集团有限责任公司；硫酸、氢氧化钠、七水合硫酸亚铁（$FeSO_4 \cdot 7H_2O$）、六水合氯化铁（$FeCl_3 \cdot 6H_2O$）均为分析纯，天津市科密欧化学试剂开发中心；氨水（25%），哈尔滨试剂厂。

5.1.2.2 纳米纤维素/磁性纳米球的原位合成

参照1.1.2.2节得到NCC溶液。在搅拌条件下，取200mL一定浓度的NCC溶液置于圆底烧瓶中，水浴加热至50 ℃，按照一定浓度及$n(Fe^{3+})/n(Fe^{2+})=1.75$的配比加入$FeSO_4 \cdot 7H_2O$和$FeCl_3 \cdot 6H_2O$，接着再加入氨水，立即生成黑色沉淀，并在保持一定搅拌速度下继续维持搅拌并氮气保护，恒温反应2.0 h结束反应。取出产物，离心洗涤多次至中性，得到黑色NCC复合纳米磁性粒子沉淀。加入100 mL去离子水，配制得到NCC/磁性纳米球悬浮溶液。取其真空冷冻干燥，得到干燥后的NCC/磁性纳米球。

5.1.2.3 表征

IR，TEM和AFM参照1.1.2.3。固溶物含量和孔隙率测定参照文献[18-19]。利用D/max-RB型X射线衍射仪（日本Rigaku仪器有限公司）测试XRD，测试条件：冷冻干燥样品，Cu靶，镍过滤器，$\lambda=1.54\times10-10$ m，管电压40 kV，管电流30 mA，扫描范围$2\theta=10°\sim80°$；利用Quantum Design PPMS-9型材料综合性能测量系统测量样品磁性能，磁化强度测试条件：用直径为$\Phi8$的模具，在6 MPa压力下将冷冻干燥样品压片，得到厚度约为1.0 mm的圆片，并切片成1.0 mm×2.0 mm×3.0 mm，称取质量，在温度300K，磁场强度-20 000~20 000 Oe测定。

5.1.3 结果与分析

5.1.3.1 透射电子显微镜分析

图5-1为纳米纤维素/磁性纳米球的透射电子显微镜图[192]。图5-1为1.0 %的NCC溶液中，在搅拌速度为500 r/min条件下磁性粒子的理论质量相对于NCC质量分数分别为3%，5%，10%，30%和50%；f为在无NCC时对应质量分数为10%的NCC所得磁性粒子。从图5-1可知，不同条件下所得NCC/磁性纳米球中磁性粒子均为球形。图5-1（a）~图5-1（e）相对于未添加NCC制备的磁性粒子分散效果较好见图5-1（f）。图5-1（c）和图5-1（f）相

比，总铁离子浓度均为0.013 mol/L，NCC/磁性纳米球分散效果较好。

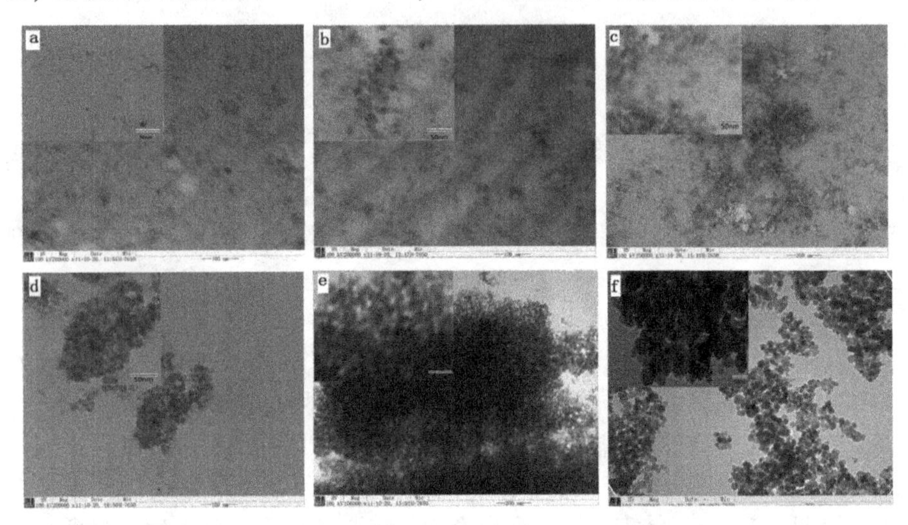

图5-1 纳米纤维素/磁性纳米球的透射电子显微镜图[192]

a：3% NCC；b：5% NCC；c：10% NCC；d：30% NCC；e：50% NCC；f：0% NCC

5.1.3.2 SEM分析

图5-2为纳米纤维素/磁性纳米球SEM图[192]。图5-2为1.0%的NCC溶液中，在搅拌速度为500 r/min条件下磁性粒子的理论质量相对于NCC质量分数分别为5%，10%，30%和50%。从图5-2可知，当磁性粒子理论质量分数为NCC的5%时，磁性粒子与NCC经过真空冷冻干燥得到了磁性NCC薄膜，该薄膜表面结构致密光滑，说明该复合薄膜中磁性粒子和NCC粒子的颗粒都极细且分布均匀。

5.1.3.3 固溶物含量和孔隙率分析

(1) 总铁离子浓度的影响。

图5-3为不同总铁离子浓度与磁性粒子固溶物含量及纳米纤维素/磁性纳米球的孔隙率关系[192]。通过试验测定，本试验所制备的NCC密度ρ（NCC）$=1.973\times10^3$ kg/m^3，其中ρ（NCC）值高于常见大麻等纤维素原料的30%以上，原因可能是NCC的制备原理是水解纤维素中的非结晶区，获得的是结晶度高、密度大的结晶区[25]。在NCC质量分数为1.0%、搅拌速度为500 r/min和磁性粒子理论质量相对于NCC质量分数分别为0，3.0%，5.0%，10%，20%，30%，40%，50%。磁性粒子固溶物含量以及NCC/磁性纳米球的孔隙率值见图5-3。从图5-3可知，总铁离子浓度低于0.013 mol/L，有利于形成均匀分散的磁性纳米球。

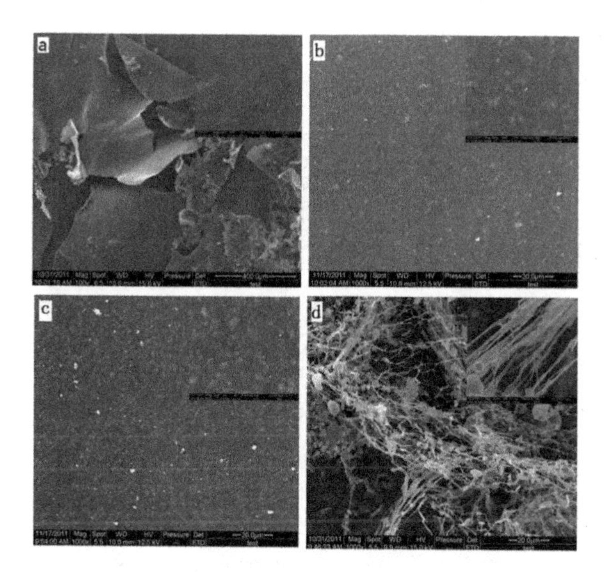

图 5-2 纳米纤维素/磁性纳米球 SEM 图

a：5%；b：10%；c：30%；d 为 50%[192]

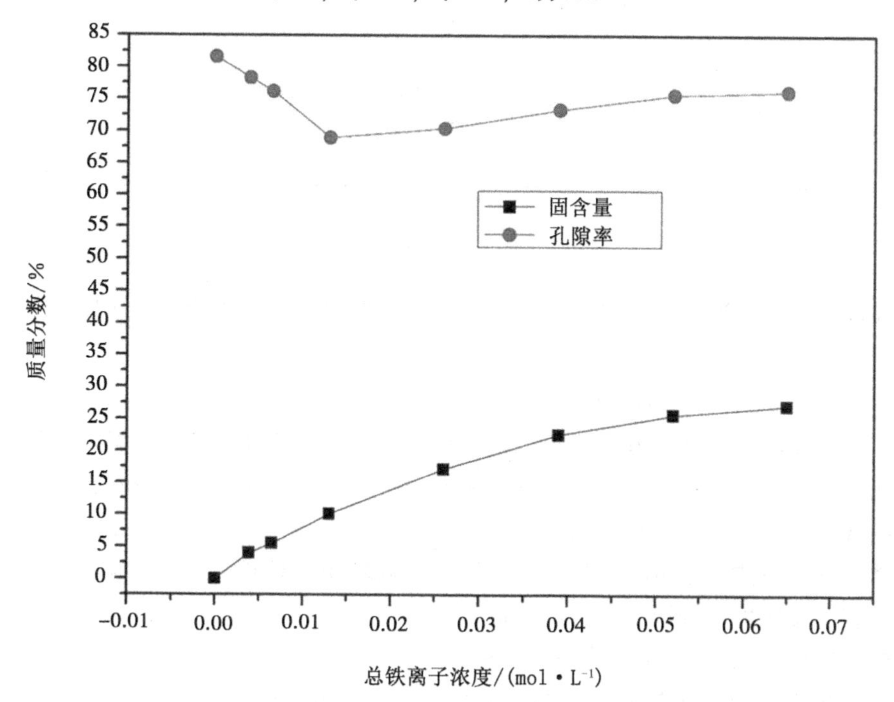

图 5-3 不同总铁离子浓度与磁性粒子固溶物含量及[192]
纳米纤维素/磁性纳米球的孔隙率关系

（2）纳米纤维素浓度的影响。

总铁离子浓度为 0.013 mol/L，搅拌速度为 500 r/min，分别采用 NCC 质量分数为 0，0.2%，0.4%，0.6%，0.8%，1.0%，1.2%，2%，磁性粒子固溶物含量以及 NCC/磁性纳米球的孔隙率值见图 5-4[192]。从图 5-4 可知，NCC 质量分数为 1.0% 时，NCC/磁性纳米球的孔隙率值相对较低，有利于形成均匀分散的磁性纳米球。

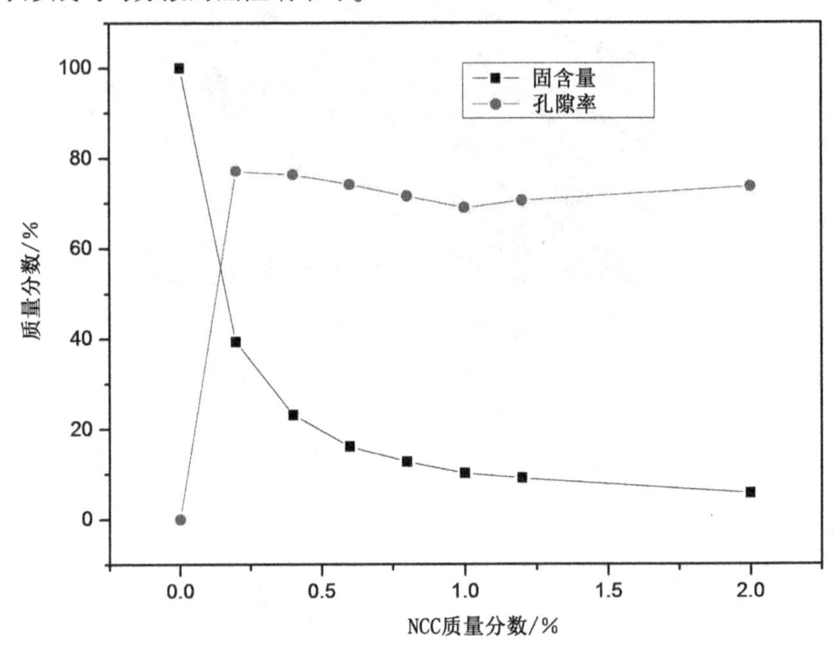

图 5-4　不同 NCC 质量分数与磁性粒子固溶物含量及纳米纤维素/磁性纳米球的孔隙率关系[192]

（3）搅拌速度的影响。

总铁离子浓度为 0.013 mol/L，NCC 质量分数为 1.0%，分别采用搅拌速度为 200，300，500，700，800，900，1 000，1 200 r/min，磁性粒子固溶物含量以及 NCC/磁性纳米球的孔隙率值见图 5-5[192]。从图 5-5 可知，搅拌速度对原位合成 NCC/磁性纳米球的影响较小，搅拌速度为 500 r/min 较有利于形成均匀分散的磁性纳米球。

5.1.3.4　傅里叶变换红外谱图分析

图 5-6 为磁性粒子（无 NCC 总铁离子浓度 0.006 5 mol/L 及搅拌速度为 500 r/min 条件下制备）、NCC/磁性纳米球（在 NCC 质量分数为 1.0% 及搅拌速度为 500 r/min 条件下磁性粒子理论质量相对于 NCC 质量分数为 5% 制

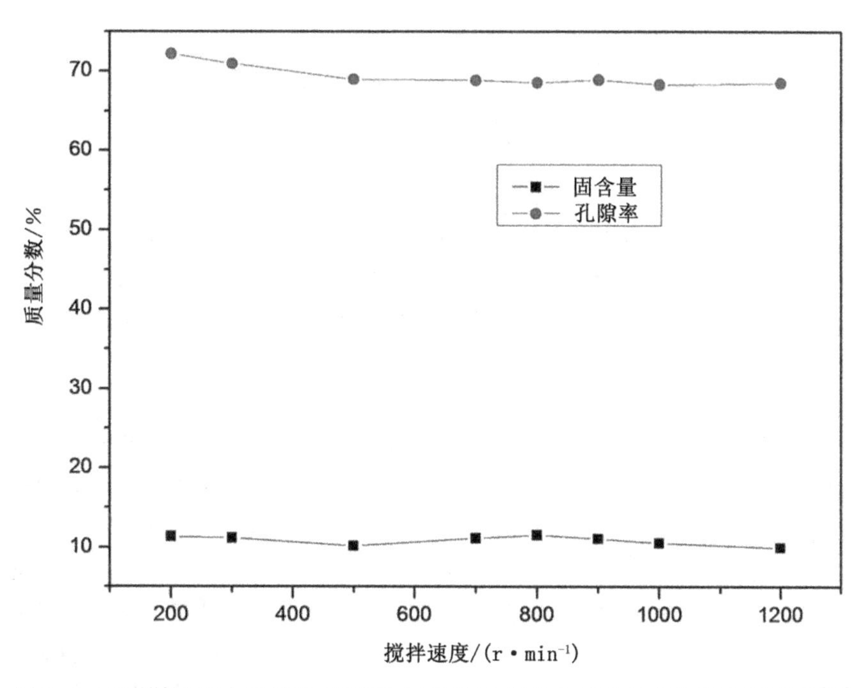

图 5-5　不同搅拌速度与磁性粒子固溶物含量及纳米纤维素/磁性纳米球孔隙率的关系[192]

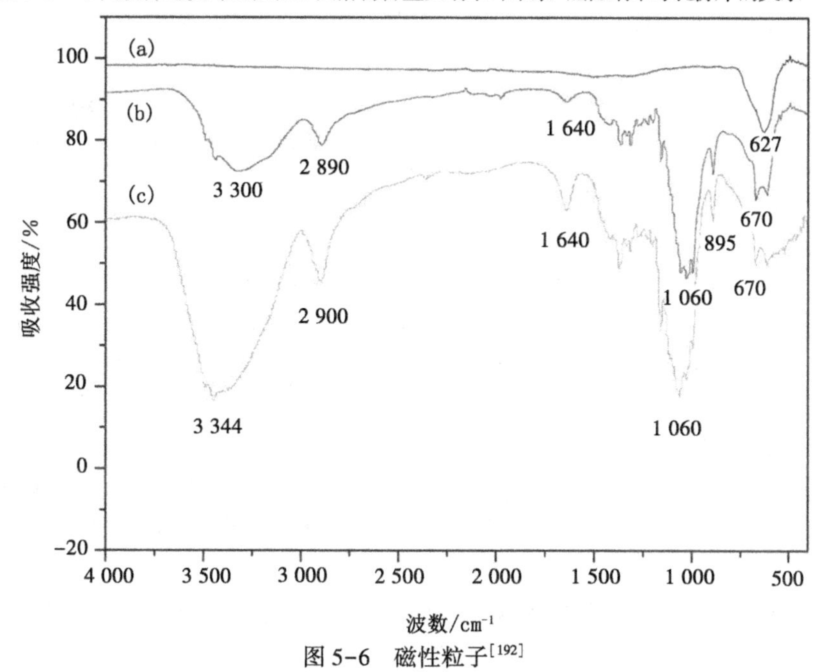

图 5-6　磁性粒子[192]

(a) 纳米纤维素/磁性纳米球；(b) 纳米纤维素；(c) 傅里叶红外谱图

备）以及 NCC 的傅里叶变换红外谱图[192]。从图 5-6 可知，磁性粒子在 627 cm^{-1}有 Fe—O 特征峰[26]，见图 5-6（a）；而 NCC/磁性纳米球相比于 NCC 红外光谱，见图 5-6（b）和图 5-6（c），在 3 340，2 900，1 640，1 060，895 cm^{-1}都具有纤维素Ⅱ型特征吸收峰[29]，并且在 3 340 cm^{-1}左右的羟基特征峰强度明显弱化并向低波区移动，说明磁性粒子不仅与 NCC 表面形成氢键而且还与 NCC 表面羟基产生化学键导致羟基的减少；同时，在 1 640 cm^{-1}处吸收峰强度弱化，进一步说明羟基含量减少；图 5-6（b）中也带有 Fe—O 的特征吸附峰。由此可以说明 NCC/磁性纳米球中存在化学键合与物理吸附。

5.1.3.5　X 射线衍射分析

图 5-7 为磁性粒子（无 NCC 总铁离子浓度 0.006 5 mol/L 及搅拌速度为 500 r/min 条件下制备）、NCC/磁性纳米球（在 NCC 质量分数为 1.0% 及搅拌速度为 500 r/min 条件下磁性粒子理论质量相对于 NCC 质量分数为 5% 制备）的 X 射线衍射图谱[192]。由图 5-7（a）可知在 NCC/磁性纳米球的 XRD 图谱中 $2\theta=12.1°$，19.8°和 22.6°处的衍射峰分别对应 Ⅱ 型纤维素晶面（$10\bar{1}$）、（101）和（002）的衍射峰[30]；也有 $2\theta=35.5°$，62.5°处的衍射峰分别对应图 5-7（b）中立方反尖晶石纳米 Fe_3O_4晶面的（311）（440）晶面[31]，说明 NCC/磁性纳米球中含有纳米 Fe_3O_4。但是由于纳米 Fe_3O_4相对于 NCC/磁性纳米球质量分数的 5%，而 XRD 检测一般会检测出质量分数至少在 3%[32]，所以出现了微弱的纳米 Fe_3O_4的特征衍射峰。纤维素在碱性条件下处理超过 20 min 后，一般会发生晶型变化[29]，由纤维素Ⅰ型迅速地转变纤维素Ⅱ型，所以本书试验碱预处理后再酸解得到了晶型为纤维素Ⅱ型的 NCC。

5.1.3.6　磁化强度分析

图 5-8 为真空冷冻干燥所得 NCC/磁性纳米球（在 NCC 浓度为 1.0% 及搅拌速度为 500 r/min 条件下磁性粒子理论质量相对于 NCC 质量分数为 5% 制备）的磁化曲线图[192]。采用 Quantum Design PPMS-9 型材料综合性能测量系统测量 NCC/磁性纳米球，磁化曲线如图 5-8 所示，在-20 000～20 000 Oe，NCC/磁性纳米球的磁化曲线未完全重合，但剩磁 Br 为 0.031emu/g（以每克复合纤维计）和矫顽力 Hc 为 20.1 Oe 均非常小，而磁化率远高于一般顺磁性物质的磁化率，材料表现出超顺磁性，这是由于其所含为纳米级的磁性粒子（小于 80 nm）而表现出超顺磁的特性。测定的 NCC/磁性纳米球的最大饱和磁化强度为 4.06 emu/g（以每克复合纤维计），按灰分含量为 5.53%计算，制备的 NCC/磁性纳米球饱和磁化强度值达 73.39 emu/g（以每克灰分计），接近纯的球形 Fe_3O_4纳米粒子饱和磁化强度[124]［80.27（$A\cdot m^2$）/kg］；这是由于

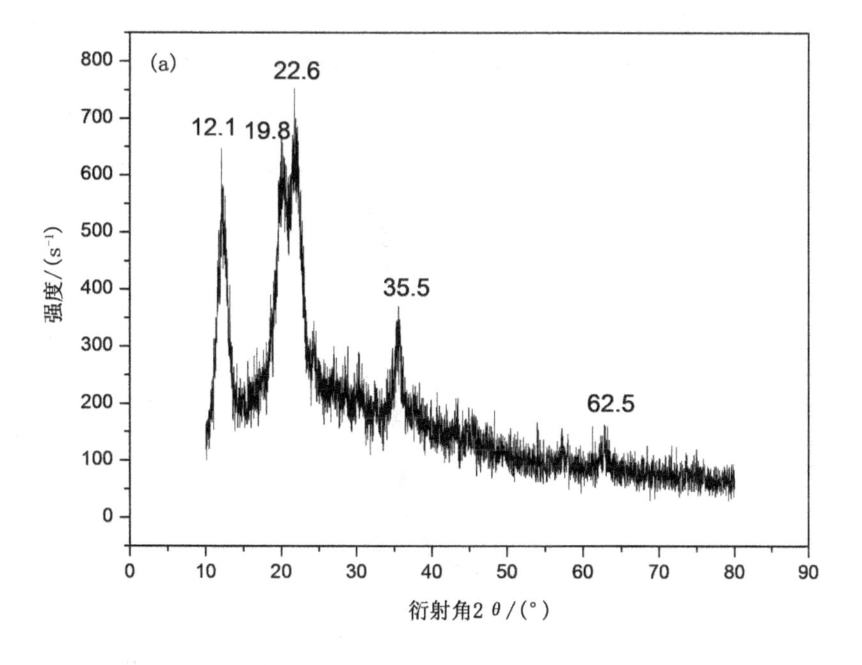

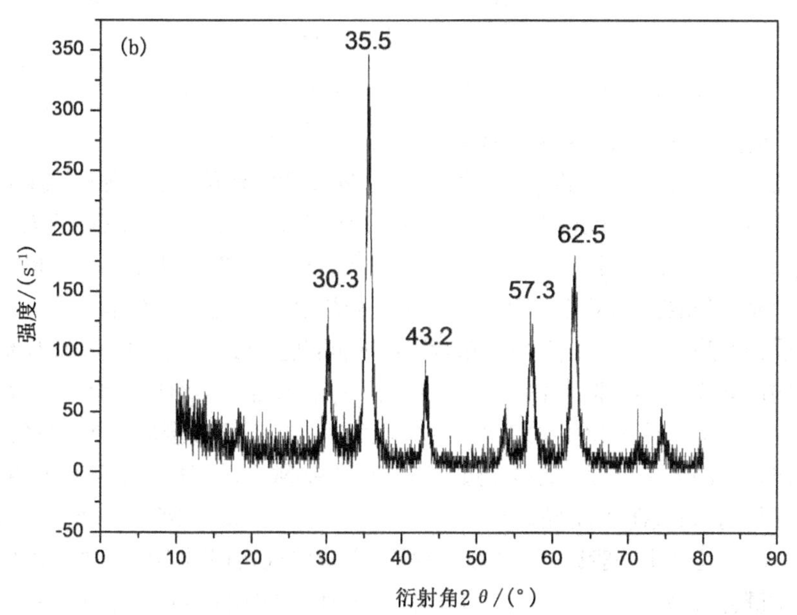

图 5-7 X 射线衍射图谱[192]

(a) 磁性粒子；(b) NCC/磁性纳米球[192]

NCC 的纳米效应影响了磁性粒子的表面特征、表面畴对畴壁位移的阻滞或钉扎效应[125]，使得磁性粒子表现出高磁化强度、低矫顽力的磁特性。

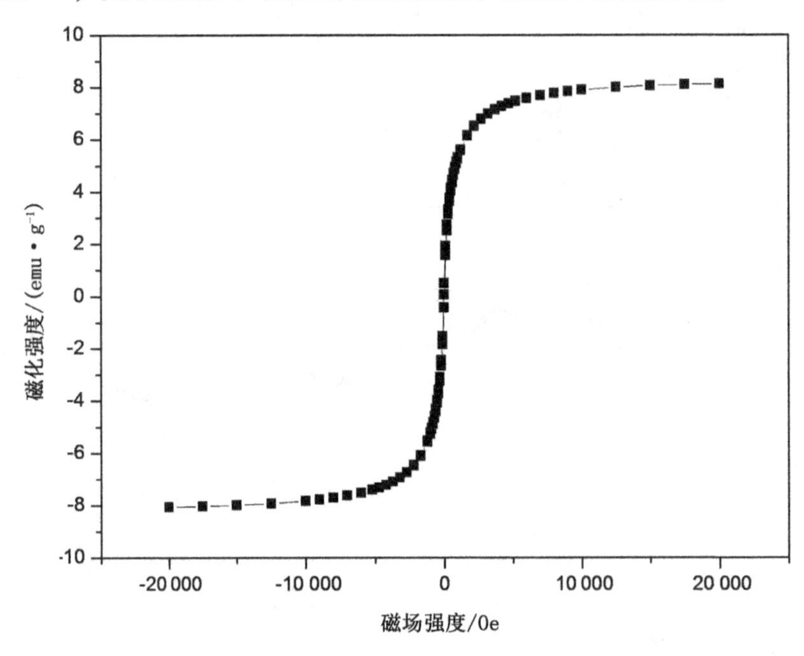

图 5-8 纳米纤维素/磁性纳米球的磁化强度曲线[192]

5.1.3.6 纳米纤维素/磁性纳米球的形成机理探讨

由于 NCC 在碱性条件下被润胀，使得 NCC 产生具有一定空隙的聚集态，表面羟基活性增加[29]，使得 Fe^{3+}和 Fe^{2+}以络合离子的形式吸附在 NCC 表面。当加入氨水后，络合离子生成有部分 NCC 表面羟基嵌入的微小初始晶核，形成化学键，并充分分散在 NCC 溶液体系中；由于初始晶核明显低于纳米尺寸，并且化学势受初始晶核尺寸大小影响，随着反应时间的进行，初始晶核在 NCC 聚集态体系内逐渐长大至纳米尺寸并且向最低化学势的形貌生长形成球形[126]；在粒子较少时，粒子生长受 NCC 聚集态限制，其大小一般低于或接近 NCC 直径，主要体现出化学键合作用力；而粒子过多时，将会被 NCC 的高比表面吸附及 NCC 表面羟基与纳米 Fe_3O_4表面羟基形成氢键结合一起并分布在 NCC 表面，生长限制较少，故颗粒大小一般远高于 NCC 直径，主要体现物理吸附作用力；而所产生的化学键合与物理吸附形成的综合作用力及 NCC 的刚性也克服了磁性粒子之间的相互吸引力，形成分散效果较好的 NCC/磁性纳米球，NCC/磁性纳米球的结构示意图，见图 5-9[192]。

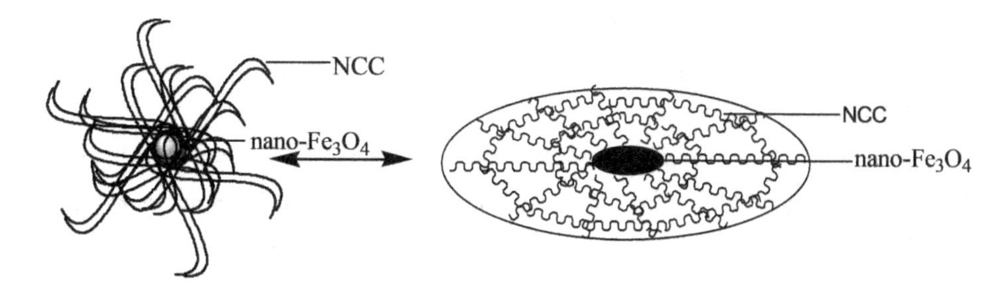

图 5-9　纳米纤维素/磁性纳米球结构示意图[192]

5.1.4　结论

利用试验室自制的芦苇浆 NCC，原位合成 NCC/磁性纳米球，得出如下结论：

（1）纳米四氧化三铁与 NCC 通过化学键合和物理吸附双重作用使得纳米四氧化三铁充分分散在 NCC 中，形成 NCC/磁性纳米球。

（2）原位合成 NCC/磁性纳米球的较佳制备条件是 NCC 质量分数为 1.0%，搅拌速度为 500 r/min，总铁离子浓度为 0.006 5 mol/L（磁性粒子理论质量相对于 NCC 质量分数为 5%）。

（3）原位合成的 NCC/磁性纳米球经真空冷冻干燥后进行磁性能表征，磁化强度为 73.39 emu/g（以每克灰分计），矫顽力为 20.1 Oe。

5.2　磁性 NCC 夹层聚乙烯醇层级膜的制备及表征

5.2.1　引言

本试验在原位合成法制备 NCC/Fe_3O_4 磁性负载体及氢键的层层自组装法制备 PVA/NCC/PVA 复合膜的前期试验基础上，将纳米纤维素优良的力学性能和负载性能有效地结合起来，在 PVA 膜中引入磁性纳米 Fe_3O_4 粒子和 NCC，从而制备出具有良好力学性能、热稳定性能、光学性能和氧化降解性能的磁性功能聚乙烯醇层级膜。

5.2.2　试验

5.2.2.1　材料与仪器

七水合硫酸亚铁（$FeSO_4 \cdot 7H_2O$），分析纯，天津市科密欧化学试剂开发中心；六水合氯化铁（$FeCl_3 \cdot 6H_2O$）、氨水（25%），分析纯，天津市天力化学试剂有限公司；抗坏血酸，天津市瑞金特化学品有限公司；NCC 和其他药品参见 1.6.2.1。

SX2-4-10 型箱式电阻炉，天津市天宇试验仪器有限公司；PPMS-9 型材料综合性能测量系统，美国 Quantum Design 公司；其他仪器参见 1.6.2.1。

5.2.2.2 *方法*

（1）NCC 负载纳米 Fe_3O_4 水溶胶的制备。

按表 5-1 原料配比，向 250 mL 的圆底烧瓶中加入煮沸过的 NCC 水溶胶（质量浓度为 7.744 g/L）、七水合硫酸亚铁（$FeSO_4 \cdot 7H_2O$）和六水合氯化铁（$FeCl_3 \cdot 6H_2O$），通入氮气保护，在 60 ℃的恒温水浴中用转速为 600 r/min 的机械搅拌器搅匀，然后滴加 25%氨水调节 pH=9~10，继续以该转速搅拌反应 2 h，升温至 80 ℃陈化 1 h，冷却至室温后终止氮气保护，取出悬浮液离心洗涤至 pH=6~7，加入 0.01 g 的抗坏血酸作为保护剂，超声波分散 10 min，250 mL 容量瓶中定容，得到不同比例的 NCC 负载纳米 Fe_3O_4 水溶胶。

表 5-1　NCC 负载纳米 Fe_3O_4 水溶胶原料配比

编号	V（NCC）/mL	m（$FeSO_4 \cdot 7H_2O$）/g	m（$FeCl_3 \cdot 6H_2O$）/g	理论负载量/%
L-1	200	0.119 3	0.203 0	15
L-2	200	0.169 1	0.287 6	20
L-3	200	0.225 4	0.383 5	25
L-4	200	0.289 8	0.493 0	30

（2）PVA 膜的制备。

3 g PVA 和 100 mL 去离子水，在 90 ℃水浴中搅拌使其完全溶解，超声波处理 10 min，真空脱除气泡，得到成膜液，在平整的聚四氟乙烯板上刮膜，室温下风干得到 PVA 膜（参照样品），记作 M-0。

（3）NCC 负载纳米 Fe_3O_4 磁膜材料的制备。

配制 1 g/100mL 的聚乙烯醇成膜液，量取 100 mL 该聚乙烯醇溶液，参照 4.2.2 方法得到一层 PVA 基底层；再量取 100 mL 编号为 L-1 的 NCC 负载纳米 Fe_3O_4 水溶胶，在 PVA 基底上交替沉积自组装得到第二层磁性 NCC 负载纳米 Fe_3O_4 夹层；最后取 100 mL 该聚乙烯醇溶液在第二层磁性 NCC 负

载纳米 Fe_3O_4夹层交替沉积自组装得到另一层 PVA 层，最终制备出具有 L-1 夹层的 PVA/NCC 负载纳米 Fe_3O_4/PVA 磁膜材料 M-1。同理，可以制备具有L-2，L-3，L-4 夹层的磁膜材料 M-2，M-3 和 M-4。

5.2.2.3 表征

（1）样品的形貌和化学态表征。

取几滴纳米纤维素水溶胶和不同负载量的纳米纤维素负载体水溶胶分别在铜网上吸附 8 min，然后用质量分数为 2% 的铀溶液进行染色处理 5 min，晾干后经行观察，再取纳米纤维素磁性负载体吸附后晾干直接观察，对纳米纤维素负载中 Fe_3O_4的分布和形貌进行对比，并采用 Nano Measurer 软件对 Fe_3O_4粒子的平均粒径进行统计分析；采用 SEM 的 EDS（能量弥散 X 射线谱）附件沿着断面夹层方向对磁性膜中 Fe 元素采用线性扫描，对夹层复合膜中 Fe 元素的分布情况进行表征；样品膜的形貌和 XRD、力学性能、透光性和热稳定性表征参见第 4 章 4.2.3。

（2）样品膜中 Fe_3O_4固溶物含量的测定。

取不同负载量的磁性复合膜粉末放入干锅，其质量记为 m_1在电炉上加热炭化，再转移至 500 ℃的马弗炉中煅烧 4 h，得到砖红色 Fe_2O_3粉末，质量记为 m_2，通过下列式子计算复合膜中 Fe_3O_4 的质量分数［CO（Fe_3O_4）］，其中 M_r（Fe_3O_4）和 M_r（Fe_2O_3）分别为 Fe_3O_4和 Fe_2O_3的相对分子质量。

$$CO(Fe_3O_4) = \frac{m_2 \times 2M_r(Fe_3O_4)}{m_1 \times 3M_r(Fe_2O_3)}$$

（3）样品膜的磁性能表征。

将不同负载量的磁性复合膜粉末压片制成 1 mm×2 mm×3 mm 的样品条，采用 Quantum Design PPMS-9 型材料综合性能测量系统在-20 000～20 000 Oe 区间对复合膜的磁性能进行表征。

（4）样品膜氧化性降解性能表征。

取两份质量相同的 PVA 膜和磁性复合膜粉末，将其中一份加入到 15 mL 蒸馏水中，作为空白，另一份加入到 15 mL 的 0.2 mol/L 的过氧化氢溶液，在 50 ℃的水浴中放置 40 min，然后煮沸 5 min 使样品完全溶解，冷却后将其分别转移到 50 mL 的容量瓶中，再加入 15 mL 的 40 g/L 的硼酸溶液和 0.5 mL 的碘-碘化钾溶液，并用蒸馏水定容，采用紫外-可见光分光光度法测定体系在 690 nm 处的吸光度，按照下式计算样品膜中 PVA 在过氧化氢中的氧化降解率。

$$PVA降解率(\%)=(1-\frac{A_1}{A_2})\times 100\%$$

式中：A_1——加入过氧化氢体系的吸光度值；

A_2——加入蒸馏水体系（空白样）的吸光度值。

5.2.3 结果与分析

5.2.3.1 样品膜中 Fe_3O_4的固溶物含量

表 5-2 为样品膜中 Fe_3O_4固溶物含量[231]。

表 5-2 样品膜中 Fe_3O_4固溶物含量[231]

编号	m_1（复合膜）/g	m_2（Fe_3O_4）/g	w（Fe_3O_4）/%
M-1	0.106 2	0.001 2	1.1
M-2	0.101 6	0.002 4	2.4
M-3	0.102 5	0.003 8	3.71
M-4	0.100 5	0.004 8	4.78

5.2.3.2 XRD 分析

图 5-10 为样品的 XRD 谱图[231]。从图 5-10 可知，利用 MDI Jade 5.0 X 射线衍射分析软件分析可知 NCC 在 $2\theta=12.1°$，19.8°和 22.60°处衍射峰分别对应（$1\bar{1}0$）（110）和（200）晶面，为纤维素Ⅱ型；磁性膜中除了具有纤维素Ⅱ型衍射峰和 PVA 的（101）晶面的衍射峰外，在 $2\theta=30.1°$，35.5°，36.8°，43°，53.5°，57°和 62.9°还出现 7 个衍射峰，参照 Fe_3O_4标准 XRD 谱图可知这些衍射峰分别对应 Fe_3O_4的（220）（311）（222）（400）（422）（511）和（440）晶面，表明在复合膜中含有 Fe_3O_4[55]；复合膜中 Fe_3O_4的 7 个衍射峰强度，随着 NCC 负载纳米 Fe_3O_4的量（表 5-2）逐渐增加，在 M-3 和 M-4 中由于 Fe_3O_4含量减少及 PVA 和 NCC 对磁性粒子的遮蔽和包裹使 Fe_3O_4特征峰值不是很明显。

5.2.3.3 TEM 分析

图 5-11 为负载体的 TEM 图[231]。从图 5-11 可知，采用 Nano Measurer 分析软件对 Fe_3O_4粒子的平均粒径进行统计分析，Fe_3O_4磁性粒子的大小为纳米级，(L-1)～(L-4)中其平均粒径依次为 10.65，11.52，13.45，16.71 nm，并分布在纳米纤维素基体构建的网状孔隙中，与 NCC 基体通过范德华力和—OH

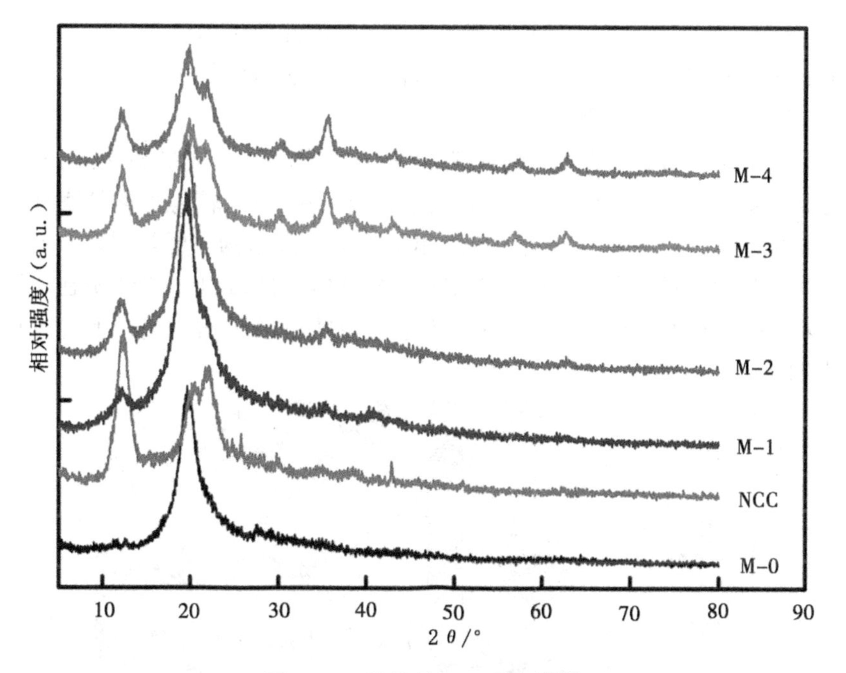

图 5-10 样品的 XRD 谱图[231]

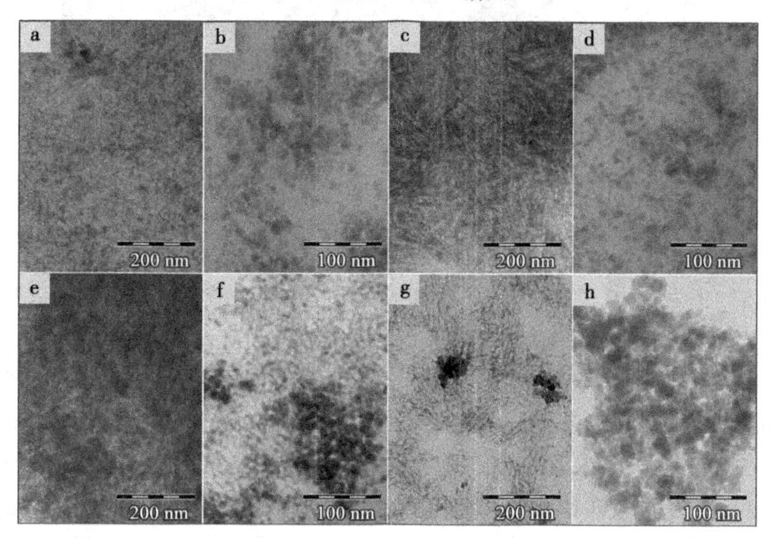

图 5-11 负载体的 TEM 图[231]

(a, b) L-1; (c, d) L-2; (e, f) L-3; (g, h) L-4; a, c, e 和 g 为染色

的配位作用[232]紧密地结合在一起;在较低 Fe^{2+}/Fe^{3+} 浓度下,由于 NCC 的包覆和阻隔 Fe_3O_4 的磁性粒子在纳米纤维素基体中分布较为均匀,几乎没有团

聚;随着 Fe^{2+}/Fe^{3+}浓度的增加,形成的 Fe_3O_4的磁性粒子由于晶体生长较快以及粒子磁性吸附逐渐发生团聚,Fe_3O_4的颗粒粒径也逐渐增大。

5.2.3.4 SEM 和 EDS 分析

图 5-12 为样品膜表面和断面 SEM 和 EDS 图[231]。从图 5-12 可知，交替沉积组装 PVA/磁性 NCC/PVA 膜与 PVA 膜一样有着较为平整的表面形貌和规整的断面形貌，并且其断面呈现出清晰的层次结构，层与层之间也紧密结合，没有发生脱层现象。结合 XRD 曲线和 EDS 曲线进一步证明在该层级膜的夹层中含有 Fe_3O_4粒子，曲线的不平滑可能是由于扫描路径上的高低起伏引起的。

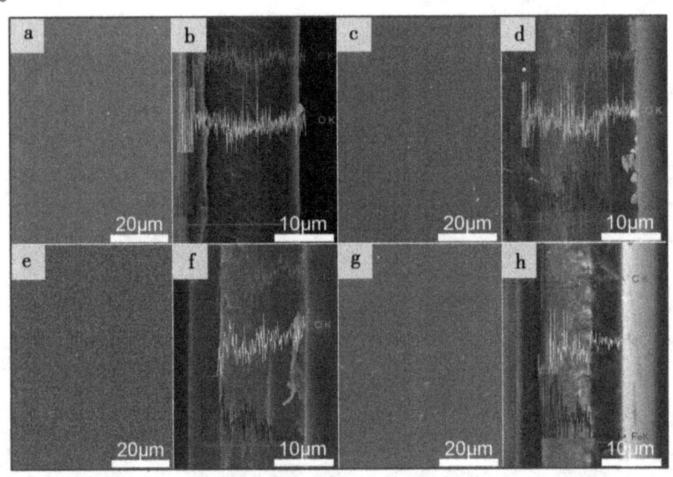

图 5-12　样品膜表面和断面 SEM 和 EDS 图

(a, b) M-1; (c, d) M-2; (e, f) M-3; (g, h) M-4[231]

5.2.3.5 磁性能分析

图 5-13 为 M-1，M-2，M-3 和 M-4 的磁滞回线[231]。从图 5-13 可知，在 298 K 下的磁性能测试结果表明，M-1，M-2，M-3 和 M-4 的 NCC 负载纳米 Fe_3O_4磁膜材料表现出较弱的饱和磁化强度和矫顽力，饱和磁化强度分别为 0.634，1.456，2.431，3.203 emu/g，剩余磁化强度分别为 0.124，0.083，0.053，0.022 emu/g，矫顽力分别为 25.118，23.013，19.553，19.252 Oe。相比纯铁块 Fe_3O_4的饱和磁化强度和矫顽力分别为 88 emu/g 和 550 Oe 下降了很多，这主要是由于在该 NCC 负载纳米 Fe_3O_4磁膜材料中 Fe_3O_4含量较少（表 5-2），并且纳米纤维素和聚乙烯醇等非磁性物质减弱了磁性粒子间的相互作用，从而降低了复合纳米颗粒的饱和磁化强度。结合 TEM 图可知基体上的磁性粒子的粒径远小于 30 nm（临界值），且磁滞回线趋近闭合，因此该 NCC 负载纳米Fe_3O_4磁膜材料为超顺磁性材料。

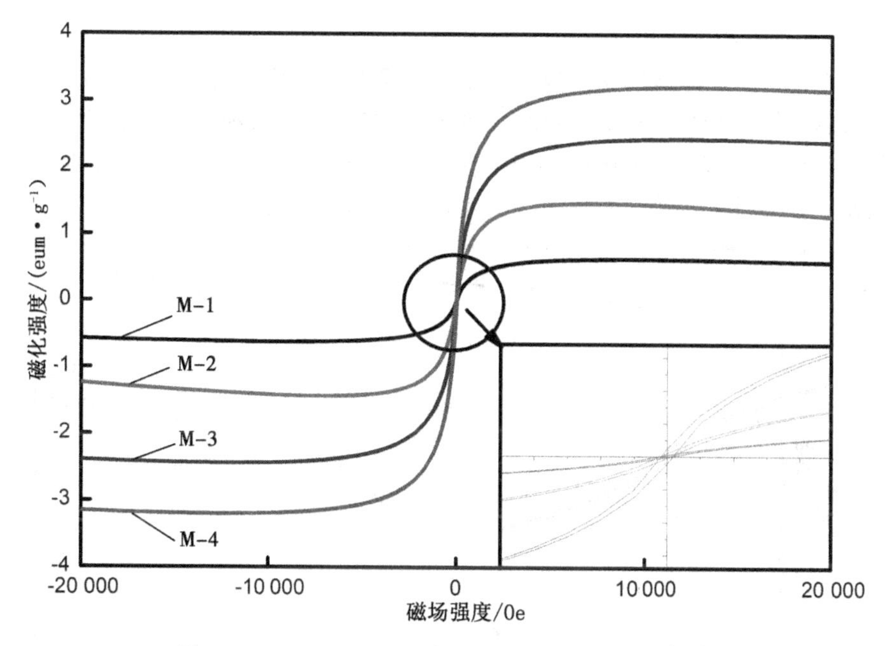

图 5-13 M-1，M-2，M-3 和 M-4 的磁滞回线[231]

5.2.3.6 力学性能分析

图 5-14 为薄膜样品的拉伸强度曲线（a）和断裂伸长率曲线（b）[231]。由此图，磁性层级膜的拉伸强度和断裂伸长率都随着 Fe_3O_4固溶物含量的增加而逐渐降低，这可能是由于 Fe_3O_4颗粒的逐渐增大在 NCC 夹层中阻碍了 NCC 的相互结合引起的；在较低纳米 Fe_3O_4负载量时拉伸强度较 PVA 膜稍有提升，断裂伸长率远小于 PVA 膜。

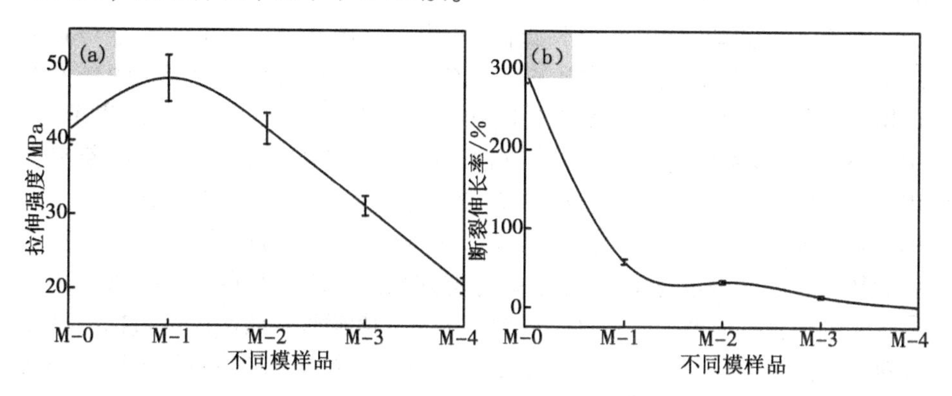

图 5-14 薄膜样品力学性能分析[231]

（a）拉伸强度曲线；（b）断裂伸长率曲线

5.2.3.7 透光性能分析

图 5-15 为薄膜样品的紫外-可见光透光率曲线[231]。从图 5-15 可知，随着磁性层级膜中 Fe_3O_4 固溶物含量的增加，复合膜材料的透光率逐渐降低，对紫外光有很强的吸收和阻隔作用，M-4 对紫外光几乎达到了全吸收。因此，该磁性层级膜材料具有了一定的紫外阻隔能力。

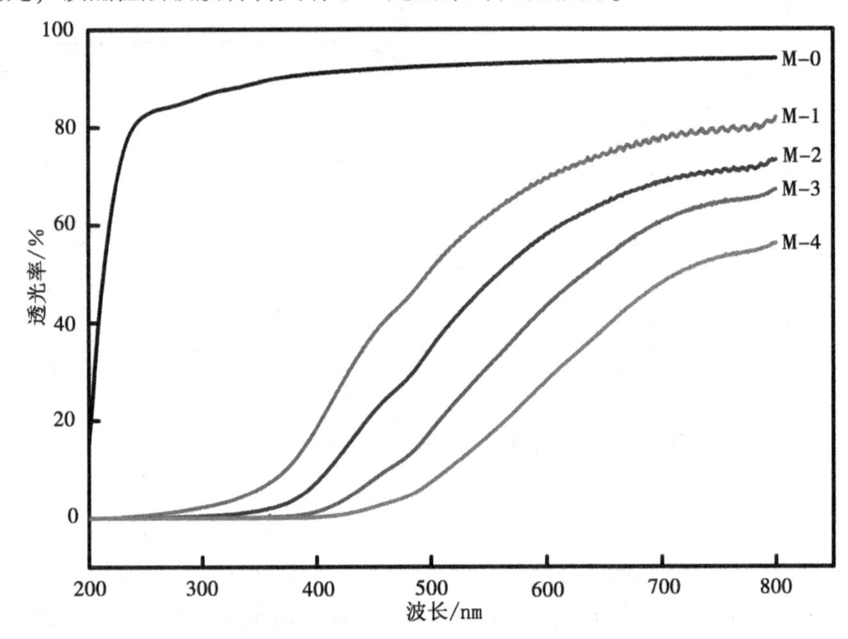

图 5-15 薄膜样品的紫外-可见光透光率曲线[231]

5.2.3.8 热稳定性分析

图 5-16 为薄膜样品的热失重曲线[231]。从图 5-16 可知，运用 Proteus Analysis 分析软件对样品质量损失起始点、中点、拐点和质量变化的热失重数据进行综合分析可知 PVA 膜和磁性层级膜都表现出 3 个主要的失重区：80~150 ℃为吸附水失重区，失重率在 3%；150~340 ℃为 PVA 主链断裂过程区，该区域为主要失重区域；340 ℃以上主要是含碳物质的烧失区。但 PVA 膜和磁性层级膜在后两个失重区的变化又有很大的差别：①磁性层级膜的热分解起始温度比 PVA 膜的热分解起始温度略有升高，升高约 10 ℃；②磁性层级膜的后两个失重区的界限不明显；③磁性层级膜的失重速率最高峰对应的温度升高很大。综上可知，纳米 Fe_3O_4 粒子和 NCC 的引入使 PVA 膜的热稳定性得到了明显的提升。

5.2.3.9 氧化降解性能分析

图 5-17 为薄膜样品的降解率曲线[231]。

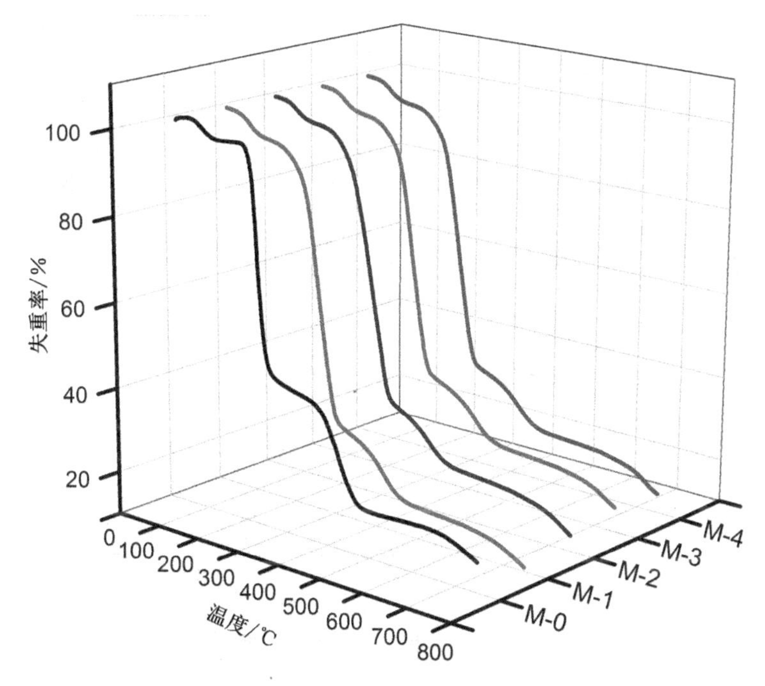

图 5-16　薄膜样品的热失重曲线[231]

从图 5-17 可知，PVA 膜在过氧化氢体系中几乎不存在降解，而引入磁性纳米 Fe_3O_4粒子的磁性层级膜中的 PVA 发生快速的降解反应，随着磁性粒子含量的增加出现先升高后降低的趋势，其中 M-3 样品在 40 min 内降解率最高达到 60%，这是由于 Fe_3O_4中 Fe^{2+}和 Fe^{3+}离子的存在与过氧化氢形成了 Fenton 氧化体系[233]，产生极强氧化能力的 · OH，在 · OH 作用下，分子发生脱 H 反应，使 C—C 键断裂，最后被完全氧化为 CO_2，反应具体过程如下：

$$Fe^{2+}+H_2O_2 \longrightarrow Fe^{3}+ \cdot OH+OH^-$$

$$RH+ \cdot OH \longrightarrow R \cdot +H_2O$$

$$R \cdot +Fe^{3+} \longrightarrow R^{+}+Fe^{2+}$$

$$Fe^{2+}+ \cdot OH \longrightarrow Fe^{3+}+OH^-$$

但是随着 Fe_3O_4纳米颗粒团聚现象的发生，Fe_3O_4催化活性点也逐渐被遮盖，故 M-4 比 M-3 的催化活性又有所下降。因此，PVA 膜中引入纳米 Fe_3O_4粒子使其具有自辅助氧化降解能力。

5.2.3.10　*磁性膜形成的机理分析*

图 5-18 为磁性膜形成机理[231]。

从图 5-18 可知，①在碱性条件下，Fe^{2+}和 Fe^{3+}离子在纳米纤维素构建

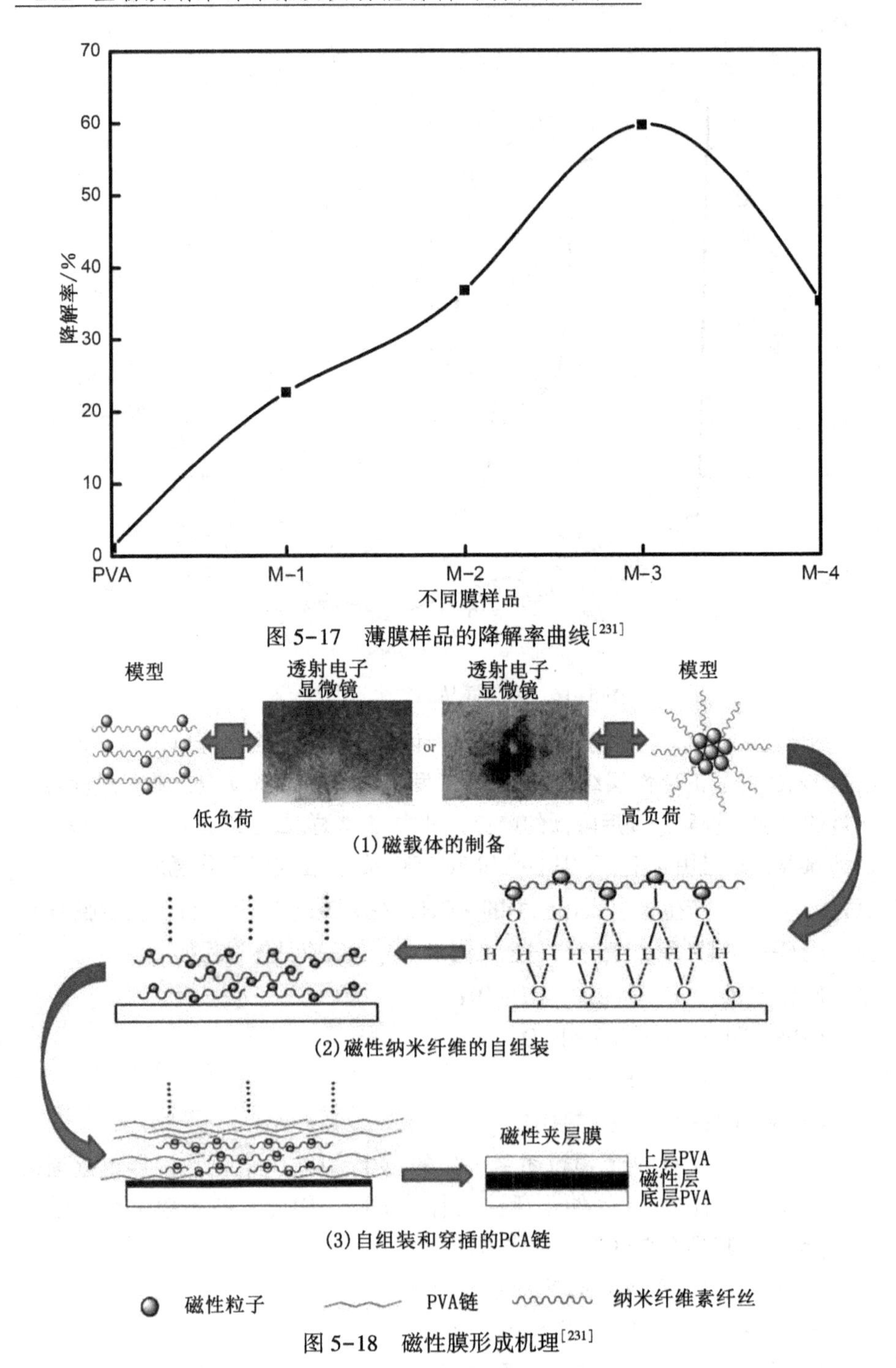

图 5-17　薄膜样品的降解率曲线[231]

图 5-18　磁性膜形成机理[231]

的微反应器中形成了具有良好分散性的纳米 Fe_3O_4粒子，并且通过与 NCC 上—OH的配位作用和吸附作用紧密结合，在适当的浓度下纳米纤维素的阻隔和吸附可以防止 Fe_3O_4粒子的团聚得到分散性较好的 NCC 负载纳米 Fe_3O_4水溶胶；②基于 PVA 和 NCC 丰富的—OH 结构，通过氢键驱动力的交替沉积自组装过程可以在 PVA 层结合上一层 NCC 负载纳米 Fe_3O_4水溶胶，同理，PVA 分子也可通过氢键和分子间引力作用结合在 NCC 负载纳米 Fe_3O_4水溶胶层，这样就形成了力学性能、热稳定性能等较好的 PVA/磁性 NCC/PVA 膜材料。

5.2.4　结论

通过采用原位聚合和层层自组装原理制备的 PVA/磁性 NCC/PVA 层级膜具有平整的表面形貌和断面形貌，NCC 和 Fe_3O_4纳米粒子处于夹层中；纳米 Fe_3O_4和 NCC 的引入使 PVA 膜表现出超顺磁性、较好的紫外阻隔性、较高的热稳定性和自辅助氧化降解能力，其中 M-1～M-4 的饱和磁化强度分别为 0.634，1.456，2.431，3.203 emu/g；在 Fe_3O_4固溶物含量为 1.1%时拉伸强度比 PVA 膜的也有所增加，提高了 17.0%。

6 纳米纤维素复合转光膜的制备和表征

6.1 转光剂的制备及表征

6.1.1 引言

罗丹明 6G 是一种水溶性阳离子荧光染料，在苯环之间有氧桥连接，具有刚性平面结构，容易吸收入射光的能量而发射长波。硫化锌是一种性能优良的半导体材料，向硫化锌基体中掺杂金属离子可以改变其禁带宽度，实现不同波段的发光，近年来，人们研究最多的是向硫化锌中掺杂锰离子。本书试验将正硅酸乙酯作为包覆剂，以罗丹明 6G 为基体，采用溶胶凝胶法制备转光剂，可以改善其光热稳定性，并对其结构进行修饰，分析其荧光性能；采用水热法制备硫化锌掺锰粉体，观察粉体的微观形貌，并探究掺杂量对其性能的影响。

6.1.2 试验

6.1.2.1 材料与仪器

(1) 原料和试剂。

表 6-1 为原料和试剂。

表 6-1 原料和试剂

药品名称	规格	生产厂家
罗丹明 6G	分析纯	阿拉丁
正硅酸乙酯	分析纯	天津市纵横兴工贸
乙酸锌	分析纯	天津市致远化学试剂有限公司
氯化锰	分析纯	天津博迪化工股份有限公司
硫脲	分析纯	天津市致远化学试剂有限公司

(2) 仪器。

仪器如表 6-2 所示。

表 6-2　仪器

仪器名称	生产厂家
TU-1901 双光束紫外可见分光光度计	北京普析通用仪器有限责任公司
LS55 荧光光谱仪	美国 PerkinElmer
Quanta 200 环境扫描电子显微镜	美国 FEI 公司
D/max-r B 型 X 射线衍射仪	日本理学 Rigaku 仪器有限公司

6.1.2.2　方法

配置正硅酸乙酯与蒸馏水体积比为 5∶1 的溶液，滴两滴浓盐酸，磁力搅拌，呈水凝胶状。称取 0.1 g，0.2 g，0.3 g 罗丹明 6G 置于烧杯中，标号为 LCA-1，LCA-2，LCA-3，分别向其中加入 20 mL 上述溶液，继续搅拌 3 h，陈化，放入干燥箱以 120 ℃烘干得到干凝胶，研磨密封保存。

称取 1.55 g 硫脲，使其溶于 20 mL 蒸馏水中，磁力搅拌 30 min。称取 4.39 g 乙酸锌，分别称取 0 g，0.198 g，0.396 g，0.792 g，1.188 g 氯化锰，使其溶解于 60 mL 蒸馏水中，标号为 MCA-0，MCA-1，MCA-2，MCA-3，MCA-4，磁力搅拌 1.5 h，加入上述硫脲溶液，继续搅拌 30 min。然后将其转移至 100 mL 带聚四氟乙烯内衬的水热合成反应釜中，放入鼓风干燥箱，升温至 180 ℃，反应 10 h，自然冷却至室温，用蒸馏水离心洗涤 5 次，乙醇离心洗涤 3 次，在 50 ℃真空烘箱中干燥，得到锰掺杂量分别为 0%，5%，10%，20%，30%的 ZnS/Mn 粉体。

6.1.2.3　表征

采用 TU-1901 双光束紫外可见分光光度计测试 LCA-1，LCA-2，LCA-3样品的紫外吸收光谱；选择适当激发波长，采用 LS55 荧光光谱仪对 LCA-1，LCA-2，LCA-3，MCA-0，MCA-1，MCA-2，MCA-3，MCA-4 测试得到荧光发射光谱；将 MCA-0，MCA-1，MCA-2，MCA-3，MCA-4 喷金处理，采用 SEM 观察其微观形貌；采用 XRD 对硫化锌掺锰样品进行结晶态表征，其中测试条件为室温 Cu 靶 Kα 辐射，加速电压为 40 kV，电流为 50 mA，扫描速度为 5°/min。

6.1.3　结果与分析

6.1.3.1　紫外吸收光谱分析

为了测定样品的紫外吸收光谱，将样品分散于蒸馏水中，超声处理

10 min，取上清液，用蒸馏水作为参比溶液。图 6-1 为样品的紫外吸收光谱图。[121] 从图 6-1 中可以看出，LCA-1，LCA-2，LCA-3 对 450~600 nm 波长的光都有吸收，LCA-1 的最大吸收波长为 532 nm，LCA-2 的最大吸收波长为 527 nm，LCA-3 的最大吸收波长为 529 nm，其中，LCA-2 的吸收强度最大，LCA-3 次之，LCA-1 最弱。说明制备的转光材料对波长为 530 nm 的黄绿光有较大程度的吸收，分别将其最大吸收波长作为测定气荧光发射光谱的入射光波长。

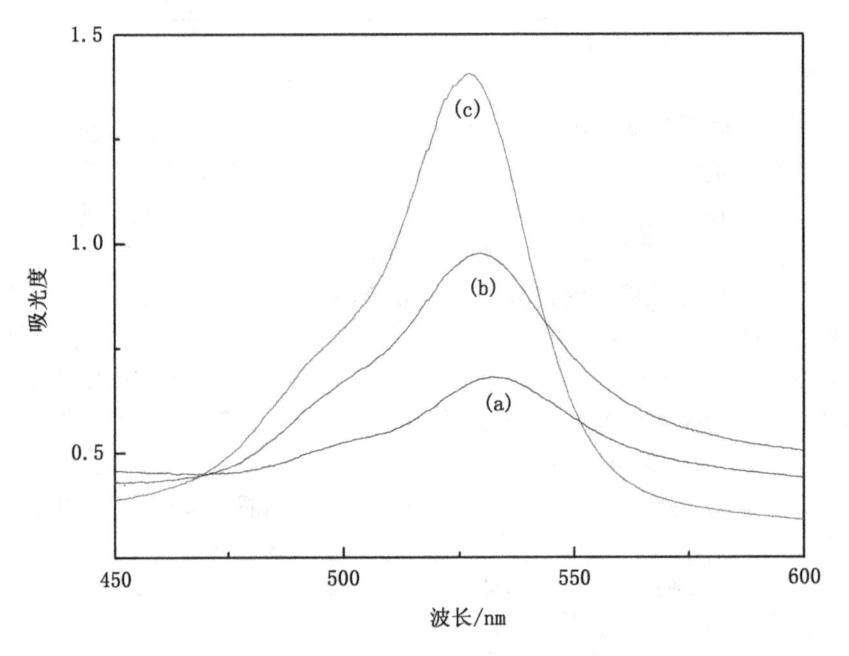

图 6-1 罗丹明 6G 基转光剂的紫外吸收光谱图[121]
(a) LCA-1；(b) LCA-3；(c) LCA-2

6.1.3.2 SEM 分析

图 6-2 为不同锰掺杂量的 ZnS：Mn 粉末的扫描电镜图，其中图 a 为硫化锌，图 b，c，d 分别是锰掺杂量为 5%，10%，20%[121]。从图 6-2（a）可以看出，制备的硫化锌颗粒呈现规则球形，表面光滑，颗粒尺寸分布比较均匀；图 6-2（b）中的颗粒尺寸大小不一，表面相对光滑，出现了少量不规则形状的颗粒；图 6-2（c）中的颗粒尺寸相对较小，分布均匀；图 6-2（d）中颗粒聚集现象明显，呈现小球包大球的形貌，光滑度下降；从图 6-2 可以看出，掺入锰的硫化锌粉体在微观形貌上影响不大，均呈现球状，但影响了晶粒的生长，出现颗粒细化现象。

图 6-2 不同锰掺杂量 ZnS：Mn 粉末的扫描电镜图[121]

6.1.3.3 XRD 分析

图 6-3 为 ZnS：Mn 粉体的 X 射线衍射图，分别对应于锰掺杂初始质量分数为 0，5%，10%，20%，30%的 ZnS：Mn 粉体[121]。从图 6-3 中可以看出，所有衍射谱都出现 3 个衍射峰，衍射角 2 θ 分别为 28.75°，47.93°，57.14°，与标准卡片相比，3 个衍射峰分别对应于闪锌矿硫化锌的（111）（220）（311）晶面[234]，说明制得的样品粉末具有单一物相，纯度较好，通过水热法制备的 ZnS：Mn 晶体结构和 ZnS 结构相同，均为闪锌矿结构，从而说明锰的加入并没有导致晶体结构变化，没有杂相生成。

6.1.3.3 荧光光谱分析

分别采用 532 nm，527 nm 和 529 nm 波长作为激发波长对 LCA-1，LCA-2，LCA-3 进行荧光测试，图 6-4 为其对应得到的发射光谱图[121]。从图 6-4 可以看出，LCA-1 的发射光谱图中发光峰位于 601 nm 处，谱峰较宽，但强度相对较低；LCA-2 的发射光谱图中发光峰位于 604 nm 处，强度高，能有效吸收 527nm 波长的光；LCA-3 的发射光谱图中发光峰位于 603 nm 处，发光强度较 LCA-2 低。3 个样品都能够吸收黄绿光，发射出对植物光合作用有利的红橙光，在后续研究中，选用 LCA-2 作为转光剂制备复合转光膜。

通过查阅文献，可知纯硫化锌的激发波长大致为 370 nm，首先选用 370 nm波长作为激发波长得到发射光谱，发光峰位于 521 nm 处，再选用

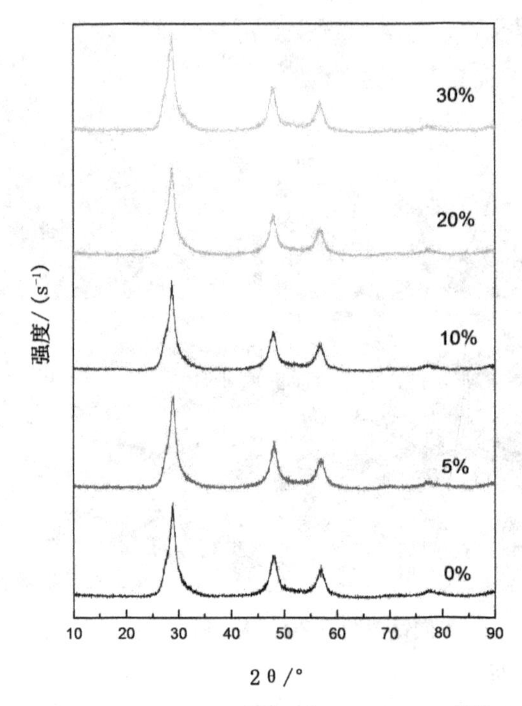

图 6-3 ZnS：Mn 粉体的 X 射线衍射图[121]

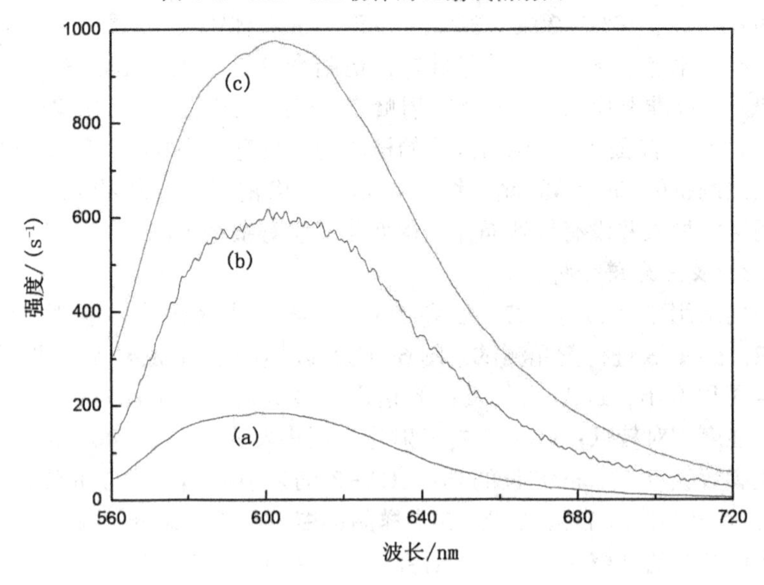

图 6-4 罗丹明 6G 基转光剂的荧光发射光谱图[121]

(a) LCA-1；(b) LCA-3；(c) LCA-2

522 nm波长为发射波长得到激发光谱，激发峰位于 380 nm，因此选用 380 nm 作为激发波长对 MCA-0，MCA-1，MCA-2，MCA-3，MCA-4 进行荧光测试得到发射光谱如图 6-5[121]。从图 6-5 中可以看出，纯硫化锌的发射峰位于 522 nm，只有一个发射峰，随着锰离子的掺杂，样品的发射光谱图中出现两个发射峰，522 nm 处是相对于纯硫化锌强度较弱的一个发射峰，MCA-1，MCA-2，MCA-3，MCA-4 分别在 563，572，566，576 nm 处出现一个比较宽的发射峰，说明锰离子成功地掺杂硫化锌晶体中，这可能是由于锰离子的^{4}T1→^{6}A1 轨道跃迁引起的，掺杂锰离子对硫化锌晶体来说，使得其发射光谱发生红移现象，比较来说，MCA-2 与 MCA-4 的发射峰在 570 nm 以上，MCA-2 的强度略强，因此，在后续研究中，完全可以选择锰离子掺杂量为 10% 的 ZnS：Mn 粉体来制备转光膜材料。

6.1.4 结论

（1）溶胶-凝胶法制备的罗丹明基转光剂对波长为 530 nm 的黄绿光有较大程度的吸收，其中，LCA-2 的吸收强度最大，能够发射出波长为 604 nm 的红橙光，作为有机转光剂，在后续研究中，完全可以采用共混法制备复合转光膜。

（2）水热法制备的 ZnS：Mn 粉体的微观形貌为规则、表面光滑、大小分布均匀的球形颗粒，掺入锰的硫化锌粉体在微观形貌上影响不大，但影响了晶粒的生长，出现颗粒细化现象。ZnS：Mn 晶体结构和 ZnS 结构相同，均为闪锌矿结构，锰的加入并没有导致晶体结构变化，没有杂相生成。锰离子成功掺杂进 ZnS 晶体中，使得荧光发射波长发生红移现象，波峰位于 576 nm。其中，MCA-2 的强度略强，在后续研究中，可以选择锰离子掺杂量为 10% 的 ZnS：Mn 粉体来制备转光膜材料。

6.2 毛竹 NFC 复合转光膜的制备及表征

6.2.1 引言

在前期试验基础上，采用物理共混法将制备的罗丹明转光剂引入添加纳米纤丝纤维素的聚乙烯醇膜中，转光剂添加量为 5%，纳米纤丝纤维素添加量为 1%；采用层层自组装法将硫化锌掺锰粉体与纳米纤丝纤维素混合作为芯层，与聚乙烯醇复合，转光剂添加量为 5%，纳米纤丝纤维素添加量为

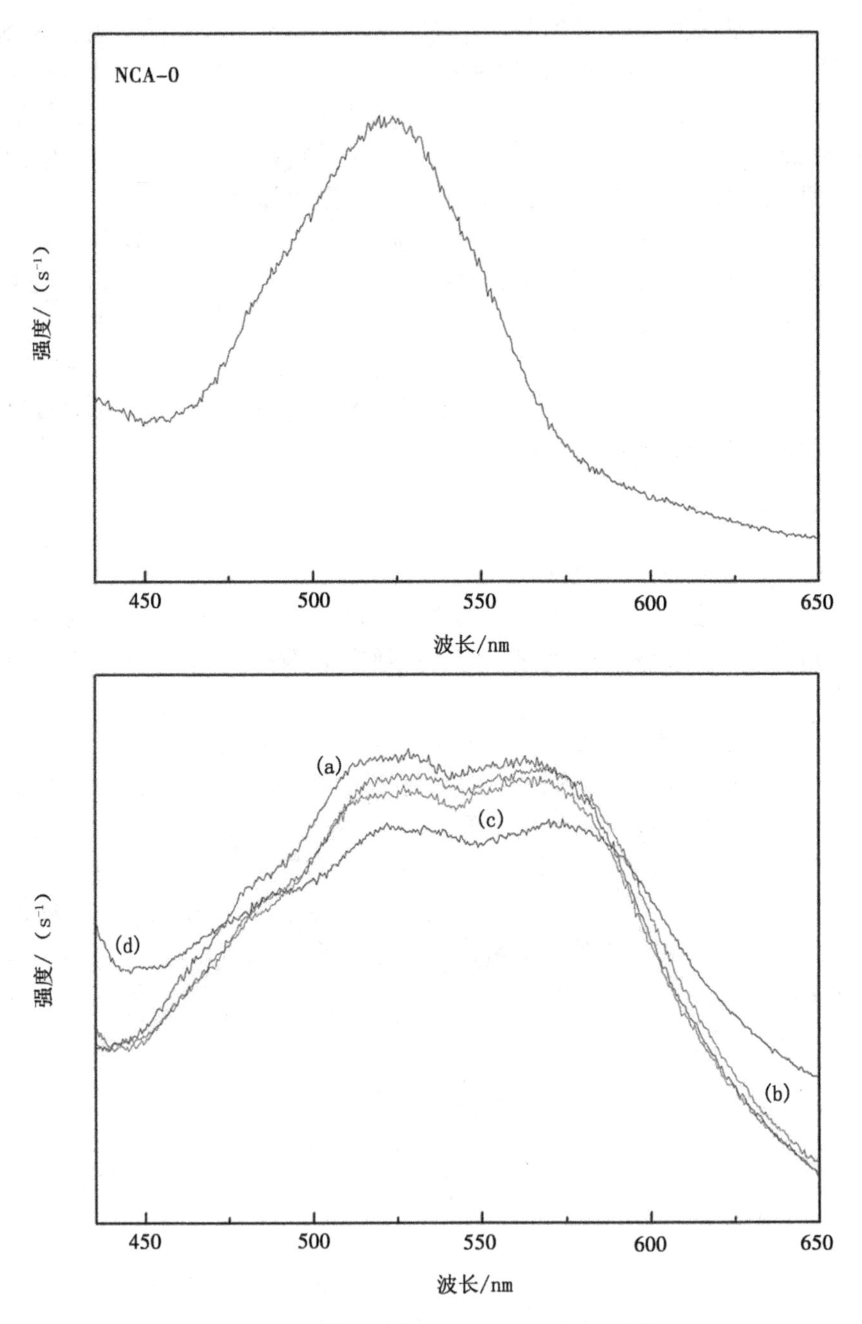

图 6-5 ZnS：Mn 粉体的荧光发射光谱图[121]

(a) MCA-1；(b) MCA-2；(c) MCA-3；(d) MCA-4

5%，制备两种复合膜材料，并对其透光性、荧光性能、力学性能、降解能力进行表征和分析。

6.2.2 试验

6.2.2.1 材料与仪器

(1) 原料和试剂。

表 6-3 为原料和试剂。

表 6-3 原料和试剂

药品名称	规 格	生产厂家
聚乙烯醇 1750±50	分析纯	国药集团化学试剂有限公司

毛竹 NFC 采用 1.14 节方法制备，转光剂选用 LAC-2 和 MCA-2。

(2) 仪器。

仪器如表 6-4 所示。

表 6-4 仪器

仪器名称	生产厂家
电子恒速搅拌器	上海申生科技有限公司
TU-1901 双光束紫外可见分光光度计	北京普析通用仪器有限责任公司
LS55 荧光光谱仪	美国 Perkin Elmer 公司
LDX-200 液晶屏显示智能电子万能试验机	北京兰德梅克包装材料有限公司

6.2.2.2 转光膜的制备

准确称量 3.71 mL 的 NFC 水溶胶（5.388 g/L），0.009 8 g LCA-2 溶于 46.29 mL 蒸馏水中，超声波处理 15 min，再称量 1.99 g 聚乙烯醇与其混合，在 90 ℃条件下机械搅拌 3 h，使 PVA 完全溶解，超声波处理 15 min，真空脱气泡 5 min，得到成膜液，在平整的聚四氟乙烯板上铺膜，用玻璃片刮匀，室温下干燥 24 h，得到转光剂添加量为 5%、NFC 添加量为 1% 的纳米纤丝纤维素复合转光膜 A。

量取 50 mL 质量浓度为 20 g/L 的成膜液，超声波处理 15 min，真空脱气泡 5 min，在平整的聚四氟乙烯板上铺膜，制得一层纯 PVA 膜，待其风干后，将 NFC 水溶胶（5.388 g/L）稀释，并量取 50 mL 的 2 g/L 的 NFC 水溶胶，0.01 g 充分研磨的 MCA-2 混合，在纯 PVA 膜上铺膜，风干后再取 50 mL PVA 溶液在芯层膜上铺膜，风干后最终得到芯层为转光剂添加量 5%、

NFC 添加量 5%的纳米纤丝纤维素复合转光膜 B。

6.2.2.3　表征

选取适当的激发波长，采用 LS55 荧光光谱仪对复合转光膜 A，B 进行荧光测试；将样品膜随机选取三段夹到 TU-1901 双光束紫外可见分光光度计的样品夹上，空气为参照，在 200~800 nm 进行扫描，进行透光率表征；从样品膜剪下 3 段 1.5 cm×15 cm 的条形膜，用螺旋测微仪对各条形膜上 5 个随机点的厚度进行测量，求得平均厚度 d，在 40 mm/min 的速度下用 LDX-200液晶屏显示智能电子万能试验机测试样品膜的拉伸强度和断裂伸长率，进行力学性能表征；将样品膜分别埋在取自东北林业大学院内树林里的土壤中，在室温下放置，每隔 5 d 浇等量水，每隔 10 d 取出样品膜，进行清洗烘干称量，计算其质量损失率，持续进行 60 d。

6.2.3　结果与分析

6.2.3.1　透光性分析

图 6-6 为转光膜的透光率[121]。从图 6-6 可以看出，选取同张膜上的任意三段进行透光率测试，图 6-6（a）为转光膜 A 的透光率，3 条曲线几乎重合，可以说明膜的均匀性良好，在 527 nm 处膜的透光率出现峰，为 50%，这与转光剂 LAC-2 的紫外吸收光谱一致，在 527 nm 处膜的透光率低，即膜对527 nm处的光有一定的吸收作用，其他波段可见光的透光率良好，可以实现转光膜的实际应用；图 6-6（b）为转光膜 B 的透光率，3 条曲线几乎重合，说明膜的均匀性良好，对可见光的透过率在 90%，说明复合膜的均匀性、透光性良好，有利于转光膜的实际应用。

6.2.3.2　荧光光谱分析

根据图 6-7 中转光剂的荧光测试，选用 527 nm 作为激发波长对转光膜 A 进行荧光测试，选用 380 nm 作为激发波长对转光膜 B 进行荧光测试。[121] 从图 6-7 可以看出，转光膜 A 的荧光发射光谱中，发射峰位于 604 nm 处，强度相比转光剂的发射峰稍有降低，可能是由于共混过程中转光剂分布没有完全均匀造成的。转光膜 B 的荧光发射光谱中，有两个发射峰，分别位于 524 nm和 572 nm，这与锰的掺杂量为 10%的 ZnS：Mn 粉体的荧光发射光谱基本一致，说明制备的转光膜取得了预期的效果。

6.2.3.3　力学性能分析

表 6-5 为转光膜的力学性能[121]。从表 6-5 可以看出，转光膜 A 的拉伸强度为 55.28 MPa，相比纯聚乙烯醇提高了 23.23%，相比 PVA-2 降低了 6.38%，断裂伸长率都降低，说明纳米纤丝纤维素对复合转光膜的强度有促

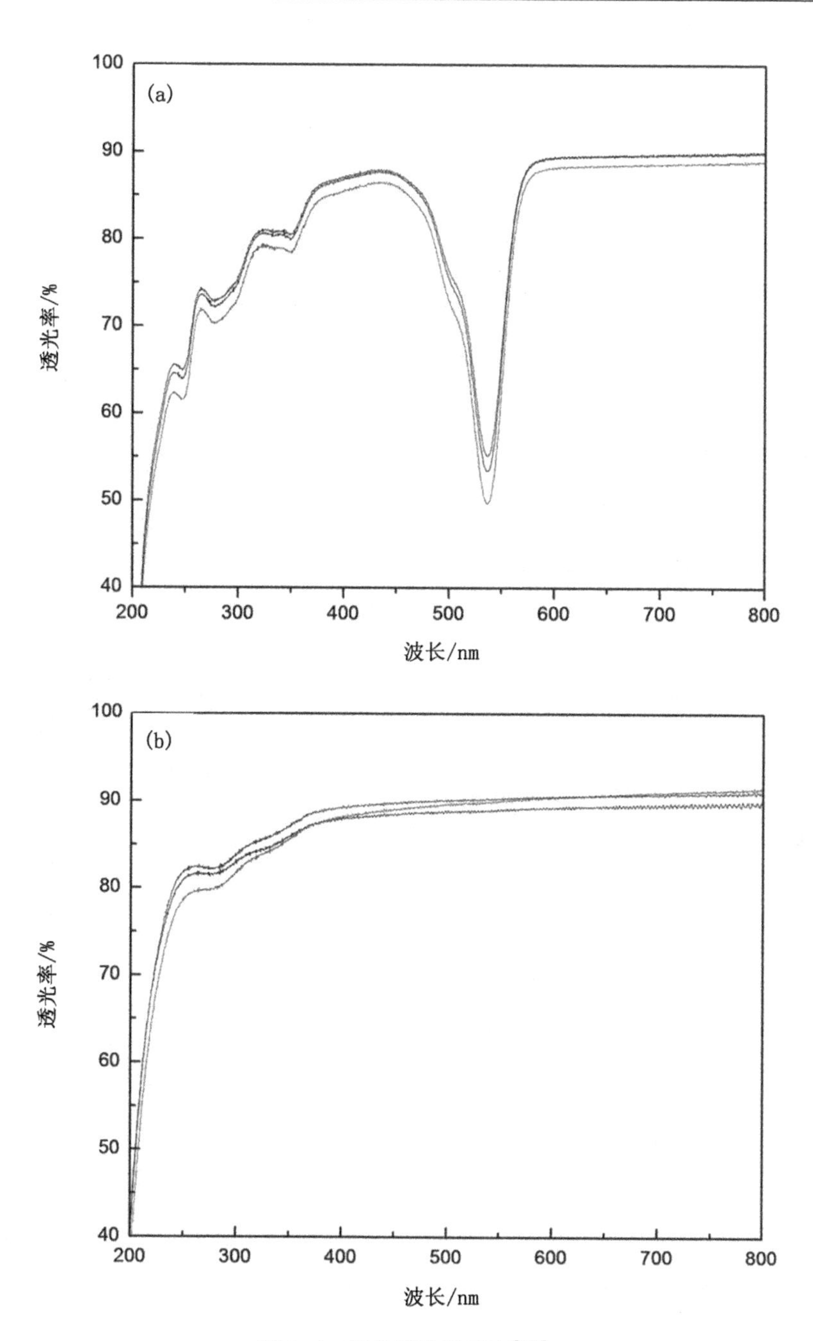

图 6-6　转光膜的透光率[121]

（a）转光膜 A 的透光率；（b）转光膜 B 的透光率

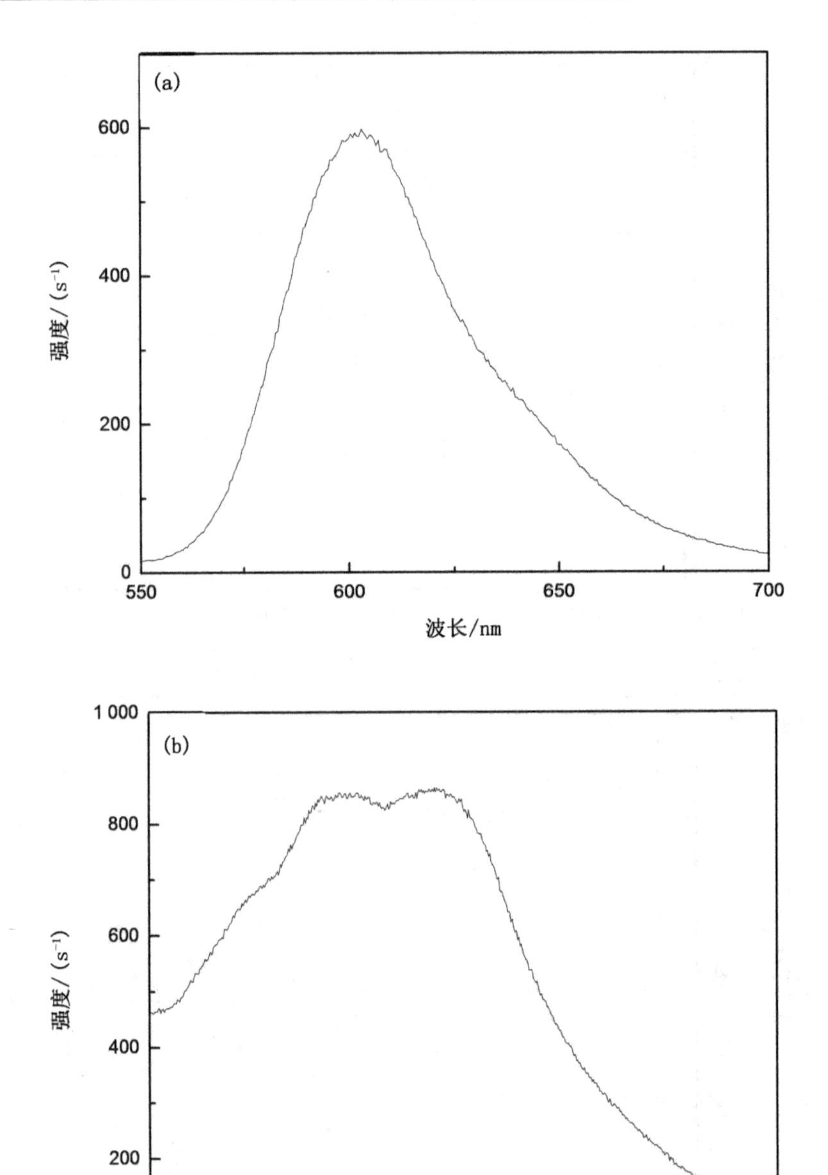

图 6-7　转光膜的荧光发射光谱图[121]

(a) 转光膜 A；(b) 转光膜 B

进作用，掺入 NFC 相同配比的条件下，转光膜 A 的强度稍有降低，可能由于转光剂的引入，使得 NFC 与 PVA 的相对接触面积有所降低，从而导致拉伸强度和断裂伸长率都有所降低；转光膜 B 的拉伸强度为 60.72 MPa，比纯聚乙烯醇的提高了 35.35%，比 LBL-2 的降低了 19.45%，断裂伸长率都降低，说明 NFC 对复合膜的力学性能有较大的影响。由于掺入的转光剂为无机粒子，与 NFC 和 PVA 的键合能力相对薄弱，使得拉伸强度降低，断裂伸长率也降低。综合来说，纳米纤丝纤维素对复合材料的力学性能有一定积极影响，复合转光膜的强度较纯聚乙烯醇膜有所提高。

表 6-5 转光膜的力学性能[121]

编号	拉伸强度/MPa	断裂伸长率/%
PVA-0	44.86	126.6
PVA-2	61.66	69.2
转光膜 A	55.28	38.5
LBL-2	75.38	85.6
转光膜 B	60.72	50.2

6.2.3.4 降解性能分析

图 6-8 为转光膜在土壤中的质量损失曲线图[121]。从图 6-8 可以看出，复合转光膜的质量损失在前 20 d 最为明显，随后的 40 d 中，膜的质量损失逐渐变得缓慢，这与纳米纤丝纤维素/聚乙烯醇复合膜的质量损失率曲线图呈现相近的趋势，但是降解能力有所降低，说明转光剂的引入对转光膜的降解能力具有消极影响，转光膜的降解主要归功于纳米纤丝纤维素和聚乙烯醇，结合上述质量损失率曲线图，本书试验制备的两种转光膜材料的降解能力良好，NFC 和 PVA 作为环境友好型材料，制备出高强度、降解能力良好的复合膜材料，实现转光膜的实际应用。

6.2.4 结论

（1）转光膜的透光率曲线表明转光膜的均匀性较好，透光率均在 90%，转光膜 A 对 527 nm 波长的光具有一定吸收，采用 527 nm 作为激发波长，荧光测试发射出 604 nm 波长的光；转光膜 B 的荧光发射光谱分别位于 524 nm 和 572 nm，这与锰的掺杂量为 10% 的 ZnS：Mn 粉体的荧光发射光谱基本一致，说明制备的复合转光膜取得了预期的效果。

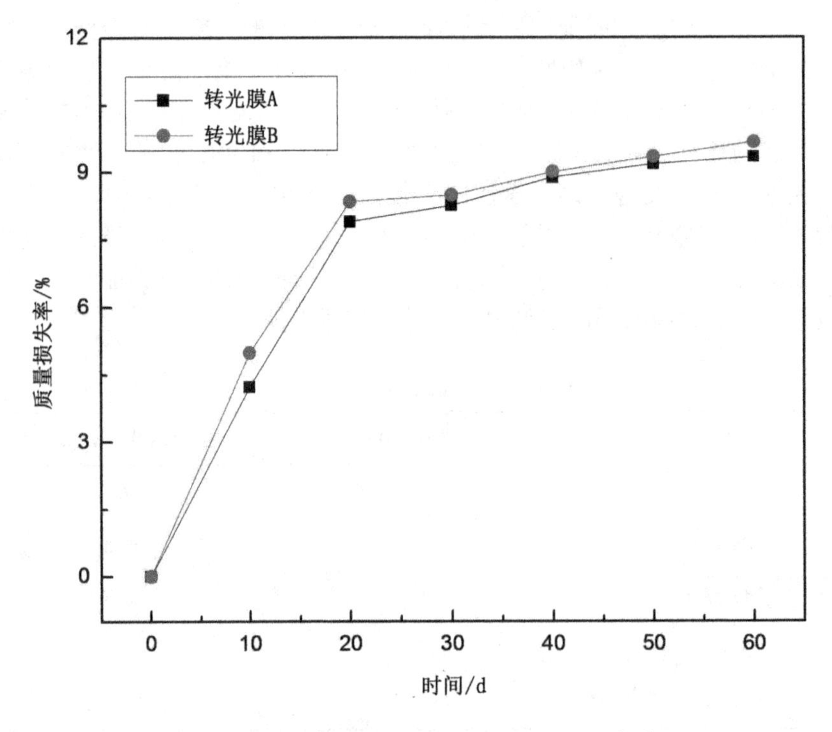

图 6-8 转光膜在土壤中的质量损失曲线图[121]

(2) 转光膜 A 的拉伸强度为 55.28 MPa，较纯聚乙烯醇提高了 23.23%，转光膜 B 的拉伸强度为 60.72 MPa，较纯聚乙烯醇提高了 35.35%，说明纳米纤丝纤维素对复合转光膜的力学性能具有一定的促进作用，复合转光膜的降解能力主要归功于纳米纤丝纤维素和聚乙烯醇。

7 纳米纤维素复合气凝胶球的制备和表征

7.1 再生竹纤维球形介孔气凝胶的制备及表征

7.1.1 引言

纤维素广泛存在于动物、植物、细菌中，是自然界储量极其丰富的天然高分子之一，因其具有高结晶性、高杨氏模量、可再生、易降解等特性，已成为一种极具开发价值的环境友好型材料，其中由未被改性的天然纤维素直接制备成气凝胶材料更是引起了众多学者的关注，但若采用一步法就将纤维素制备成球形气凝胶，目前仍无具体的文献报道。本书试验以张俐娜等提出的碱脲体系为溶剂，以叔丁醇为凝固浴，通过采用滴定悬浮和真空冷冻干燥的方法制备球形纤维素凝胶并对其结构等进行表征，为纤维素气凝胶的产业化提供基础数据。

7.1.2 试验

7.1.2.1 材料与仪器

原料和试剂如表 7-1 所示。

表 7-1 原料和试剂

药品名称	纯度	厂家
竹纤维	工业级	浙江省永康市明通纺织公司
氢氧化钠	分析纯	天津市凯通化学试剂有限公司
尿素	分析纯	天津市科密欧化学试剂有限公司
三氯甲烷	分析纯	天津市东丽区天大化学试剂厂
乙酸乙酯	分析纯	北京北化精细化学品有限责任公司
冰乙酸	分析纯	天津市富宇精细化工有限公司
无水乙醇	分析纯	天津市永大化学试剂有限公司
叔丁醇	分析纯	天津市博迪化工有限公司

仪器如表 7-2 所示。

表 7-2　仪器

仪器名称	生产厂家
FD-1A-50 型冷冻干燥机	北京博医康试验仪器有限公司
Magna-IR560 型傅里叶变换红外光谱仪	美国 Nicolet 仪器有限公司
Quanta200 型环境扫描电子显微镜	美国 FEI 公司
TG209F3 型热重分析仪	德国 Netzsch 仪器有限公司
D/max-rB 型 X 射线衍射仪	日本 Rigaku 仪器有限公司
ASAP2020 型全自动物理吸附分析仪	美国 Micrometrics 公司

7.1.2.2　方法

依据参考文献［235］，将 2.00 g 竹纤维放入 100 mL NaOH、尿素、水（质量比为 7：12：81）混合体系中，于-18 ℃冰箱里冷冻 3 h，并将解冻后的混合物在磁力搅拌器下搅拌成溶液，制成竹纤维/碱脲溶液；然后用胶头滴管将该溶液滴到冰乙酸的有机溶液中，此时则会形成大小相同的珠体，让其在溶液中老化 10 min，取出，转至质量分数为 1% 的冰乙酸中固化 24 h；接着先用蒸馏水将透明的球形纤维素凝胶洗至中性，然后利用无水乙醇、叔丁醇依次置换凝胶中的水和乙醇，得到以叔丁醇为溶剂的球形纤维素凝胶；最后采用冷冻干燥机将凝胶干燥成球形纤维素气凝胶。通过改变胶头滴管直径的大小，本书试验另制备出两种大小不同的球形纤维素气凝胶。

7.1.2.3　表征

将不同直径的球形纤维素气凝胶经液氮脆断处理后，采用 SEM 经液氮脆断后对其表面和断面形貌进行表征；采用 FT-IR 对不同直径的球形纤维素气凝胶以及原料竹纤维进行化学态表征；采用 XRD 对 3 种球形纤维素气凝胶进行结晶态表征，其中测试条件为室温 Cu 靶 Kα 辐射，加速电压为 40 kV，电流为 50 mA，扫描速度为 4°/min；利用 ASAP2020 型全自动物理吸附分析仪测定样品的比表面积及孔容孔径，试样在液氮温度（77K）下进行 N_2吸附；热失重采用 TG209F3 型热重分析仪进行分析，测试条件为氩气保护，温度为 30~600 ℃，加热速率为 10.0 K/min。

7.1.3　结果与分析

7.1.3.1　形貌分析

（1）宏观形貌分析。

图 7-1 为球形纤维素气凝胶的宏观图片，（a）图为球形纤维素气凝胶平放时的形态，（b）图为球形纤维素气凝胶倒立时的形态[122,236]。从图 7-1 中可以看出，利用特定滴定容器制备的球形纤维素气凝胶是一种大小均一、形态均匀的球状体；当球形纤维素倒立时，可以凭借自身的静电力完全吸附在塑料容器壁上，且长期不会掉落，说明球形纤维素气凝胶具有很轻的质量和很小的密度。

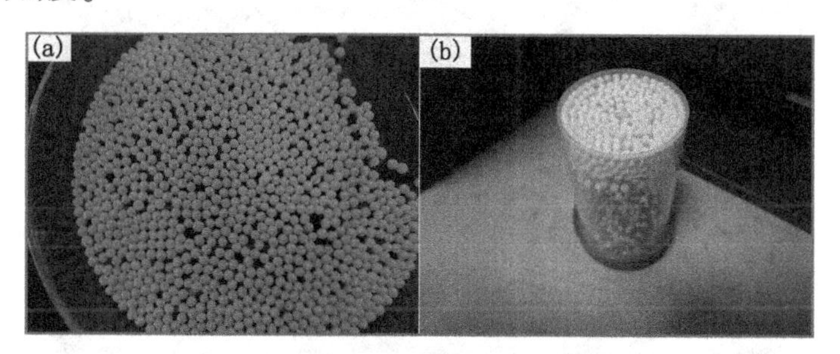

图 7-1　球形纤维素气凝胶的宏观图片[122,236]

（2）SEM 分析。

图 7-2 为不同样品的表面形貌、边缘形貌和断面形貌[122,236]。从图 7-2 可以看出，在球形纤维素气凝胶的内部，各纤维素间彼此交织缠绕在一起，形成一种疏松多孔的网络状结构，且孔隙结构大小均匀，无结构塌陷[237]。中等尺寸的球形纤维素气凝胶表面具有均匀的孔隙，可以明显地看到内部的网络状结构；球形纤维素气凝胶的表面形貌和边缘形貌均受到尺寸大小的影响，但它们内部的网状结构却极为相似，均是疏松多孔的网络状结构。

（3）FT-IR 分析。

图 7-3 为不同样品的 FT-IR 谱图[122,236]。从图 7-3 可以得知：4 种样品在 3 340，2 900，1 640，1 367，1 060，895 cm^{-1}都有吸收峰出现，说明球形纤维素气凝胶与再生竹纤维一样，都具有纤维素Ⅱ型的特征吸收峰[91-92]。其中，3 380 cm^{-1}处为—OH 的伸缩振动峰，由于纤维素是一种多羟基化合物，分子中具有多个羟基，羟基能够自由叠加在一起，所以各个样品中的—OH 吸收峰都比较宽[238]；2 900 cm^{-1}处为亚甲基中 C—H 的对称伸缩振动吸收峰[202,239]；1 640 cm^{-1}处为 H_2O 的吸收峰，但吸收峰的强度不大，这可能是由于试样在空气环境中吸收了少量水蒸气，从而导致了红外谱图中水的吸收峰的出现；1 367 cm^{-1}处为 C—H 的对称伸缩振动吸收峰；1 162cm^{-1}处为纤维素中 C—C 骨架的伸缩振动吸收峰。从图 7-3 还可以看到一个比较突出的小吸收峰，即 894 cm^{-1}处的吸收峰，该处即为纤维素异头碳（C1）的振动频率[240]。

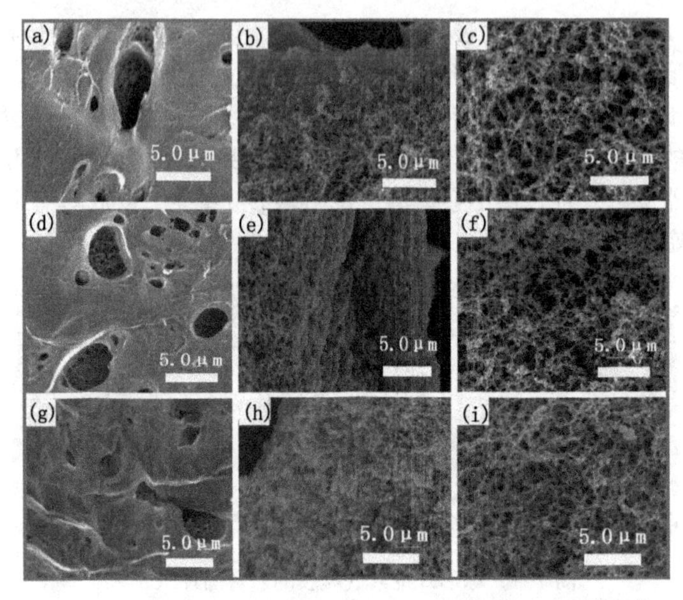

图 7-2 不同样品的表面形貌、边缘形貌和断面形貌[122,236]

(a)(b)(c)球形纤维素气凝胶-大球；(d)(e)(f)球形纤维素气凝胶-中球；(g)(h)(i)球形纤维素气凝胶-小球；(a)(d)(g)表面形貌；(b)(e)(h)边缘形貌；(c)(f)(i)为断面形貌

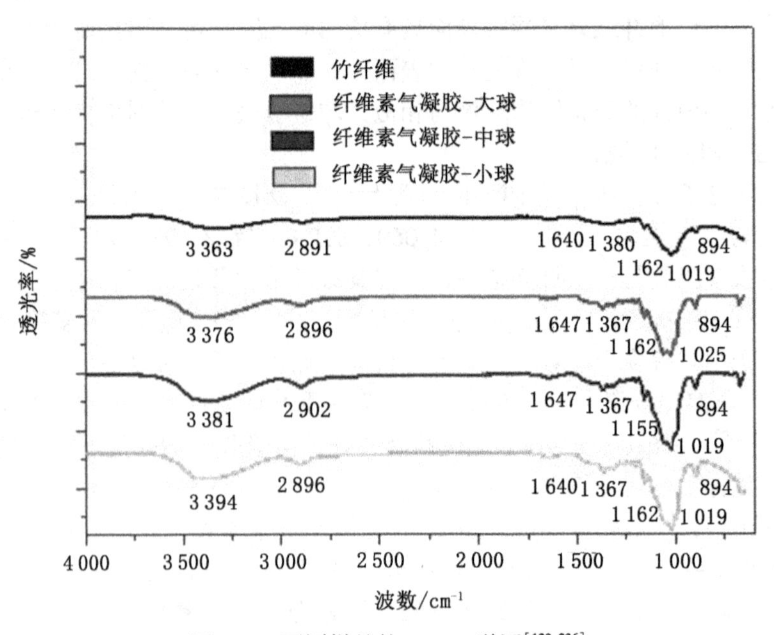

图 7-3 不同样品的 FT-IR 谱图[122,236]

（4）XRD 分析。

图 7-4 为球形纤维素气凝胶的 XRD 谱图[122,236]。从图 7-4 可知，在 $2\theta=12.08°$，20.30°和 21.78 ℃处的衍射峰，分别对应Ⅱ型纤维素晶面（$10\bar{1}$）、（101）和（002）的衍射峰[55,93-94]，说明球形纤维素气凝胶为Ⅱ型纤维素，与 FT-IR 图谱的分析结果相吻合，进一步说明球形纤维素气凝胶为纤维素Ⅱ结构。

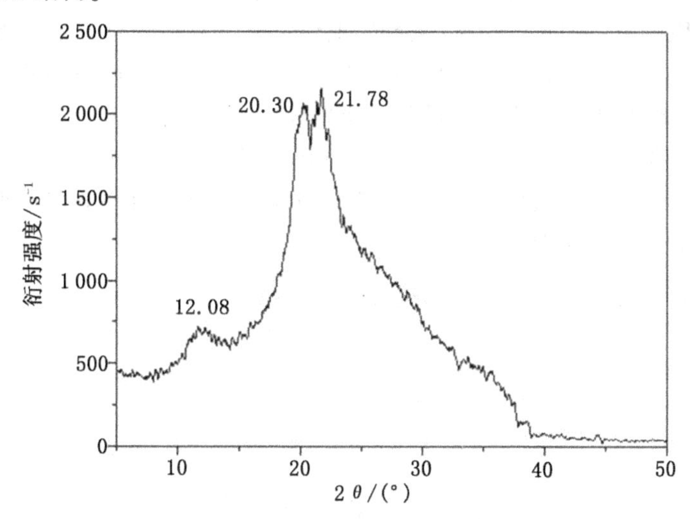

图 7-4 球形纤维素气凝胶的 XRD 谱图[122,236]

7.1.3.2 密度分析

表 7-3 为不同尺寸的球形纤维素气凝胶的直径与密度[122,236]。从表 7-3 可以看出，球形纤维素气凝胶的密度随尺寸大小的不同而不同，其波动范围在 0.037～0.294 g/cm^3，中等尺寸的球形纤维素气凝胶的密度最低，为 0.037 g/cm^3，与普通的纤维素气凝胶相比具有较低的密度[1]；而尺寸最小的纤维素气凝胶的密度反而最大，这可能是因为在小球气凝胶的形成过程中乙酸的作用较强，使其产生了致密的结构，从而导致密度增大。

表 7-3 不同尺寸的球形纤维素气凝胶的直径与密度[122,236]

样品	直径/mm	密度/（$g \cdot cm^{-3}$）
球形纤维素气凝胶——大球	3.433±0.005	0.064 0±0.000 33
球形纤维素气凝胶——中球	3.252±0.003	0.037 0±0.000 1
球形纤维素气凝胶——小球	1.118±0.003	0.294±0.002 3

7.1.3.3 孔隙分布和比表面积分析

图 7-5 所示为不同尺寸的球形纤维素气凝胶的氮气吸附/脱附等温线和BJH 孔径分布曲线图[122,236]。从图 7-5（a）（b）（c）可以看出，3 种不同尺寸的球形纤维素气凝胶均具有典型的 IV 型吸附/脱附等温线的特点，且都在 0.6~1.0 的范围内出现一个滞后环，根据滞后环的形状来看，3 种样品均具有典型的 H3（形状和尺寸非均匀的狭缝状孔道）滞后环，说明 3 种样品都是具有狭长裂口型孔状结构的介孔固体[241-244]。另外，3 种样品出现滞后环的起始压力也有差异，其差异图 7-5（a）>（b）>（c），这将引起 3 种样品的孔径略有不同，当滞后环起始压力较小时，介孔就较小；反之介孔越大。因此，大球的孔径最大，其次为小球，最后为中球。从图 7-5（a）（b）（c）的孔径分布曲线显示，3 种不同尺寸的球形纤维素气凝胶的孔径分布均较窄，且都在中孔区。

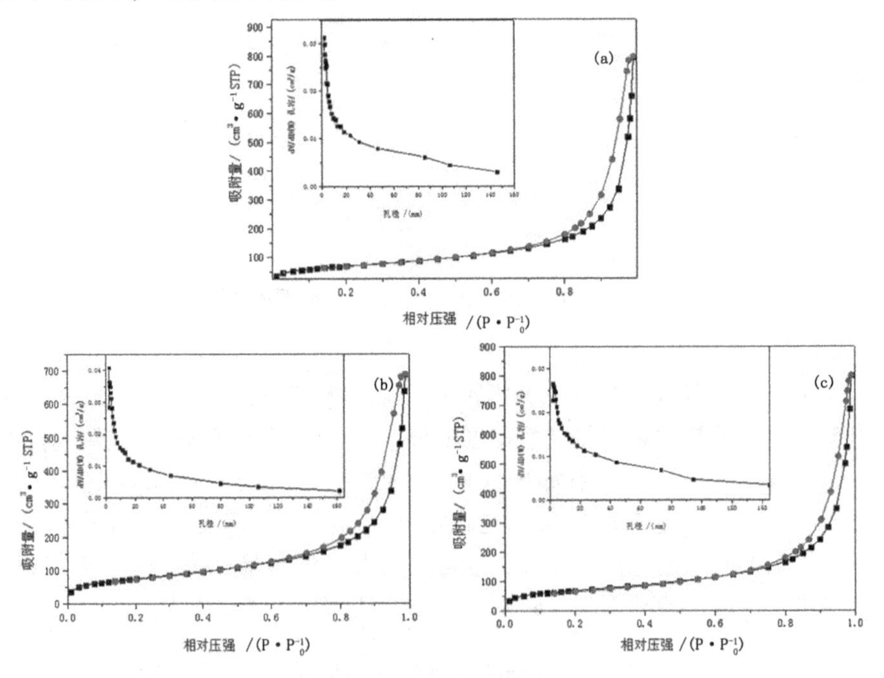

图 7-5 不同尺寸的球形纤维素气凝胶的氮气吸附/脱附等温线和 BJH 孔径分布曲线[122,236]

表 7-4 列出了不同尺寸的球形纤维素气凝胶的孔结构数据[122,236]。从表 7-4可以看出：①3 种尺寸不同的球形纤维素气凝胶的比表面积均在 240 m^2/g以上，且孔径均在 15 nm 以下，说明球形纤维素气凝胶具有较高的比表

面积、较小的孔径，有望在催化领域发挥巨大的作用；②中等尺寸的球形纤维素气凝胶的比表面积最大，而孔容和孔径却最小，分别为 267. 25 m^2/g，0. 741 2 cm^3/g，11. 09 nm，这种差异正好与扫描电镜和密度存在差异的原因相同，均由纤维素在成球的过程中乙酸对凝胶产生的影响引起；③大球的孔径为 13. 06 nm，中球的孔径为 11. 09 nm，小球的孔径为 12. 85 nm，可见大球的孔径高于小球的，小球的孔径高于中球的，这与氮气吸附/脱附曲线上滞后环出现的起始压力的不同将会引起孔径的相应变化的解释一致。

表 7-4　不同尺寸的球形纤维素气凝胶的孔结构数据[122,236]

样品	比表面积/（$m^2 \cdot g^{-1}$）	孔容/（$cm^3 \cdot g^{-1}$）	孔径/nm
大球	245. 34	0. 801 1	13. 06
中球	267. 25	0. 741 2	11. 09
小球	241. 69	0. 776 5	12. 85

7. 1. 3. 4　热学性能分析

图 7-6 为再生竹纤维与不同尺寸的球形纤维素气凝胶的热重曲线图[122,236]。从图 7-6 可知，运用 Proteus Analysis 分析软件对 4 种样品的质量损失的起始点、中点、拐点和质量变化的热失重数据进行分析，分析结果表明，再生竹纤维与 3 种不同尺寸的球形纤维素气凝胶均表现出两个不同的失重区：100~200 ℃间为吸附水蒸发过程，该区间中再生竹纤维的失重率要稍微高于球形纤维素气凝胶的失重率，这可能是由于再生竹纤维长期放置于空气中，吸附了空气中的水蒸气才导致该区间的失重率较大；250~370 ℃为纤维素主链降解区，该区域为主要的失重区，其中再生竹纤维的失重率为 68%，球形纤维素气凝胶的失重率较高，大球的失重率为 82%，中球的失重率为 78%，小球的失重率为 78%。虽然 4 种样品有相似的失重区间，但它们的热分解温度还是略有差异：①球形纤维素气凝胶的起始分解温度与竹纤维的起始热分解温度相近，均为 315 ℃左右，说明纤维素成球后的起始热稳定性并没有降低；②与再生竹纤维相比，球形纤维素气凝胶的最大热失重温度较高，其中大球的为 364. 4 ℃，中球的为 357. 3 ℃，小球的为 354. 2 ℃，而再生竹纤维的为 354. 0 ℃，说明球形纤维素气凝胶的耐高温性能要稍微好于竹纤维；③与再生竹纤维相比，600 ℃时的球形纤维素气凝胶的碳含量较高，较高的碳残余质量使球形纤维素气凝胶有可能用作纤维素基介孔碳材料的前驱体[133]。

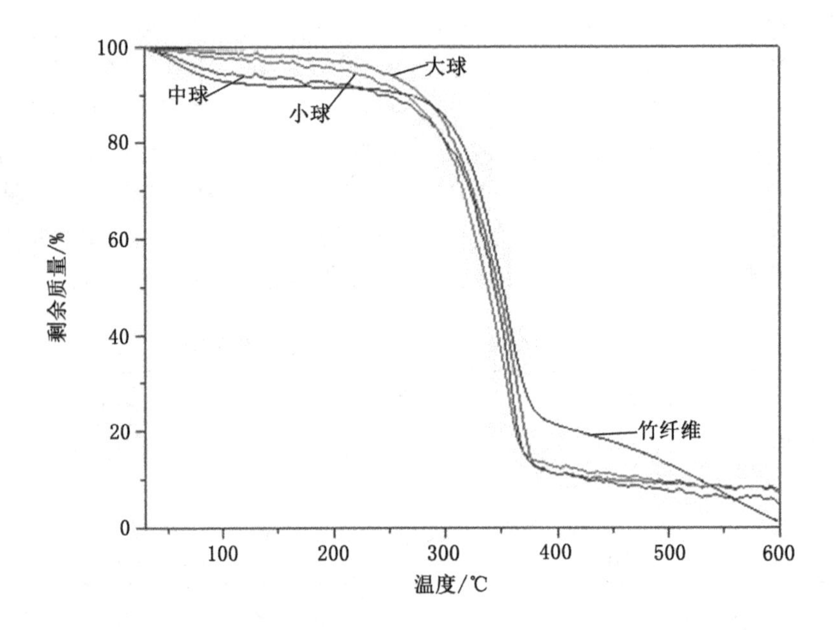

图 7-6 再生竹纤维和不同尺寸的球形纤维素气凝胶的热重曲线[122,236]

7.1.4 结论

（1）以再生竹纤维为原料，采用滴定悬浮法制备的球形纤维素气凝胶，经 XRD 分析结果表明，球形纤维素气凝胶与原料再生竹纤维一样，均具有纤维素Ⅱ型结构，且内部为疏松多孔的网络状结构。

（2）通过改变滴定容器的直径大小，制备出大小可控的球形纤维素气凝胶，经孔结构分析结果表明，3 种尺寸不同的球形纤维素气凝胶的比表面积均在 240 m^2/g 以上，且孔径均在 15 mm 以下，最小密度可达 37 mg/cm^3。中等尺寸的球形纤维素气凝胶的比表面积最大，而孔容和孔径却最小，分别为 267.25 m^2/g，0.741 2 cm^3/g，11.09 nm。

（3）热重分析结果表明，纤维素气凝胶大球的最大热失重温度为 364.4 ℃，中球的最大热失重温度为 357.3 ℃，小球的最大热失重温度为 354.2 ℃，而再生竹纤维的最大热失重温度为 354.0 ℃，因此，再生后的气凝胶的热稳定性有所提高。

7.2 不同干燥条件对球形纤维素气凝胶结构性能的影响

7.2.1 引言

众所周知，由胶体粒子或高聚物分子在一定条件下相互连接形成一种空间三维网络状的结构，并在其孔隙中充满一种连续相的介质的物质被称作凝胶。根据填充介质的不同，主要将凝胶分为4类：以水为填充介质的水凝胶，以醇为填充介质的醇凝胶，以离子液体为填充介质的离子液体凝胶，以及以气体（通常为空气）为填充介质的气凝胶。因此，若想制备气凝胶，则必须将湿凝胶中的液体被气体取代，同时保持凝胶的空间三维网络状结构不变。然而，当湿凝胶在干燥过程中，极易发生弯曲和变形，甚至会发生开裂现象，所以要除去液态溶剂而使凝胶的多孔网络结构保持不变是极其困难的，对凝胶的干燥条件要求非常苛刻。因此，本书试验探讨了常压干燥、冷冻干燥及超临界CO_2干燥3种方法对球形纤维素气凝胶结构与性能的影响，确定试验室制备气凝胶最佳的干燥方法。

7.2.2 试验

7.2.2.1 材料与仪器

再生竹纤维和其他药品参见7.1.2.1。

超临界二氧化碳萃取仪，德阳四创科技有限公司；101-2A型电热鼓风干燥箱，天津市泰斯特仪器有限公司，其他试验仪器参见7.1.2.1。

7.2.2.2 方法

采用7.1.2.2的方法制备以叔丁醇为填充介质的中球纤维素凝胶，并将这些湿凝胶等分为3份，分别采用常压干燥、冷冻干燥和超临界CO_2干燥法，制备出不同结构的球形纤维素气凝胶。

7.2.2.3 表征

试样经液氮冷冻脆断后取表面和断面，采用SEM对试样进行形貌表征；采用FT-IR对3种样品进行化学态表征；采用XRD对3种球形纤维素气凝胶进行结晶态表征，其中测试条件为室温Cu靶Kα辐射，加速电压为40 kV，电流为50 mA，扫描速度为4°/min；利用ASAP2020型全自动物理吸附分析仪测定样品的比表面积及孔容孔径，试样在液氮温度（77 K）下进行

N_2吸附；用螺旋测微仪测量各试样的直径，并从其中随机选出 20 颗样品测其质量，求出平均值，并计算各试样的密度。

7.2.3 结果与分析

7.2.3.1 SEM 分析

图 7-7 为不同样品的表面形貌和断面形貌[122]。从图 7-7 可以看出，3 种方法制备的球形纤维素气凝胶均具有多孔隙的网络状结构。图 7-7（a，c，e）显示，从常压干燥到冷冻干燥，再到超临界 CO_2干燥方法中，球形纤维素气凝胶表面的孔隙大小由非均一性向均一性转变，孔隙的数目也逐渐增多。由冷冻干燥法和超临界 CO_2干燥法制备出的气凝胶均含有大小均匀的孔隙，差别仅在于后者孔隙的数目比较多，这就给无机粒子的填入奠定了基础；图 7-7（b，d，f）显示，球形纤维素气凝胶的内部形貌易受干燥条件的影响，常压干燥法制备的样品内部为致密的网络状结构，而冷冻干燥法和超临界 CO_2干燥法制备的样品则为疏松多孔的网络状结构，但前者内部的孔隙比较大，后者中纤维素彼此间交织的网络状结构比较疏松，且孔隙较均匀。产生这种不同结构的主要原因是三种试样受到的表面张力的大小不同，表面张力越大，凝胶发生急剧收缩的可能性越大，从而将会导致其结构产生

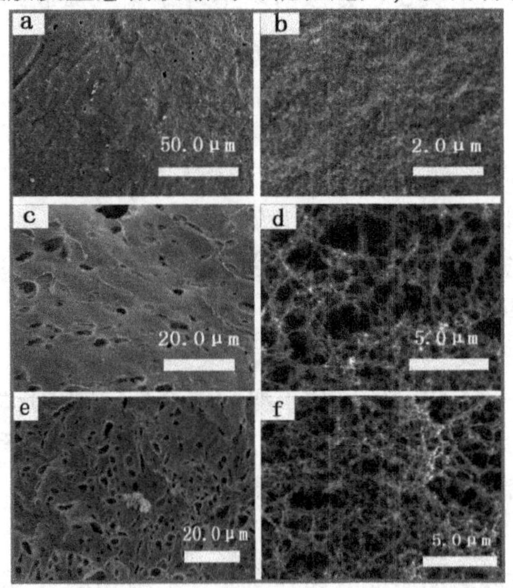

图 7-7　不同样品的表面形貌和断面形貌[122]

a，b. 球形纤维素气凝胶-常压干燥法；c，d. 球形纤维素气凝胶-冷冻干燥法；e，f. 球形纤维素气凝胶-超临界 CO_2干燥法；a，c，e. 球形纤维素气凝胶的表面形貌；b，d，f. 球形纤维素气凝胶的断面形貌

更为严重的致密化现象[245]。

7.2.3.2 FT-IR 分析

图 7-8 为不同样品的 FT-IR 谱图[122]。从图 7-8 可知，4 种样品在 3 330，2 891，1 640，1 019，894 cm^{-1}附近处都有吸收峰，说明球形纤维素气凝胶与再生竹纤维均具有纤维素Ⅱ型的特征吸收峰[91-92]。与原料再生竹纤维相比，再生后形成气凝胶的—OH 的伸缩振动峰（3 350 cm^{-1}）略向高频区移动，这主要是因为在凝胶的形成过程中纤维素中—OH 的氢键缔合作用减弱，但没有消失；在 1 100 cm^{-1}附近为 C—O—C 的对称伸缩振动吸收峰的比较中，二者相差甚微，说明该官能团并不随凝胶的形成而发生改变[247]。

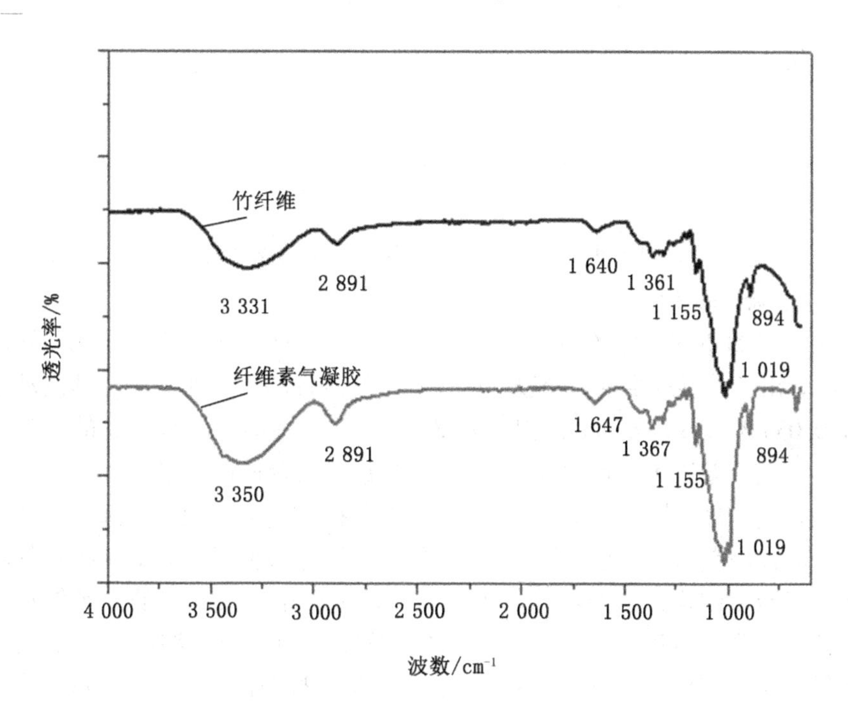

图 7-8 不同样品的 FT-IR 谱图[122]

7.2.3.3 XRD 分析

图 7-9 为球形纤维素气凝胶的 XRD 谱图[122]。从图 7-9 可知，在 $2\theta=12.11°$，20.08°和 21.65°处出现明显的衍射峰，且衍射峰的强度都较大，且该三处衍射峰分别对应Ⅱ型纤维素晶面（$10\bar{1}$）、（101）和（002）的衍射峰，说明球形纤维素气凝胶为Ⅱ型纤维素，印证了 FT-IR 图谱的分析结果。另外，从衍射峰面积的大小可以得出，该种球形纤维素气凝胶具有较高的结晶度，说明再生后的纤维素气凝胶的结晶结构并没有受到严重的破坏[55,93-94]。

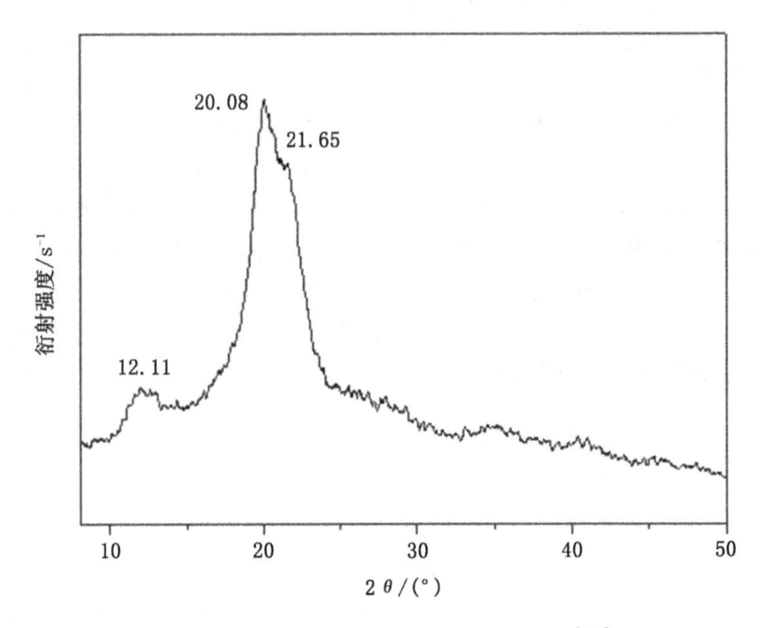

图 7-9　球形纤维素气凝胶的 XRD 谱图[122]

7.2.3.4　密度分析

表 7-5 为不同干燥条件下球形纤维素气凝胶的直径与密度[122]。从表 7-5 可以看出，球形纤维素气凝胶的密度随干燥条件的不同而不同，其波动范围在 0.034 3~1.151 g/cm^3，超临界 CO_2 干燥法和冷冻干燥法制备的气凝胶之间的密度相差不大，均在 0.035 g/cm^3 附近，与普通的纤维素气凝胶相比具有较低的密度[247]，但与常压干燥条件下制得的气凝胶相差甚远，差值约为 0.808 g/cm^3。产生这种结果的原因是常压干燥条件下，球形纤维素气凝胶形成了致密结构，体积收缩率很大，而球形纤维素气凝胶的质量保持不变，因此其密度值较大，而冷冻干燥法和超临界 CO_2 干燥法制备的气凝胶，内部结构较为疏松，体积收缩率较小，因此这两种条件下制备的球形纤维素气凝胶的密度值较小。

表 7-5　不同干燥条件下球形纤维素气凝胶的直径与密度[122]

样品	直径/mm	密度/（g·cm^{-3}）
a	0.937±0.005	1.151±0.007
b	3.252±0.002	0.037 0±0.006
c	3.531±0.005	0.034 3±0.003

注：a. 球形纤维素气凝胶-常压干燥法；b. 球形纤维素气凝胶-冷冻干燥法；c. 球形纤维素气凝胶-超临界 CO_2 干燥法。

7.2.3.5 孔隙分布和比表面积分析

图 7-10 为不同干燥条件下制得的球形纤维素气凝胶的氮气吸附/脱附等温线和 BJH 孔径分布曲线图[122]。从图 7-10（a）（b）（c）可以看出，3 种样品均具有典型的 IV 型吸附/脱附等温线的特点，且都在 0.6~1.0 的范围内出现滞后环，根据滞后环的形状可以判断出 3 种样品均具有典型的 H3 滞后环，说明 3 种样品都是具有狭长裂口形孔状结构的介孔固体[241-244]。从 3 种样品出现滞后环的起始压力的不同可以得出相应孔径的大小排列，在图 7-10 中是（c）<（a）<（b）。另外，图 7-10（a）（b）（c）的孔径分布曲线显示，3 种样品的孔径分布均较窄，且都在中孔区。

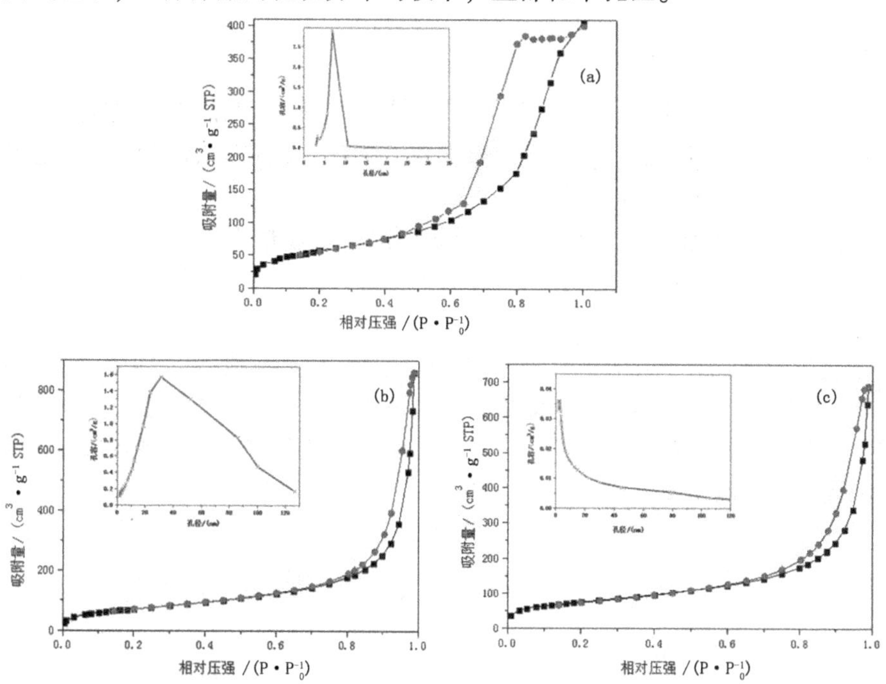

图 7-10 不同样品的氮气吸附/脱附等温线和 BJH 孔径分布曲线[122]

表 7-6 列出了不同干燥条件下制备的球形纤维素气凝胶的孔结构数据[122]。从表 7-6 可以看出：①3 种样品的比表面积和孔径分别在 200~270 m^2/g 和 11~13 nm 范围内波动，其中 a 试样的比表面积最小，而 b 试样和 c 试样的比表面积相差很小，均在 260 m^2/g 以上，产生这种结果的主要原因与 SEM 分析原因相同；②a 试样孔径为 11.48 nm，b 试样孔径为12.41 nm，c 试样孔径为 11.02 nm，可见 c 试样孔径小于 a 试样，b 试样孔径最大，这与氮气吸附/脱附曲线上滞后环出现的起始压力的不同将会引起孔径的相应

变化的解释一致。

表 7-6 不同样品的孔结构数据[122]

样品	比表面积/（$m^2\cdot g^{-1}$）	孔容/（$cm^3\cdot g^{-1}$）	孔径/ nm
a	206.54	0.59	11.48
b	263.34	0.82	12.41
c	268.23	0.73	11.02

注：a. 球形纤维素气凝胶-常压干燥法；b. 球形纤维素气凝胶-冷冻干燥法；c. 球形纤维素气凝胶-超临界 CO_2 干燥法。

7.2.4 结论

（1）采用冷冻干燥法和超临界 CO_2 干燥法制备的球形纤维素气凝胶均具有疏松多孔的网络结构，二者相差不大，但采用常压干燥法制备的气凝胶内部结构过于致密，不利于其他无机粒子的生长。

（2）经密度测定，常压干燥法制备的试样密度最大，为 1.151 g/cm^3，而其他两种干燥法制备的试样密度均在 0.035 g/cm^3，低于普通的纤维素气凝胶。

（3）3 种干燥方法制备的球形纤维素气凝胶均具有典型的 IV 型吸附/脱附等温线的特点，采用常压干燥法制备的试样的比表面积明显小于另两个试样，但 3 种试样的孔径均在 11 nm 附近，因此，试验室条件下制备气凝胶的最优选择是冷冻干燥方法。

7.3 球形纤维素醇凝胶模板剂合成介孔 TiO_2 及其性能

7.3.1 引言

目前，人们越来越多地关注环境污染问题，更注重利用光催化氧化技术解决该问题。但从应用角度看，现如今还存在很多问题，例如传统的 TiO_2 催化剂因其比表面积小、催化活性低而大大限制了其实际应用。因此寻找一种合适的方法来制备多孔 TiO_2 材料成为研究热点。本书以滴定悬浮法制备的球形纤维素醇凝胶为模板，以钛酸丁酯为钛源，采用溶胶凝胶-水热法制得球形介孔 TiO_2 气凝胶，并通过环境扫描电子显微镜（SEM）、X 射线衍射仪（XRD）以及全自动比表面积及孔隙度分析仪（BET）对其进行结构和性能表征，系统研究了球形介孔 TiO_2气凝胶的微观结构和光催化活性。

7.3.2 试验

7.3.2.1 材料与仪器

（1）原料和试剂。

钛酸丁酯（分析纯），天津市科密欧化学试剂有限公司；甲基橙（分析纯），天津市科密欧化学试剂有限公司；再生竹纤维和其他药品参见 7.1.2.1。

（2）仪器。

KSL1700X 型高温烧结炉，合肥科晶材料技术有限公司；H-7650 型透射电子显微镜（TEM），日本 Hitachi 仪器有限公司；电热鼓风干燥箱及其他仪器参见 7.1.2.1。

7.3.2.2 方法

（1）球形纤维素醇凝胶的制备：采用 7.2.2.2 的方法制备以无水乙醇为填充介质的中球纤维素凝胶。

（2）球形 TiO_2/纤维素复合醇凝胶的制备：称取 0.1 g 尿素，使其溶解在 40 mL 无水乙醇中，向其中加入 0.1 mL 钛酸丁酯，搅拌均匀；然后称取 1.0 g 本书 7.2.2.2 所述步骤中所制备的球形纤维素醇凝胶，并将其倒入混合溶液中，室温条件下静置 2 h；最后将混合物倒入 50 mL 高压反应釜中，于 120 ℃烘箱中反应 10 h；待反应结束后，取出样品，用乙醇清洗 3 次，并依次将其填充溶剂置换成无水乙醇、叔丁醇；最后利用冷冻干燥机将试样干燥成球形 TiO_2/纤维素复合气凝胶。

（3）球形介孔 TiO_2气凝胶的制备：将制备的球形 TiO_2/纤维素复合气凝胶移入高温烧结炉中，以 1 ℃/min 的升温速率升至 500 ℃并恒温焙烧 3 h，制得球形介孔 TiO_2气凝胶。并在相同的条件下，依次改变钛酸丁酯的添加量，分别为 0.1，0.5，5.0 mL，制备出不同 TiO_2含量的介孔材料。

7.3.2.3 表征

试样经液氮冷冻脆断后取其表面和断面，采用 SEM 对试样进行形貌表征；取试样经吸附、干燥、染色处理后，采用 TEM 进行表征；采用 XRD 对试样进行结晶态表征，其中测试条件为室温 Cu 靶 Kα 辐射，加速电压为 40 kV，电流为 50 mA，扫描速度为 4°/min；利用 ASAP2020 型全自动物理吸附分析仪测定样品的比表面积及孔容孔径，试样在液氮温度（77 K）下进行 N_2吸附；采用光电子能谱仪对试样中元素的化学态和化学组成进行表征；

采用光催化装置对样品进行光催化性能表征。

7.3.3 结果与分析

7.3.3.1 形貌分析

（1）宏观形貌分析。

图 7-11 为介孔 TiO_2气凝胶的宏观图[122]。从图 7-11 可以看出，随着 TBOT 添加量的不同，介孔 TiO_2呈现出不同的宏观形貌。当钛酸丁酯的添加量由 0.1 mL 增加到 5.0 mL 时，TiO_2的球体形貌由不均一性向均一性改变，说明当 TBOT 球形纤维素醇凝胶的添加量为 5.0 mL/g 时，介孔 TiO_2的球体形貌可保留住模板剂的形貌，成为规则的球形介孔 TiO_2气凝胶。

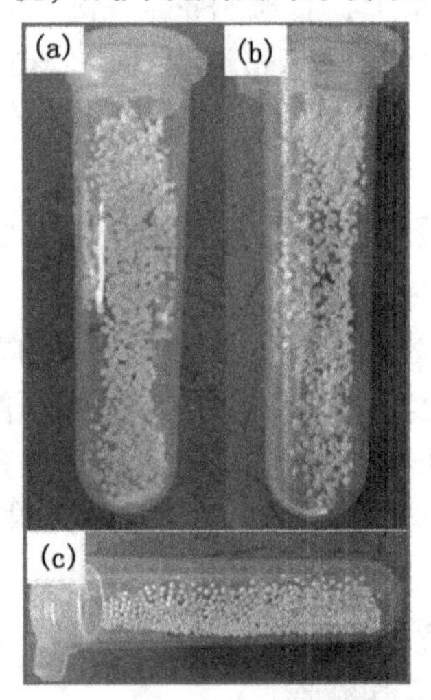

图 7-11 介孔 TiO_2气凝胶的宏观图[122]

a. 介孔 TiO_2气凝胶—0.1 mL TBOT；b. 介孔 TiO_2气凝胶—0.5 mL TBOT；c. 介孔 TiO_2气凝胶—5.0 mL TBOT

（2）SEM 分析。

图 7-12 为不同样品的外表面结构和内部结构形貌[122]。从图 7-12 可以得出，由球形纤维素醇凝胶为模板剂制备的介孔 TiO_2是通过无数个纳米 TiO_2粒子积聚在一起形成的，且随着 TBOT 添加量的增大，纳米 TiO_2粒子彼此交织的程度愈来愈强，直至形成疏松的网络状结构，见图 7-12（c）；图 7-12（d）显示，在介孔 TiO_2的外表面拥有无数个气孔，其形成的主要原因是在介孔 TiO_2的煅烧过程中，TiO_2气凝胶继承了模板剂的结构特征，不但保留了球形纤维素气凝胶球状形貌，更保留了其多孔的特性，进一步为光催化

活性的提升奠定了基础。

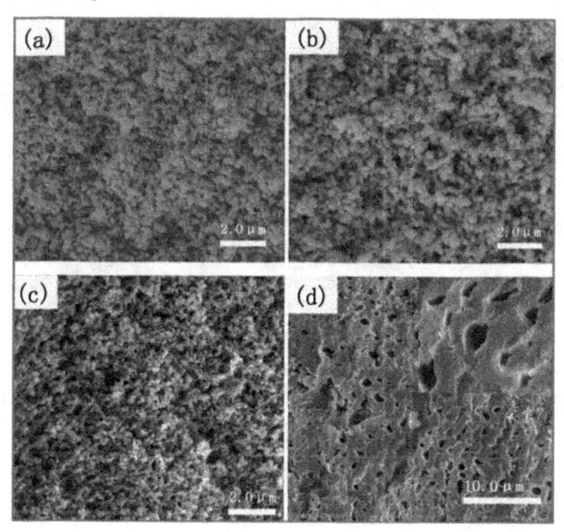

图 7-12　不同样品的外表面结构和内部结构形貌[122]

(a) 介孔 TiO_2气凝胶的内部形貌—0.1 mL TBOT；(b) 介孔 TiO_2气凝胶的内部形貌—0.5 mL TBOT；(c) 介孔 TiO_2气凝胶的内部形貌—5.0 mL TBOT；(d) 介孔 TiO_2气凝胶的外表面形貌

(3) TEM 分析。

图 7-13 为不同样品的 TEM 形貌图[122]。从图 7-13 中可以看出，当 TBOT 添加量较低时，介孔 TiO_2是一种不规则的、团聚较强的材料，见图 7-13 (a)；当 TBOT 添加量增至 5 倍后，其不规则性和团聚性逐渐降低，直至添加 5.0 mL 的 TBOT 时，介孔 TiO_2成为一种形貌规则的球形且分散性较好的气凝胶材料，见图 7-13 (c)。另外，经测量工具测试后，球形纤维素醇凝胶模板法制备的球形 TiO_2粒子的粒径在 15~20 nm 范围内，为纳米颗粒。

7.3.3.2　XRD 分析

图 7-14 为不同样品的 XRD 图谱[122]。由图 7-14 (a) 得知，3 种试样均在 25.22°，37.79°，47.93°，54.04°，54.85°和 62.73°处依次出现强度不同的特征衍射峰，通过对比标准图谱库可知，该特征峰分别对应于 (101) (004) (200) (105) (211) 和 (204) 晶面，说明制得的介孔 TiO_2气凝胶为锐钛矿结构，且 3 种试样的结晶程度相当。图 7-14 (b) 显示出 TiO_2气凝胶在 $2\theta=25.26°$处的衍射峰，由图 7-14 可知，随着 TBOT 添加量的不断增大，TiO_2气凝胶在 (101) 晶面处的衍射峰的宽度不断增加，说明 TBOT 的添加量对 TiO_2粒子的粒径也有一定的影响，添加量越大，TiO_2粒子的粒径反而越小[246]。

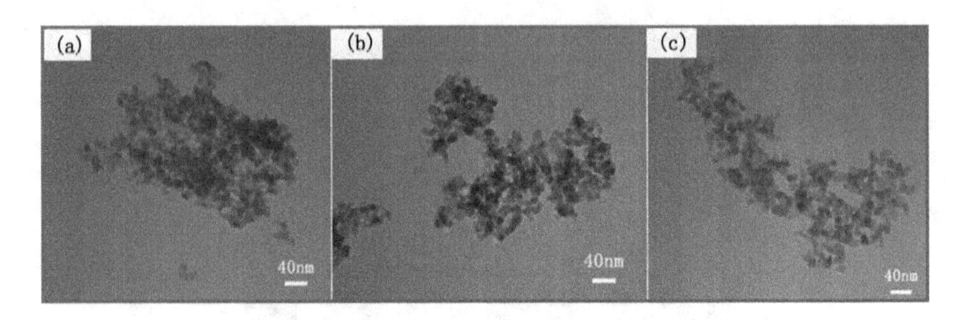

图 7-13　不同样品的 TEM 照片[122]

（a）介孔 TiO_2 气凝胶—0.1 mL TBOT；（b）介孔 TiO_2 气凝胶—0.5 mL TBOT；（c）介孔 TiO_2 气凝胶—5.0 mL TBOT

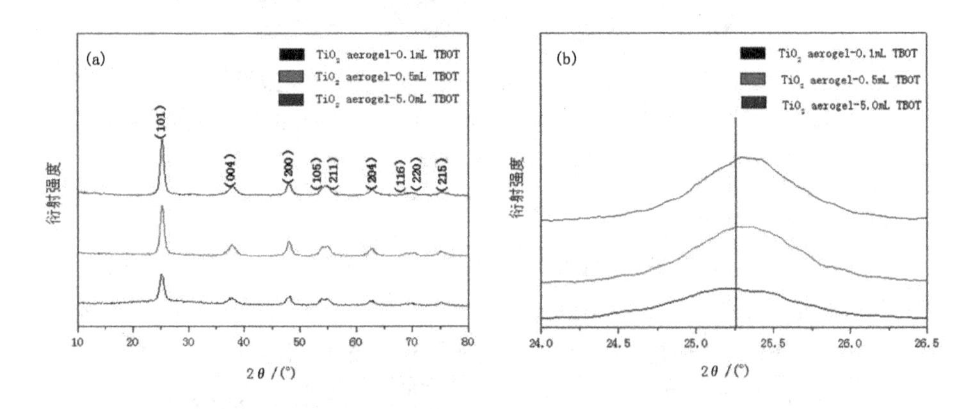

图 7-14　不同样品的 XRD 图谱[122]

（a）不同样品在 2θ=25.26°处 TiO_2 的衍射峰；（b）经 500 ℃煅烧 3 后的 TiO_2 aerogels 的 XRD 图谱

7.3.3.3　XPS 分析

图 7-15 给出了当 TBOT 的添加量为 5.0mL，以 10 ℃/min 升至 500 ℃并恒温焙烧 3h 条件下制备的介孔 TiO_2 气凝胶的 X 射线光电子能谱图[122]。图 7-15（a）为 XPS 的全谱图，从图 7-15 中可以得出，试样中不仅含有 Ti，O 元素，还含有 C 元素。C 元素的存在主要是由 XPS 测试仪器中少量有机物污染造成的。图 7-15（a）和（c）分别对应于介孔 TiO_2 气凝胶表面 XPS 的 Ti2p 和 O1s 的高分辨率扫描谱图及 O1s 的分峰拟合谱图。从图 7-15 中得知，分别位于 $E2p_{3/2}$ = 458.59 eV 和 $E2p_{1/2}$ = 464.34 eV 处的 Ti 的 2 个结合能，其电子结合能差 5.75 eV，是 Ti^{4+} 存在的重要判据[248-249]。O 元素的 XPS 谱是不对称的宽峰，表明介孔 TiO_2 气凝胶表面含有不同的氧。O1s 的高分辨扫描谱能够被拟合为 3 个峰，其结合能分别为 529.78，531.11，531.98 eV，

符合文献报道的晶格氧、羟基氧和物理吸附氧的 O1s 结合能数值，说明该方法制备的介孔 TiO_2气凝胶是以晶格氧、羟基氧和物理吸附氧 3 中化学态形式存在的。另外，从 O1s 的峰面积还可以得出，O1s 主要是以晶格氧 Ti-O-Ti 形式存在的。因此，以球形纤维素醇凝胶为模板剂制备的介孔 TiO_2气凝胶主要由 TiO_2组成，但在表面有少量反应过程中产生的 Ti-OH[250]。

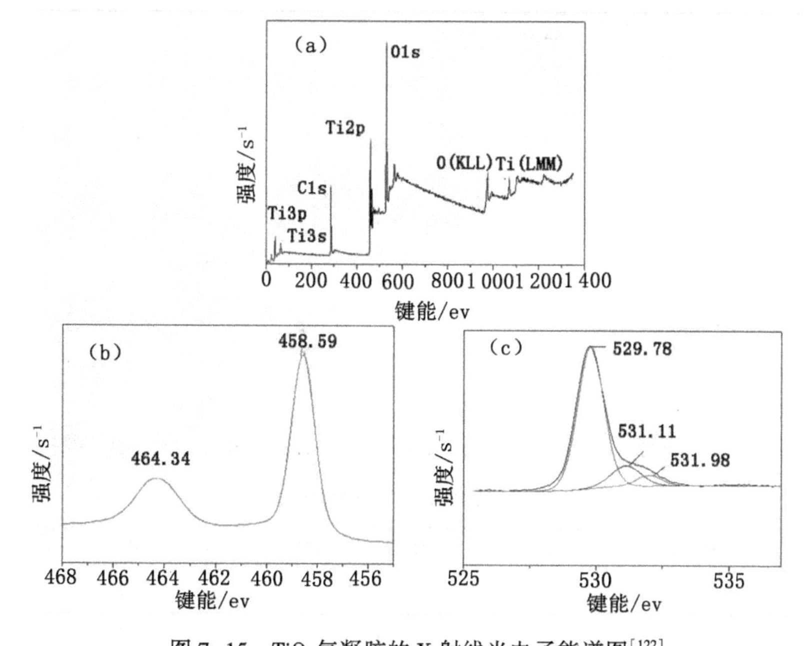

图 7-15　TiO_2气凝胶的 X 射线光电子能谱图[122]

(a) 总光谱；(b) Ti 2p 的高分辨率光谱；(c) O 1S 区高分辨率光谱[122]

7.3.3.4　孔隙分布及比表面积分析

图 7-16 显示了不同条件下制备的介孔 TiO_2气凝胶的 N_2吸附-脱附等温线及 BJH 孔径分布情况[122]。从 N_2吸附-脱附等温线图中可以看出，3 种样品均具有典型的 IV 型吸附/脱附等温线的特点，且都在 0.6~1.0 的范围内出现滞后环，根据滞后环的形状可以判断出 3 种样品均具有典型的 H3 滞后环，说明 3 种样品都是具有狭长裂口型孔状结构的介孔固体[241-244]。随着 TBOT 添加量的不断增加，滞后环的起始压力不断增大，而滞后环起始压力的大小与材料的孔径成反比例关系，因此，最高添加量的 c 样品将具有最小的孔径。从 BJH 孔径分布图可以看出，3 种样品均含有两个粒径峰，分别位于 2~3 nm 和 10~100 nm 处，且最高峰值大约为 2.3 nm 和 34 nm 附近，均在中孔区。

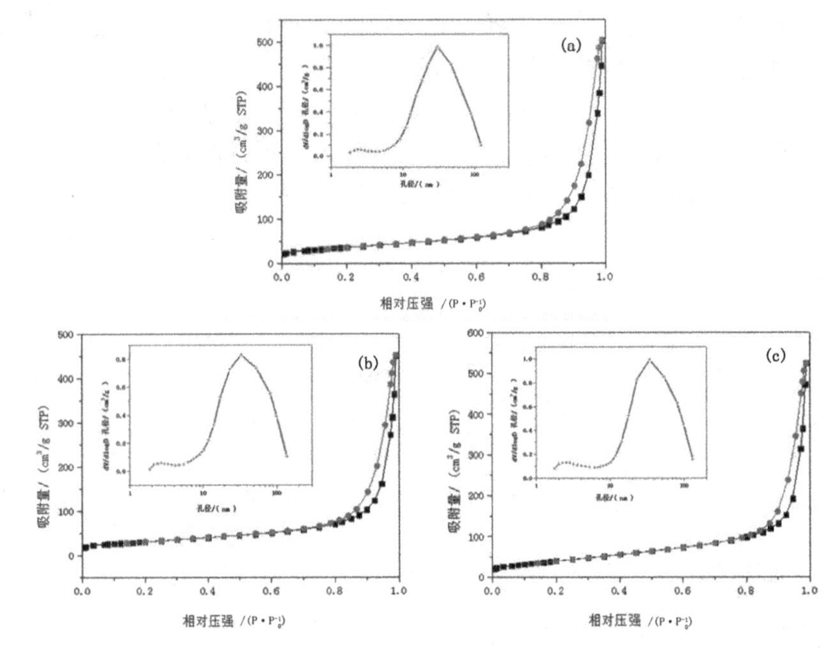

图 7-16　不同样品的氮气吸附/脱附等温线和 BJH 孔径分布曲线[122]

表 7-7　不同样品的孔结构数据[122]

样品	比表面积/（$m^2 \cdot g^{-1}$）	孔容/（$cm^3 \cdot g^{-1}$）	孔径/ nm
a	129.32	0.52	16.20
b	111.88	0.42	15.04
c	149.95	0.49	12.96

注：a. 介孔 TiO_2气凝胶—0.1 mL TBOT；b. 介孔 TiO_2气凝胶—0.5 mL TBOT；c. 介孔 TiO_2气凝胶—5.0 mL TBOT。

表 7-7 列出了不同条件下制备的介孔 TiO_2气凝胶的孔结构数据[122]。由表 7-7 可以看出：①3 种样品的比表面积和孔径分别在 110～150 m^2/g 和 12～17 nm 范围内波动，其中 c 试样的比表面积最大，数值为 149.95 m^2/g，而 a 试样和 b 试样的相差不大；②与 c 试样相比，b 试样的比表面积和孔容相对较小，但平均孔径却增大。比表面积和孔容降低可能是在粒子的生长过程中晶粒张大、孔洞塌陷及部分颗粒团聚所致，而平均孔径的增大则可能与样品的无定形结构中小孔塌陷有关[251-252]。

7.3.3.5　光催化活性分析

据文献报道，甲基橙的最大吸收波长在 460 nm，并且在低浓度下其吸光度与浓度成线性比例关系[253]。图 7-17 为介孔 TiO_2气凝胶在 UV 灯的照射下对 10 mg/LMO 的降解曲线，其中介孔 TiO_2 与 MO 的质量比为 100∶3[122]。从图 7-17 中可以得知，降解主要分为两个过程：前 30 min 为吸附过程，后 90 min 为紫外降解过程。在第一个过程内，由 5.0mL 的 TBOT 制备的介孔 TiO_2 气凝胶对 MO 具有最大的吸附性，这主要是由于本身具有较大的比表面积。在降解过程中，球形介孔 TiO_2 气凝胶一直处于领先地位，直到反应 90 min 后，对 MO 的降解率高达 92.9%，而另两种样品的光催化性能相差不大，对 MO 的降解率分别为 87.8% 和 88.8%。从图 7-17 中还可以明显地看到光照时间 0~25 min 范围内，介孔 TiO_2 气凝胶对 MO 的降解性最大，随着光照时间的延长，溶液的降解率虽然继续增大，但降解效率逐渐减小。这是因为光催化反应开始时，MO 溶液的浓度较大，易于吸附在介孔 TiO_2 气凝胶的表面，因此光降解速率最快；但随着反应的进行，MO 溶液的浓度降低，吸附在介孔 TiO_2 气凝胶表面的甲基橙变少，从而导致光降解速率明显降低。

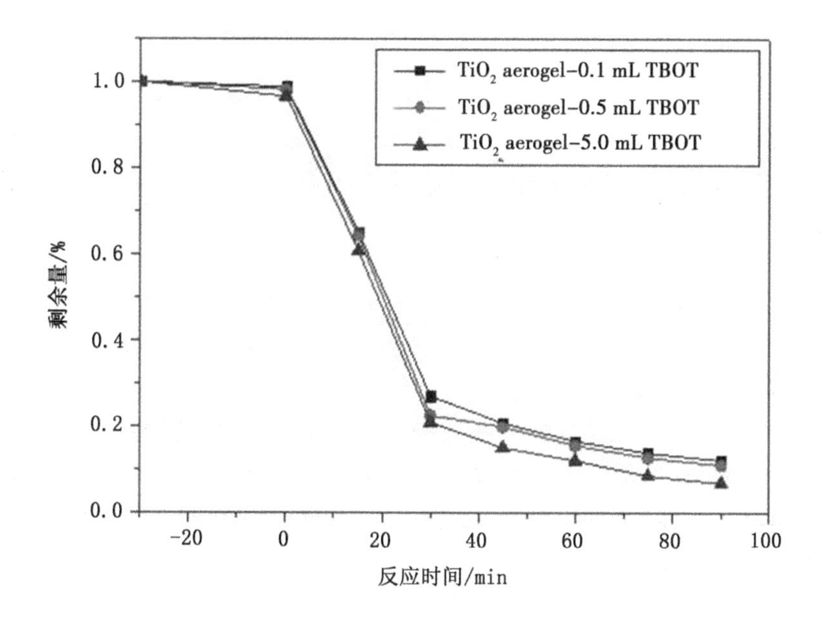

图 7-17　不同样品对甲基橙溶液的降解曲线图[122]

7.3.4　结论

（1）以球形纤维素醇凝胶为模板剂制备的介孔 TiO_2 气凝胶具有疏松多孔的网络结构。在一定范围内，随着原料 TBOT 添加量的增大，介孔 TiO_2 气凝胶的宏观形貌由不规则的类球形向规则的球形转变。

(2) XRD 和 XPS 分析结果表明，该法制备的介孔 TiO_2气凝胶为锐钛矿结构，组成成分中氧元素是以晶格氧、羟基氧和物理吸附氧 3 种化学态形式存在的。

(3) 3 种试样均具有典型的 IV 型吸附/脱附等温线的特点，比表面积和孔径分别在 110 ~ 150 m^2/g 和 12 ~ 17 nm 范围内波动，其中由 5.0 mL 的 TBOT 制备的试样的比表面积最大，为 149.95 m^2/g，其他两个试样相差不大。

(4) 3 种试样均具有较强的光催化性能，在 90 min 内对 MO 的降解率最高可达 92.9%，是一种性能优良的光催化材料。

7.4 球形纤维素水凝胶模板剂合成球形 $\alpha-Fe_2O_3$ 及其性能

7.4.1 引言

随着科技的不断进步，纳米材料越来越受到人们的关注。其中半导体纳米材料因其独特的性质，在光学、电子学、磁学及催化等领域发挥着重要的作用。作为一种应用非常广泛的无机材料，Fe_2O_3已引起人们极大的研究兴趣。基于其性能和应用，目前人们已合成出不同形貌的氧化铁纳米粒子，例如球形、椭球形、纺锤形、花形及纳米棒等。关于纳米 Fe_2O_3材料的制备方法有很多，主要包括沉淀法、溶胶-凝胶法、水热法、化学气相沉积法、溅射法、等离子体法等。本试验主要采用常温沉淀法。在球形纤维素气凝胶试验基础之上，以其水凝胶为模板，四水合氯化亚铁为铁源制备出了球形 Fe_2O_3，并通过环境扫描电子显微镜（SEM）、X 射线衍射仪（XRD）以及全自动比表面积及孔隙度分析仪（BET）对其进行结构和性能表征，系统研究了球形 Fe_2O_3纳米材料的微观结构和光催化活性。

7.4.2 试验

7.4.2.1 材料与仪器

(1) 原料和试剂。

四水合氯化亚铁（分析纯），天津市光复精细化工研究所；罗丹明 B（分析纯），天津市瑞金特化学品有限公司；再生竹纤维和其他药品参见 7.1.2.1 节。

（2）仪器。

高温烧结炉及其他仪器参见7.1.2.1。

7.4.2.2 方法

（1）球形纤维素水凝胶的制备。

采用7.2.2.2的方法制备以蒸馏水为填充介质的中球纤维素凝胶。

（2）球形 $\alpha-Fe_2O_3$/纤维素复合水凝胶的制备。

将6.0 g球形纤维素水凝胶和100 mL 0.25 mol/L $FeCl_2 \cdot 4H_2O$ 溶液加入到250 mL烧杯中，室温条件下放置24 h。待反应结束后，取出球形复合凝胶，并用蒸馏水反复冲洗表面。然后向装有球形复合凝胶的烧杯内倒入100 mL 2 mol/L NaOH溶液，室温下放置1 h。接着取出样品，依次将复合凝胶中的填充溶剂置换成蒸馏水、无水乙醇、叔丁醇。最后，利用冷冻干燥剂将样品干燥，得到红色的球形复合气凝胶。

（3）球形 $\alpha-Fe_2O_3$ 气凝胶的制备。

将制备的球形复合气凝胶移入高温烧结炉中，以1 ℃/min的升温速率升至550 ℃并恒温焙烧2 h，制得球形 $\alpha-Fe_2O_3$ 气凝胶。并在相同的条件下，依次改变 $FeCl_2 \cdot 4H_2O$ 的浓度，分别为0.25，0.50，1.0，2.0 mol/L，制备出不同形貌的 $\alpha-Fe_2O_3$ 材料。

7.4.2.3 表征

试样经液氮冷冻脆断后取其断面，采用SEM对试样进行形貌表征；取试样经吸附、干燥、染色后，采用TEM进行表征；采用XRD对试样进行结晶态表征，其中测试条件为室温Cu靶Kα辐射，加速电压为40 kV，电流为50 mA，扫描速度为4°/min；利用ASAP2020型全自动物理吸附分析仪测定样品的比表面积及孔容孔径，试样在液氮温度（77 K）下进行 N_2 吸附；采用光催化装置对样品进行光催化性能表征。

7.4.3 结果与分析

7.4.3.1 形貌分析

（1）宏观形貌分析。

图7-18为 $\alpha-Fe_2O_3$ 的宏观图[122]。从图7-18可以看出，随着 $FeCl_2 \cdot 4H_2O$ 添加量的不同，$\alpha-Fe_2O_3$ 呈现出不同的宏观形貌，当 $FeCl_2 \cdot 4H_2O$ 的添加量较少时，$\alpha-Fe_2O_3$ 为颗粒较小的完整球体，且形貌较为规整；当 $FeCl_2 \cdot 4H_2O$ 的添加量增大时，$\alpha-Fe_2O_3$ 的形貌向不规则的球体改变，直至变为脆性很大的粉末。这可能是因为在焙烧过程中，低浓度的 $\alpha-Fe_2O_3$ 收缩度大，更易保留模板剂的形貌。

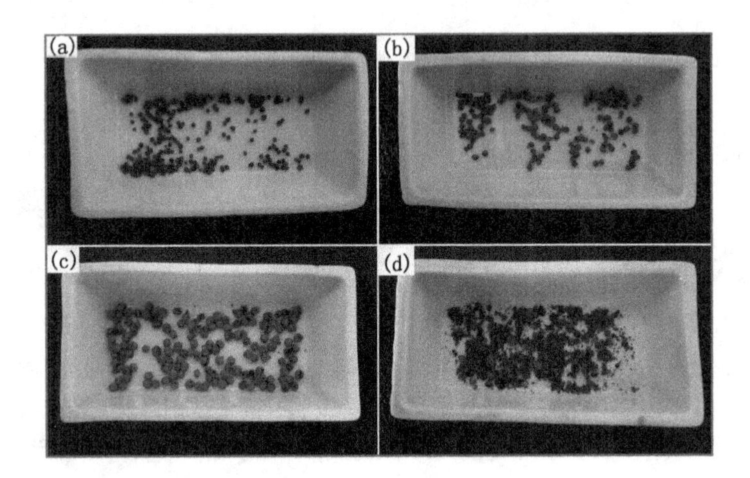

图 7-18　$\alpha-Fe_2O_3$的宏观图[122]

（a）$\alpha-Fe_2O_3$-0.025 mol $FeCl_2 \cdot 4H_2O$；（b）$\alpha-Fe_2O_3$-0.050 mol $FeCl_2 \cdot 4H_2O$；（c）$\alpha-Fe_2O_3$-0.100 mol$FeCl_2 \cdot 4H_2O$；（d）$\alpha-Fe_2O_3$-0.200 mol$FeCl_2 \cdot 4H_2O$

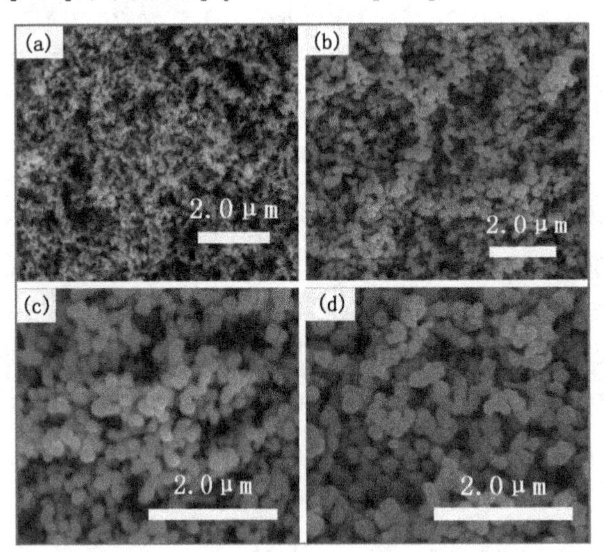

图 7-19　不同样品的 SEM 照片[122]

（a）$\alpha-Fe_2O_3$-0.025 mol $FeCl_2 \cdot 4H_2O$；（b）$\alpha-Fe_2O_3$-0.050 mol $FeCl_2 \cdot 4H_2O$；（c）$\alpha-Fe_2O_3$-0.100 mol $FeCl_2 \cdot 4H_2O$；（d）$\alpha-Fe_2O_3$-0.200 mol $FeCl_2 \cdot 4H_2O$

（2）SEM 分析。

图 7-19 为不同样品的 SEM 照片[122]。从图 7-19 可以得出，由球形纤维素水凝胶为模板剂制备的球形 $\alpha-Fe_2O_3$是通过无数个纳米粒子积聚在一起形成

的，且 $FeCl_2 \cdot 4H_2O$ 添加量的不同对产物的内部形貌有一定的影响。当 $FeCl_2 \cdot 4H_2O$ 的添加量较少时，$\alpha-Fe_2O_3$内部结构较为疏松，孔洞较大；当 $FeCl_2 \cdot 4H_2O$ 的添加量增大到 0.100 mol 及以上时，$\alpha-Fe_2O_3$纳米粒子转变成形貌更为规整的球形，排布更为紧密，形成的孔洞也较小，说明原料 $FeCl_2 \cdot 4H_2O$的添加量将直接影响产物 $\alpha-Fe_2O_3$内部结构及其纳米粒子的形貌。

（3）TEM 分析。

为了进一步了解球形 $\alpha-Fe_2O_3$的微观结构，使用透射电子显微镜对产物形貌进行表征[122]。由图 7-20 可知，当 $FeCl_2 \cdot 4H_2O$ 的添加量较低时，$\alpha-Fe_2O_3$粒子为类球体，粒径分布在 33~64 nm 范围内，平均粒径为 48 nm；当 $FeCl_2 \cdot 4H_2O$ 的添加量增加到 0.100 mol 时，$\alpha-Fe_2O_3$粒子由不规则的类球体转变为较规整的球体，但平均粒径增大，为 77 nm。这表明在一定范围内，原料 $FeCl_2 \cdot 4H_2O$ 的添加量越大，球形 $\alpha-Fe_2O_3$纳米粒子的形貌越规整，但粒子的粒径将增大。

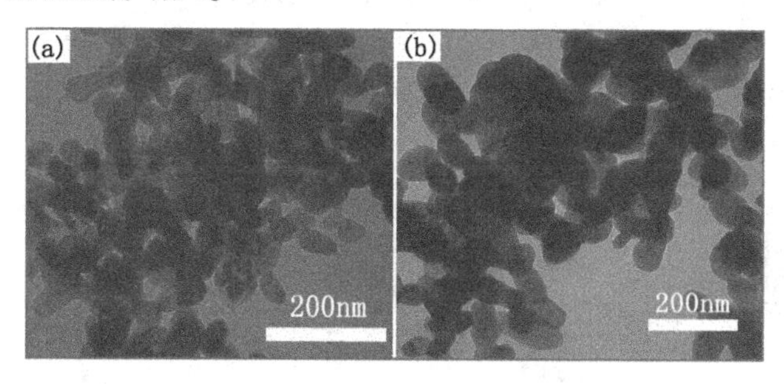

图 7-20 不同样品的 TEM 照片[122]

（a）$\alpha-Fe_2O_3$-0.025 mol $FeCl_2 \cdot 4H_2O$；（b）$\alpha-Fe_2O_3$-0.100 mol $FeCl_2 \cdot 4H_2O$

7.4.3.2 XRD 分析

图 7-21 为模板法合成不同样品的 XRD 图谱[122]。图 7-21 中出现了一组尖锐的衍射峰，通过与 $\alpha-Fe_2O_3$ 的标准图中相对应的峰位置对比得出（PDF 86-0550），所得样品为 $\alpha-Fe_2O_3$结构。另外，随着 $FeCl_2 \cdot 4H_2O$ 的添加量的增大，样品中衍射峰的强度逐渐增大，峰宽逐渐变小，说明该法制备的球形 $\alpha-Fe_2O_3$的结晶度随原料 $FeCl_2 \cdot 4H_2O$ 的添加量的增大而增大，但纳米$\alpha-Fe_2O_3$粒子的粒径同样也逐渐增大[254]。

7.4.3.3 孔隙分布及比表面积分析

图 7-22 显示了不同条件下制备的$\alpha-Fe_2O_3$的 N_2吸附-脱附等温线及 BJH 孔径分布情况[122]。从 N_2吸附-脱附等温线图中可以看出，4 种样品均具有典型的Ⅳ型吸附/脱附等温线的特点，根据滞后环的形状可以判断出 4 种样

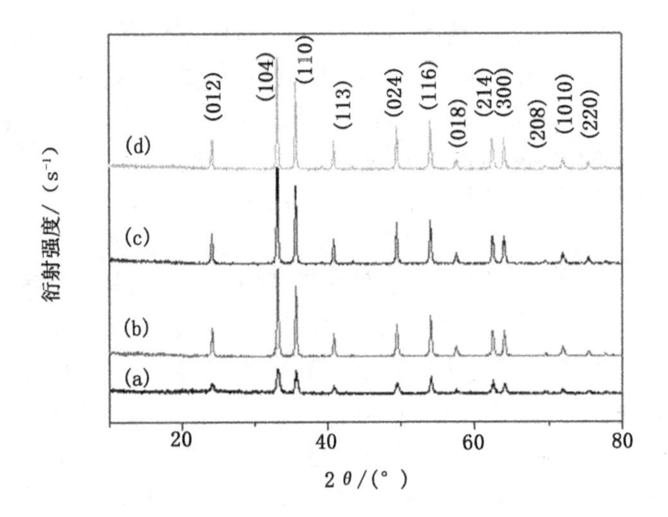

图 7-21　不同样品的 XRD 图谱[122]

(a) α-Fe_2O_3-0.025 mol $FeCl_2$ · $4H_2O$; (b) α-Fe_2O_3-0.050 mol $FeCl_2$ · $4H_2O$; (c) α-Fe_2O_3-0.100 mol $FeCl_2$ · $4H_2O$; (d) α-Fe_2O_3-0.200 mol $FeCl_2$ · $4H_2O$

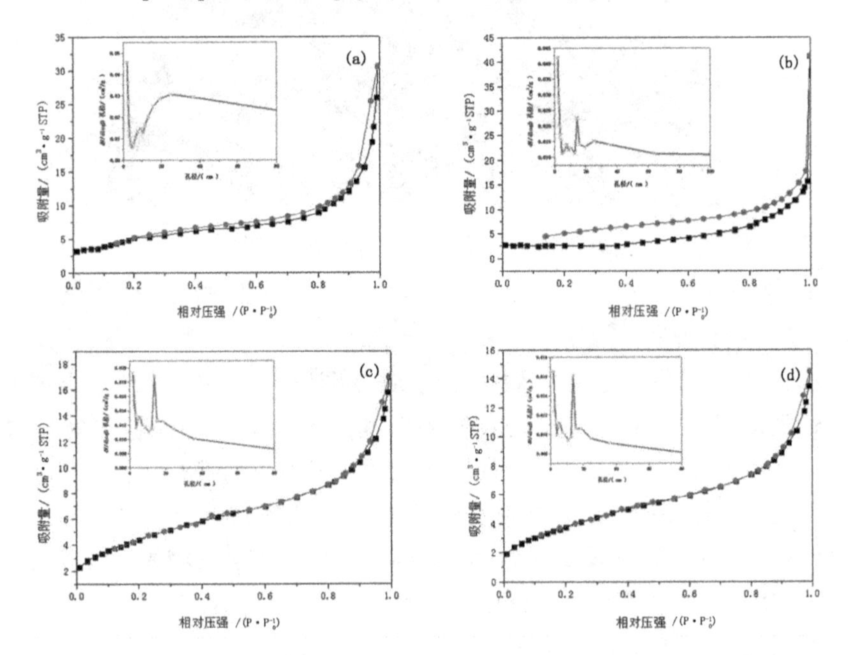

图 7-22　不同样品的氮气吸附/脱附等温线和 BJH 孔径分布曲线[122]

品均具有典型的 H3 滞后环，说明 4 种样品都是具有狭长裂口形孔状结构的介孔固体[241-244]。用不同含量的四水合氯化亚铁制备的样品中滞后环的起始压力大不相同，其中图 7-22（b>a>c≈d），根据滞后环起始压力与材料孔径大小的关系可以得出，样品 b 的孔径最大，样品 c 和 d 最小。从 BJH 孔径分布图可以看出，4 种样品均含有两个粒径峰，其峰高均在 30 nm 以下，再次证明 4 种样品均属于介孔材料。

表 7-8 列出了不同条件下制备的 α-Fe_2O_3的孔结构数据[122]。由表 7-8 可知，4 种样品的比表面积和孔径分别在 7.24~17.92 m^2/g 和 6~35 nm 范围内波动，其中样品 a 的比表面积最大，数值为 17.92 m^2/g，样品 c 和 d 与样品 a 相差不大，均在 14 m^2/g 以上；从 4 种样品的孔径可以得出，样品 b>a>c=d，与 N_2吸附-脱附等温线图中滞后环的分析结果相同。另外，与市售的 Fe_2O_3（粒径为 0.2 μm，比表面积为 3 m^2/g）相比，球形纤维素水凝胶模板法制备的 α-Fe_2O_3介孔固体具有较大的比表面积[254]。

表 7-8 不同样品的孔结构数据[122]

样品	比表面积/（$m^2 \cdot g^{-1}$）	孔容/（$cm^3 \cdot g^{-1}$）	孔径/ nm
a	17.92	0.048	10.56
b	7.24	0.064	35.18
c	16.61	0.026	6.33
d	14.15	0.022	6.33

注：a. α-Fe_2O_3-0.025 mol $FeCl_2 \cdot 4H_2O$；b. α-Fe_2O_3-0.050 mol $FeCl_2 \cdot 4H_2O$；c. α-Fe_2O_3-0.100 mol $FeCl_2 \cdot 4H_2O$；d. α-Fe_2O_3-0.200 mol $FeCl_2 \cdot 4H_2O$。

7.4.3.4 光催化活性分析

为了测定样品 α-Fe_2O_3的光催化性能，本试验选作罗丹明 B 为研究对象。将 0.05 g 催化剂加入到 60 mL 20 mg/L RhB 水溶液中，然后加入 1 mL 质量分数为 30% 的 H_2O_2，黑暗环境下搅拌 30 min 以达到吸附-解吸平衡。然后使用装有滤波片的氙灯（300 W）照射，进行光催化试验。图 7-23 为不同样品对 RhB 染料溶液的降解曲线[122]。从图 7-23 中可以得知，当既不添加光催化剂又不添加过氧化氢时，可见光下 RhB 的自我降解速率极其缓慢，在 150min 内仅降解 10%；当仅加入过氧化氢时，RhB 的降解速度稍稍增加，这是由于可见光照射下过氧化氢分解产生了具有高氧化活性的·OH，促进了 RhB 的降解；当加入所制备的 α-Fe_2O_3样品和过氧化氢时，RhB 的降解速度明显增加，在 150 min 内 RhB 的降解率可达 90%，说明模板法制备的α-Fe_2O_3具有可见光催化活性；另外，样品 a 和样品 c 的光催化活性相差不多，这是因为它们的比表面积相差不大，含有的活性位置数目相当。

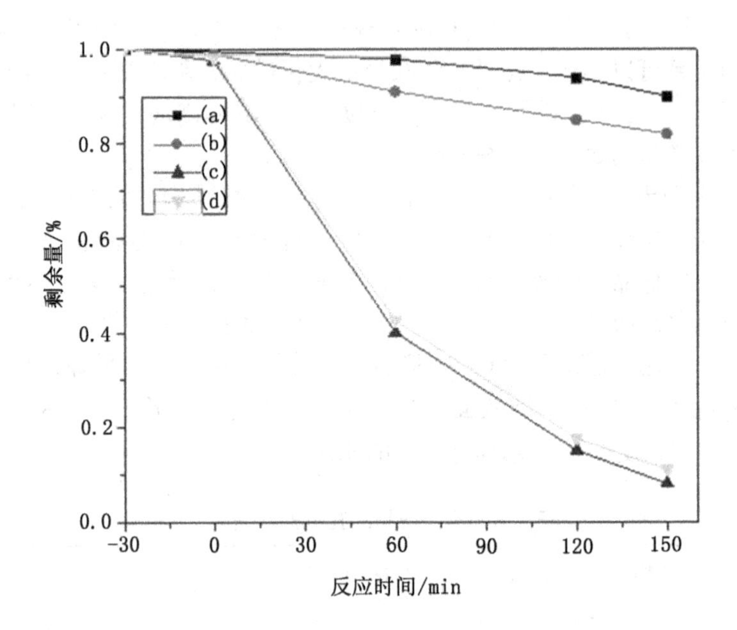

图 7-23 不同样品对罗丹明 B 溶液的降解曲线图[122]

(a) 空白样；(b) H_2O_2；(c) $H_2O_2/\alpha-Fe_2O_3$-0.025molFeCl$_2\cdot 4H_2O$；(d) $H_2O_2/\alpha-Fe_2O_3$-0.100molFeCl$_2\cdot 4H_2O$

7.4.4 结论

（1）以球形纤维素水凝胶为模板剂制备的 $\alpha-Fe_2O_3$介孔材料是由无数个球形纳米 Fe_2O_3 粒子堆积在一起形成的。在一定范围内，随着原料 $FeCl_2\cdot 4H_2O$添加量的增大，$\alpha-Fe_2O_3$的宏观形貌由规则的球形向不规则的类球形转变。

（2）XRD 分析结果表明，该法制备的球形 Fe_2O_3为 $\alpha-Fe_2O_3$结构，其结晶度随原料 $FeCl_2\cdot 4H_2O$ 的添加量的增大而增大，但纳米 $\alpha-Fe_2O_3$粒子的粒径同样也逐渐增大。

（3）4 种试样均具有典型的 IV 型吸附/脱附等温线的特点，比表面积和孔径分别在 7.24～17.92 m^2/g 和 6～35 nm 范围内，其中由 0.025 mol $FeCl_2\cdot 4H_2O$ 制备的试样的比表面积最大，为 17.92 m^2/g。

（4）经光催化活性分析，模板法制备的球形 $\alpha-Fe_2O_3$在可见光下对罗丹明 B 有极高的光催化活性，在 150 min 内对 RhB 的降解率可达 90%，是一种性能优良的光催化材料。

7.5 球形纤维素水凝胶模板剂合成齿轮状 ZnO 及其性能

7.5.1 引言

氧化锌属于Ⅱ－Ⅵ族，室温下其禁带宽度为 3.37 eV，是一种具有直接宽带系的金属氧化物半导体材料。稳定的物理性质及独特的光电特性，使氧化锌材料成为研究的热点。目前，人们已通过水热法、化学气相沉积法、溶胶-凝胶法等方法制备出不同形貌及尺寸的氧化锌，如球状、花状、管状和纳米环状等，借此满足它在不同领域的特殊需求。本试验主要采用水热法，在球形纤维素气凝胶试验基础之上，以其水凝胶为模板，二水合乙酸锌为锌源制备出了齿轮状 ZnO，通过环境扫描电子显微镜（SEM）、透射电子显微镜（TEM）及 X 射线衍射仪（XRD）对其进行形貌、结构表征，并采用光催化装置初步探讨了其光催化活性。

7.5.2 试验

7.5.2.1 材料与仪器

（1）原料和试剂。

二水合乙酸锌（分析纯），天津市致远化学试剂有限公司；孔雀石绿（分析纯），天津市致远化学试剂有限公司；再生竹纤维和其他药品参见 7.1.2.1。

（2）仪器。

参见 7.1.2.1。

7.5.2.2 方法

（1）球形纤维素水凝胶的制备。

采用 7.1.2.2 的方法制备以蒸馏水为填充介质的中球纤维素凝胶。

（2）ZnO/纤维素复合水凝胶的制备。

将 0.000 5 mol 二水合乙酸锌溶解在 30 mL 无水乙醇中，并向其中加入 2.0 g球形纤维素水凝胶，混合均匀后，将混合物转移至 50 mL 的含有聚四氟乙烯内衬的高压反应釜中，于 180 ℃的烘箱中反应 10 h。待反应结束后，取出样品，用蒸馏水清洗 3 次，并依次将其填充溶剂置换成蒸馏水、无水乙醇、叔丁醇；最后利用冷冻干燥机将试样干燥成球形 ZnO/纤维素复合气凝胶。

(3) 齿轮状 ZnO 的制备。

将制备的球形复合气凝胶移入高温烧结炉中，以 1 ℃/min 的升温速率升至 500 ℃并恒温焙烧 3 h，制得齿轮状 ZnO，并在相同的条件下依次改变二水合乙酸锌的含量，分别为 0.000 5，0.001，0.002，0.005 mol，制备出齿轮状 ZnO 材料。

7.5.2.3 表征

采用 SEM 对试样进行形貌表征；取试样经吸附、干燥、染色后，采用 TEM 进行表征；采用 XRD 对试样进行结晶态表征，其中测试条件为室温 Cu 靶 Kα 辐射，加速电压为 40 kV，电流为 50 mA，扫描速度为 4°/min；采用光催化装置对样品进行光催化性能表征。

7.5.3 结果与分析

7.5.3.1 形貌分析

(1) SEM 分析。

图 7-24 为不同样品的 SEM 图[122]。从图 7-24 可以得出，不同含量的 $Zn(CH_3COO)_2 \cdot 2H_2O$ 可制备出不同形貌的 ZnO。当 $Zn(CH_3COO)_2 \cdot 2H_2O$ 添加量较少时，ZnO 呈三维花状形态，且形貌规整，大小均一；然而随着 $Zn(CH_3COO)_2 \cdot 2H_2O$ 添加量的不断增加，ZnO 的形貌由三维花状向齿轮状改变，添加量越大，齿轮形貌越不明显，说明在一定范围内，模板法制备的 ZnO 在低添加量 $Zn(CH_3COO)_2 \cdot 2H_2O$ 下更利于形成齿轮状形态。

(2) TEM 分析。

图 7-25 为不同样品的 TEM 图[122]。为了进一步了解 ZnO 的微观结构，我们使用透射电子显微镜对产物形貌进行表征。由图 7-25 可知，ZnO 粒子绝大部分呈齿轮状，分散性较好，且粒径大小分布均匀，平均粒径在 50 nm 以下。因此，该方法制得的 ZnO 为大小均匀的齿轮状纳米材料。

7.5.3.2 XRD 分析

图 7-26 为 0.000 5 mol $Zn(CH_3COO)_2 \cdot 2H_2O$ 条件下制备的齿轮状 ZnO 的 XRD 图[122]。从图中可以看出，九个衍射峰依次对应于六方晶系 ZnO 中的 (100) (002) (101) (102) (110) (103) (200) (112) (201) 衍射面，表明模板法制备的齿轮状 ZnO 为六方纤锌矿结构[255]；除此之外，图谱中的衍射峰相当尖锐，且未出现其他杂质峰，说明样品的结晶性好，晶体结构完整，样品纯度高。

7.5.3.3 光催化活性分析

为了测定样品 ZnO 的光催化性能，本书试验选作孔雀石绿为研究对象。

图 7-24 不同样品的 SEM 图[122]

(a) ZnO-0.000 5 mol Zn ($CH_3COO)_2 \cdot 2H_2O$; (b) ZnO-0.001 mol Zn ($CH_3COO)_2 \cdot 2H_2O$; (c) ZnO-0.002 mol Zn ($CH_3COO)_2 \cdot 2H_2O$; (d) ZnO-0.005 mol Zn ($CH_3COO)_2 \cdot 2H_2O$

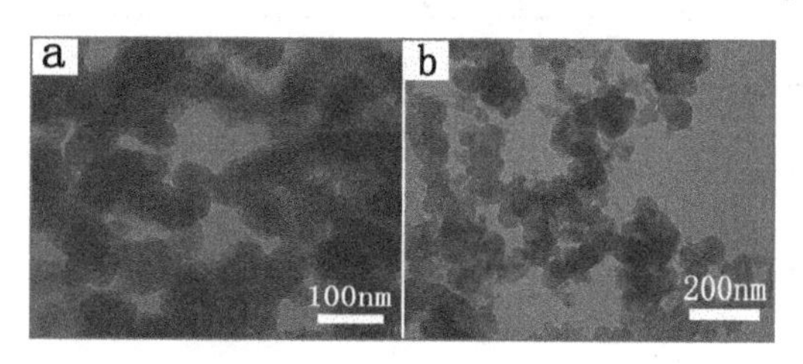

图 7-25 不同样品的 TEM 图[122]

(a) ZnO-0.0005mol Zn ($CH_3COO)_2 \cdot 2H_2O$; (b) ZnO-0.002mol Zn ($CH_3COO)_2 \cdot 2H_2O$

将 0.02 g 催化剂加入到 100 mL 20 mg/L 孔雀石绿水溶液中，黑暗环境下搅拌 30 min 以达到吸附-解吸平衡。然后打开紫外灯，进行光催化试验。图 7-27 为不同样品对孔雀石绿溶液的降解曲线[122]。从图中可以得知，当不添加光催化剂时，紫外光下孔雀石绿的自我降解速率极其缓慢，在 150 min 内仅降解 12%；当加入样品 1 [0.000 5 mol Zn ($CH_3COO)_2 \cdot 2H_2O$ 条件下制备的 ZnO] 催化剂时，孔雀石绿的降解速度快速增加，150 min 内的降解率可达 82%，而样品 2 [0.002 mol Zn ($CH_3COO)_2 \cdot 2H_2O$ 条件下制备的 ZnO] 在 150 min 内对孔雀石绿的降解率为 85%，二者相差不大，说明模板法制备的齿轮状 ZnO 均具有较强的紫光催化活性。

7.5.4 结论

(1) 以球形纤维素水凝胶为模板，二水合乙酸锌和无水乙醇为原料，

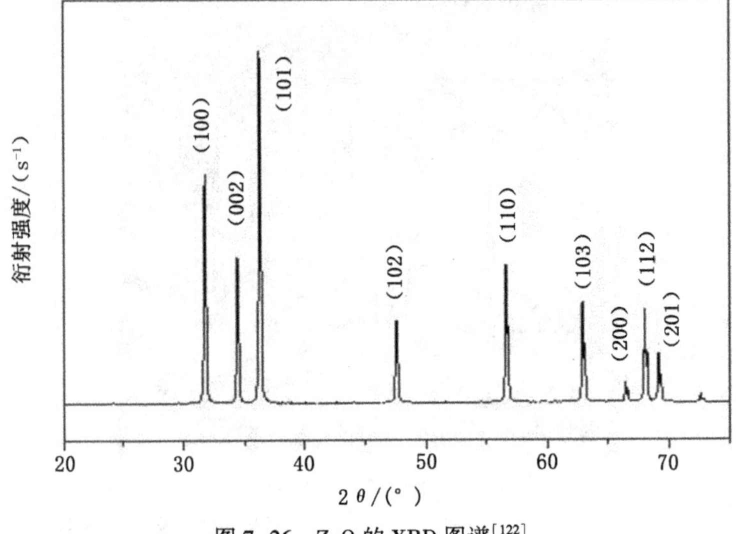

图 7-26　ZnO 的 XRD 图谱[122]

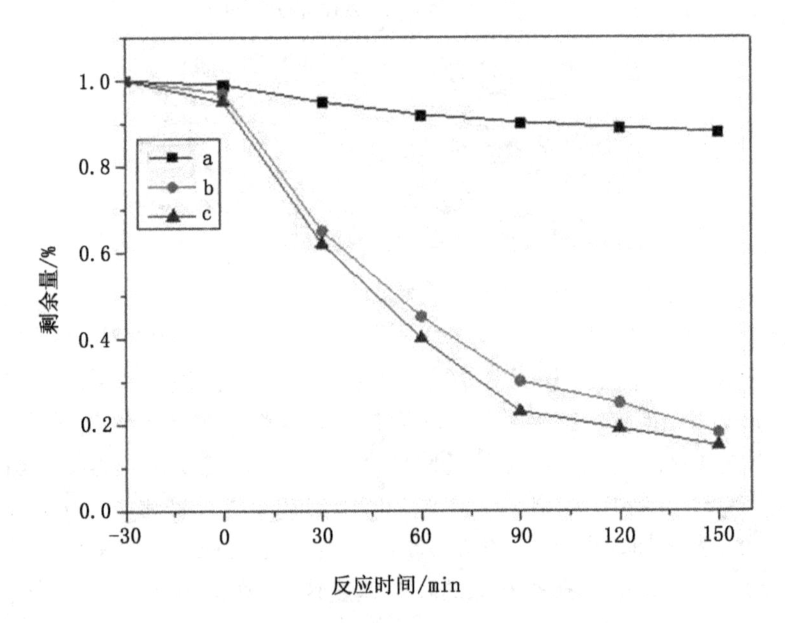

图 7-27　不同样品对孔雀石绿溶液的降解曲线图[122]

a. 空白样；b. ZnO-0.000 5 mol Zn（$CH_3COO)_2 \cdot 2H_2O$；c. ZnO-0.002 mol Zn（$CH_3COO)_2 \cdot 2H_2O$

通过水热合成法制备的 ZnO 纳米材料呈齿轮状形态，且低浓度的二水合乙酸锌条件下，ZnO 为三维花状结构，形貌规整，大小均一，平均粒径在 50 nm以下。

（2）XRD 分析结果表明，该法制备的齿轮状 ZnO 为六方纤锌矿结构，样品结晶性较好，晶体结构完整。

（3）经光催化活性分析，模板法制备的齿轮状 ZnO 在紫外光下对孔雀石绿有极高的光催化活性，在 150 min 内对孔雀石绿的降解率可达 85%，是一种性能优良的光催化材料。

参考文献

[1] Fahlman B D. Materials Chemistry (Second Edition) [M]. Dordrecht: Springer, 2011.
[2] 杨亲民. 新材料与功能材料的内涵和特征 [J]. 功能材料信息, 2004, 1 (1): 23-29.
[3] 佚名. 纳米材料的概念 [J]. 化学工程, 2002 (3): 21.
[4] 鲍甫成. 发展生物质材料与生物质材料科学 [J]. 林产工业, 2008, 35 (4): 3-7.
[5] 高洁, 汤烈贵. 纤维素科学 [M]. 北京: 科学出版社, 1996.
[6] 叶代勇. 纳米纤维素的制备 [J]. 化学进展, 2007, 19 (10): 1568-1575.
[7] 刘志明. 纳米纤维素功能材料研究进展 [J]. 功能材料信息, 2013, 10 (5/6): 35-42.
[8] Bondeson D, Mathew A, Oksman K. Optimization of the isolation of nanocrystals from microcrystalline cellulose by acid hydrolysis [J]. Cellulose, 2006, 13 (2): 171-180.
[9] 唐炯. 从木浆中形成纳米材料 [J]. 科学, 2013 (1): 41.
[10] 胡云, 刘金刚. 纳米纤维素的制备及研究项目 [J]. 中华纸业, 2013, 34 (6): 33-36.
[11] 蔡小舒. 颗粒粒度测量技术及应用 [M]. 北京: 化学工业出版社, 2010.
[12] 王书运. 纳米颗粒的测量与表征 [J]. 山东师范大学学报 (自然科学版), 2005, 20 (2): 45-47.
[13] 丁喜桂, 叶思源, 高宗军. 粒度分析理论技术进展及其应用 [J]. 世界地质, 2005, 24 (2): 203-207.
[14] 梁国标, 李新衡, 王燕民. 激光粒度测量的应用与前景 [J]. 材料学报, 2006, 20 (4): 90-93.
[15] 李向召, 谢康, 黄志凡, 等. 激光粒度仪的技术发展与展望 [J]. 现代科学仪器, 2009 (4): 146-148.
[16] 孙丽, 罗婷, 梁蕾. 浅述激光粒度仪的应用 [J]. 佛山陶瓷, 2011 (1): 37-39.
[17] 刘雨佳. 激光粒度测量仪的应用及展望 [J]. 航空精密制造技术, 2009, 45 (5): 43-45.
[18] 程鹏, 高抒, 李徐生. 激光粒度仪测试结果及其与沉降法、筛析法的比较 [J]. 沉积学报, 2001, 19 (3): 450-456.
[19] 韩喜江, 张慧娇, 徐崇泉, 等. 超微颗粒尺寸测量方法比较研究 [J]. 哈尔滨工业大学学报, 2004, 36 (10): 1331-1334.
[20] 胡汉祥, 丘克强. 激光粒度分析结果在形貌分析中的应用 [J]. 理化检验 (物理

分册)，2006，42 (2)：72-73.

[21] Elazwuzi-Hafraoui S, Nishiyama Y, Putaux J, et al. The shape and size distribution of crystalline nanoparticles prepared by acid hydrolysis of native cellulose [J]. Biomacromolecules, 2008, 9 (1): 57-65.

[22] 杨利民. 植物资源学 [M]. 北京：中国农业出版社，2008.

[23] 刘亮. 中国植物志 [M]. 北京：科学出版社，2002.

[24] De Souza Lina M M, Borsali R. Rodlike cellulose microcrystals structure properties and applications [J]. Macromol Rapid Commun, 2004, 25: 771-787.

[25] 颜涌捷，任铮伟. 纤维素连续催化水解研究 [J]. 太阳能学报，1999，20 (1)：55-57.

[26] 伯永科，崔海信，刘琪，等. 基于金属盐助催化剂的秸秆纤维素稀酸水解研究 [J]. 中国农学通报，2008，24 (9)：435-438.

[27] 刘志明，谢成，吴鹏，等. 间硝基苯磺酸钠助催化制备芦苇浆纳米纤维素 [J]. 生物质化学工程，2012，46 (5)：1-6.

[28] 谢成. 纳米纤维素复合功能相变材料的制备及其性能研究 [D]. 哈尔滨：东北林业大学，2013.

[29] Swatloski R, Spear S, Holbrey J, et al. Dissolution of cellose with ionic liquids [J]. Journal of the American Chemical Society, 2002, 124: 4974-4975.

[30] 刑其毅，徐瑞秋，周政，等. 基础有机化学 [M]. 北京：高等教育出版社，1985.

[31] 詹怀宁，李志强，蔡再生. 纤维素化学与物理 [M]. 北京：科学出版社，2005.

[32] Hamad W Y, Hu T Q. Structure-process-yield interrelations in nanocrystlline cellulose extraction [J]. The Canadian Journal of Chemical Engineering, 2010, 88: 392-402.

[33] 唐丽荣，黄彪，戴达松，等. 纳米纤维素制备优化及其形貌表征 [J]. 福建林学院学报，2010，30 (1)：88-91.

[34] Sturcová A, Davies G R, Eichhorn S J. Elastic modulus and stress-transfer properties of tunicate cellulose whiskers [J]. Biomacromolecules, 2005, 6 (2): 1055-1061.

[35] Helbert W, Cavaillé J Y, Dufresne A. Thermoplastic nanocomposites filled with wheat straw cellulose whiskers. part I: processing and mechanical behavior [J]. Polymer Composites, 1996, 17 (4): 604-611.

[36] Nishino T, Takano K, Nakamae K. Elastic modulus of the crystalline regions of cellulose polymorphs [J]. Journal of Polymer Science Part B Polymer Physics, 1995, 33 (11): 1647-1651.

[37] 邬义明. 植物纤维化学 [M]. 北京：中国轻工业出版社，1997.

[38] Cunha A G, Freire C S R, Silvestre A J D, et al. Preparation and characterization of novel highly omniphobic cellulose fibers organic-inorganic hybrid materials [J]. Carbohydrate Polymers, 2010, 80 (4): 1048-1056.

[39] Wegner T H, Jones P E. Advancing cellulose-based nanotechnology [J]. Cellulose,

2006, 13 (2): 115-118.

[40] 李金玲，陈广祥，叶代勇. 纳米纤维素晶须的制备及应用的研究进展 [J]. 林产化学与工业，2010，30 (2): 121-125.

[41] 王志杰，杜敏. 超声波技术及其在造纸工业中的应用 [J]. 纸和造纸，2005 (1): 74-76.

[42] 李建，张令文，刘宁. 超声波提取苦瓜总皂苷的研究 [J]. 化学世界，2007 (2): 104-106 .

[43] 陆爱霞，姚开，贾冬英，等. 超声辅助法提取茶多酚和儿茶素的研究 [J]. 中国油脂，2005，30 (5): 48-50.

[44] 陈贯虹，王西奎，孙士青，等. 超声化学的基本原理及其在化学合成和环境保护方面的应用 [J]. 山东科学，2004，17 (1): 51-54.

[45] 叶金鑫. 超声波对纺织物染色的效果和工业化问题 [J]. 现代纺织技术，2004，12 (3): 43-45.

[46] 孟围，王海英，刘志明. 超声时间对芦苇浆纳米纤维素得率和形貌的影响 [J]. 江苏农业科学，2012，40 (3): 235-237.

[47] 刘志明，王海英，孟围，等. 芦苇浆纳米纤维素超声法制备工艺优化及表征 [J]. 中国野生植物资源，2013，32 (2): 15-19.

[48] 孟围. 抗菌纳米纤维素/聚乙二醇复合相变材料的制备及作用机制 [D]. 哈尔滨: 东北林业大学，2013.

[49] 叶君，梁文芷，范佩明. 超声波处理引起纸浆纤维素结晶度变化 [J]. 广东造纸，1999 (2): 6-10.

[50] 李伟，王锐，刘守新. 纳米纤维素的制备 [J]. 化学进展，2010，22 (10): 2060-2070.

[51] Revol J F, Marchessault R H. In vitro chiral nematic ordering of chitin crystallites [J]. International Journal of Biological Macromolecules, 1993, 15 (6): 329-335.

[52] 李鹏飞，蒋玉梅，李霁昕，等. 响应曲面法优化苦水玫瑰中抗氧化物质提取工艺参数 [J]. 食品工业科技，2011 (7): 278-282.

[53] 李金玲，周刘佳，叶代勇. 硫酸铜助催化制备纳米纤维素晶须 [J]. 精细化工，2009，26 (9): 844-849.

[54] 唐丽荣，黄彪，李玉华，等. 纳米纤维素超微结构的表征与分析 [J]. 生物质化学工程，2010，44 (2): 1-4.

[55] Kaplan D L. Biopolymers from renewable resources [M]. Berlin: Springer, 1998.

[56] 刘志明，卜良霄，刘黎阳. 微晶和芦苇浆纳米纤维素的粒度分布分析 [J]. 中国野生植物资源，2011，30 (5): 62-65.

[57] 夏祖学，刘长军，闫丽萍，等. 微波化学的应用研究进展 [J]. 化学研究与应用，2004，16 (4): 441-444.

[58] 张锡年. 近年来我国微波应用的进展和发展趋势 [J]. 微波，1987 (2): 1-7.

[59] 吴贺君. 我国微波技术应用的发展现状及市场前景 [J]. 长春师范学院学报（自然科学版），2012，31（6）：45-46，44.
[60] 徐勇，陈克巧. 国内微波化学应用研究现状及进展 [J]. 上海化工，1998，23（2）：56-58.
[61] 高蓓蓓. 纳米纤维素的概述 [J]. 价值工程，2011（34）：272-273.
[62] 唐丽荣，欧文，林雯怡，等. 酸水解制备纳米纤维素工艺条件的响应面优化 [J]. 林产化学与工业，2011，31（6）：61-65.
[63] 刘志明，谢成，方桂珍，等. 芦苇浆纳米纤维素的制备工艺条件优化及形貌分析 [J]. 林产化学与工业，2011，31（6）：87-90.
[64] 赵煦，刘志明，张生义. 芦苇浆纳米纤维素的微波辅助酸水解制备优化 [J]. 广东化工，2012，39（14）：3-4，95.
[65] 徐雁. 功能性无机-晶态纳米纤维素复合材料的研究进展与展望 [J]. 化学进展，2011，23（11）：2183-2199.
[66] 宋孝周，吴清林，傅峰，等. 农作物与其剩余物制备纳米纤维素研究进展 [J]. 农业机械学报，2011，42（11）：106-112.
[67] 蒋玲玲，陈小泉. 纳米纤维素晶体的研究现状 [J]. 纤维素科学与技术，2008，16（2）：73-78.
[68] 陈红莲，高天明，黄茂芳，等. 纳米纤维素晶体的制备及其在聚合物中应用的研究进展 [J]. 热带作物学报，2010，31（11）：2051-2058.
[69] 唐丽荣，黄彪，戴达松，等. 纳米纤维素晶体的制备和表征 [J]. 林业科学，2011，47（9）：119-122.
[70] Voronova M I，Zakharov A G，Kuznetsov O Y，et al. The effect of drying technique of nanocellulose dispersions on properties of dried materials [J]. Materials letters，2012，68：164-167.
[71] Peng Y C，Gardner D J，Han Y. Drying cellulose nanofibrils：in search of a suitable method [J]. Cellulose，2012，19：91-102.
[72] Abdul Khalil H P S，Bhat A H，Ireana Yusra A F. Green composites from sustainable cellulose nanofibrils：a review [J]. Carbohydrate Polymers，2012，87：963-979.
[73] 李建立. 基于光散射的微粒检测 [D]. 烟台：烟台大学，2009.
[74] 徐怀洲，陈军. 关于激光粒度仪测试报告的解析 [J]. 中国水泥，2007（3）：90-92.
[75] Satyamurthy P，Jain P，Balasubramanya R H，et al. Preparation and characterization of cellulose nanowhiskers from cotton fibres by controlled microbial hydrolysis [J]. Carbohydrate Polymers，2011，83：122-129.
[76] 吴鹏，刘志明，赵煦，等. 芦苇浆纳米纤维素的制备及其尺寸均一性制备方法初探 [J]. 生物质化学工程，2012，46（5）：12-16.
[77] 倪寿亮. 粒度分析方法及应用 [J]. 广东化工，2011，38（2）：223-224，227.

[78] Krishnamachari P, Hashaikeh R, Tiner M. Modified cellulose morphologies and its composites; SEM and TEM analysis [J]. Micron, 2011, 42: 751-761.

[79] 吴开丽，徐清华，谭丽萍，等. 纳米纤维素晶体的制备方法及其在制浆造纸中的应用前景 [J]. 造纸科学与技术，2010，29（1）：55 - 60.

[80] Pääkkö M, Ankerfors M, Kosonen H, et al. Enzymatic hydrolysis combined with mechanical shearing and high-pressure homogenization for nanoscale cellulose fibrils and strong gels [J]. Biomacromolecules, 2007, 8 (6): 1934-1941.

[81] 张景强，林鹿，孙勇，等. 纤维素结构与解结晶的研究进展 [J]. 林产化学与工业，2008，28（6）：109-114.

[82] 张景强，林鹿，何北海，等. 不同结晶指数纤维素的 X 射线光电子能谱分析 [J]. 林产化学与工业，2009，29（5）：30-34.

[83] 朱玉琴，汤烈贵，潘松汉，等. 微粉（和微晶）纤维素的微细结构 [J]. 应用化学，1995，12（2）：51-54.

[84] 王献玲，方桂珍. 不同活化方法对微晶纤维素结构和氧化反应性能的影响 [J]. 林产化学与工业，2007，27（3）：67-71.

[85] 吴晶晶，李小保，叶菊娣，等. 碱预处理对大麻秆浆纤维素性质的影响 [J]. 南京林业大学学报（自然科学版），2010，34（5）：96-100.

[86] 程博闻. 环境友好型阻燃纤维素纤维的研究 [D]. 天津：天津工业大学，2003.

[87] 王铁群，陈家楠. 纤维素在丝光化处理过程中结构变化的研究 [J]. 纤维素科学与技术，1996，4（2）：13-18.

[88] Zhang J, Elder T J, Pu Y, et al. Facile synthesis of spherical cellulose nanoparticles [J]. Carbohydrate Polymers, 2007, 69: 607-611.

[89] 谢成，刘志明，吴鹏，等. 碱处理芦苇浆纳米纤维素制备工艺条件优化 [J]. 林产化学与工业，2013，33（1）：32-36.

[90] 付欣，唐爱民，张宏伟，等. 纤维素纤维的可及度及多孔性能表征研究 [J]. 造纸科学与技术，2005，24（6）：49-53.

[91] Nelson M L, O´connor R T. Relation of certain infrared bands to cellulose crystallinity and crystal latticed type. Part I. Spectra of lattice types Ⅰ, Ⅱ, Ⅲ and of amorphous cellulose [J]. Journal of Applied Polymer Science, 1964, 8: 1311-1324.

[92] 张俊，潘松汉. 微晶纤维素的 FTIR 研究 [J]. 纤维素科学与技术，1995，3（1）：22-27.

[93] 张帅，袁彬兰，李发学，等. 新型纤维素纤维的结构和性能 [J]. 国际纺织导报，2008（12）：4-7，11.

[94] 罗晓刚. 再生纤维素微球的制备、结构和功能 [D]. 武汉：武汉大学，2010.

[95] Lee S Y, Chun S J, Kang I A, et al. Preparation of cellulose nanofibrils by high-pressure homogenizer and cellulose-based composite films [J]. Journal of Industrial and Engineering Chemistry, 2009, 15 (1): 50-55.

[96] 吴鹏. 纳米纤维素增强聚乙烯醇膜的合成与表征 [D]. 哈尔滨：东北林业大学，2013.

[97] 张荣. 纤维素纳米纸的高韧性结构 [J]. 国际造纸，2009，28 (3)：35-41.

[98] 刘羽，邵国强，许炯. 竹纤维与其他天然纤维素纤维的红外光谱分析与比较 [J]. 竹子研究汇刊，2010，29 (3)：42-46.

[99] Tanyolaç D，Sönmezýşýk H，Özdural A R. A low cost porous polyvinylbutyral membrane for BSA adsorption [J]. Biochemical Engineering Journal，2005，22 (3)：221-228.

[100] Kamide K，Okajima K，Kowsaka K. Dissolution of natural cellulose into aqueous alkali solution：role of super-molecular structure of cellulose [J]. Polymer Journal，1992，24 (1)：71-86.

[101] 王海英，刘志明，毕晓欣，等. 桉木浆纳米纤维素制备优化条件初探 [J]. 江苏农业科学，2012，40 (7)：242-245.

[102] 王海英，孟围，毕晓欣，等. 桉木浆纳米纤维素响应面法优化制备及表征 [J]. 广东化工，2012，39 (7)：12-14.

[103] 宋国胜，胡松青，李琳. 功率超声在结晶过程中应用的进展 [J]. 应用声学，2008，27 (1)：74-79.

[104] 蒋玲艳，王林果. 生物技术领域中超声波的应用 [J]. 生物技术通讯，2006，17 (1)：126-128.

[105] 方云，杨澄宇，陈明清，等. 纳米技术与纳米材料 (Ⅰ)：纳米技术与纳米材料简介 [J]. 日用化学工业，2003，33 (1)：55-59.

[106] 郭乃玮，何建新，崔世忠. 竹纳米纤维素晶须的制备 [J]. 纤维素科学与技术，2012，20 (1)：58-61.

[107] 覃忠严. 超声波协同 TEMPO 氧化法制备纳米纤维微晶的研究 [D]. 南京：南京林业大学，2011.

[108] 杨少丽，刘志明. 竹浆纳米纤维素制备工艺优化分析 [J]. 广东化工，2012，39 (15)：66-67，69.

[109] 倪明龙，曾庆孝. 响应面法优化燕麦多酚提取工艺 [J]. 食品工业科技，2010，31 (4)：298-301.

[110] 孙传艳，赵新节. 响应面法优化回流提取葡萄枝条中白藜芦醇工艺研究 [J]. 中外葡萄与葡萄酒，2011 (1)：8-11.

[111] 杨明俊，吴婧，王永刚，等. 啤特果粗多糖提取工艺优化 [J]. 食品与发酵工业，2012，38 (1)：205-208.

[112] 包琴，唐洁，马力，等. 超声波辅助提取茶叶中黄酮物质的条件研究 [J]. 西华大学学报 (自然科学版)，2011，30 (2)：102-105.

[113] 李燕，王晓丽，俞飞锋. 响应曲面法优化超声辅助提取芦荟凝胶多糖的工艺 [J]. 食品研究与开发，2010，31 (6)：17-21.

[114] 刘瑞林，詹汉英，张志琪. 山茱萸籽总黄酮的响应曲面法优化微波辅助提取工艺

的研究 [J]. 食品工业科技, 2012, 33 (7): 228-231.

[115] 刘晓风, 党朵, 杨明俊, 等. 枸杞粗多糖的提取工艺优化及抗氧化活性研究 [J]. 农业机械, 2012 (4): 109-113.

[116] 刘志明, 谢成, 方桂珍, 等. 桉木浆纳/微米和脱脂棉纳米纤维素的形貌分析 [J]. 生物质化学工程, 2011, 45 (2): 5-8.

[117] 王钲, 刘志明. 纳米纤丝化纤维素制备及硅烷化改性 [J]. 生物质化学工程, 2015, 49 (2): 17-20.

[118] 王海英, 孟围, 刘志明, 等. 纳米纤维素晶须制备工艺条件优化及表征 [J]. 广州化工, 2012, 40 (9): 46-49.

[119] 刘志明, 谢成. 纳米纤维素晶体的氯化铜催化制备及表征 [J]. 广东化工, 2012, 39 (6): 7-9.

[120] 刘志明, 王海英, 卜良霄, 等. 一种秸秆微纳米纤维素的制备方法: 中国, 201010299693. 0 [P]. 2012-07-04.

[121] 王钲. 毛竹纤维素纳米纤丝复合转光膜的制备与表征 [D]. 哈尔滨: 东北林业大学, 2015.

[122] 杨少丽. 再生纤维素球形复合气凝胶的制备及光催化性能研究 [D]. 哈尔滨: 东北林业大学, 2015.

[123] 陶丹丹, 白绘宇, 刘石林, 等. 纤维素气凝胶材料的研究进展 [J]. 纤维素科学与技术, 2011, 19 (2): 64-75.

[124] Emmerling A, Fricke J. Small angle scattering and the structure of aerogels [J]. Journal of Non-Crystalline Solids, 1992, 145: 113-120.

[125] 陈龙武, 甘礼华. 气凝胶 [J]. 化学通报, 1997, (8): 21-27.

[126] 甘礼华, 李光明, 岳天仪, 等. 氧化铁气凝胶的制备及表征 [J]. 高等学校化学学报, 1999, 20 (1): 132-134.

[127] 甘礼华, 李光明, 岳天仪, 等. 超临界干燥法制备 Fe_2O_3-SiO_2气凝胶 [J]. 物理化学学报, 1999, 15 (7): 588-592.

[128] Tan C, Fung M, Newman J K, et al. Organic aerogels with very high impact strength [J]. Advanced Materials, 2001, 13: 644-646.

[129] Gavillon R, Budtova T. Aerocellulose: new highly porous cellulose prepared from cellulose-NaOH aqueous solutions [J]. Biomacromolecules, 2008, 9: 269-277.

[130] Cai J, Kimura S, Wada M, Kuga S, et al. Cellulose aerogels from aqueous alkali hydroxide-urea solution [J]. ChemSusChem, 2008 (1): 149-154.

[131] Fischer F, Rigacci A, Pirard R, et al. Cellulose-based aerogels [J]. Polymer Science, 2006, 47: 7636-7645.

[132] Deng M L, Zhou Q, Du A K, et al. Preparation of nanoporous cellulose foams from cellulose-ionic liquid solutions [J]. Materials Letter, 2009, 63: 1851-1854.

[133] 吕玉霞, 李小艳, 米勤勇, 等. 以纤维素/AmimCl 溶液制备纤维素气凝胶 [J].

中国科学：化学，2011，41（8）：1331-1337.

[134] 周艳，丁恩勇. 纳米微晶纤维素诱导制备方形纳米二氧化钛及其光催化性能 [J]. 现代化工，2007，27（4）：41-43，45.

[135] 郭瑞，丁恩勇. 纳米微晶纤维素胶体的流变性研究 [J]. 高分子材料科学与工程，2006，22（5）：125-127.

[136] 郭瑞，丁恩勇. 纳米微晶纤维素的黏度行为和谱学特征 [J]. 林产化学与工业，2006，26（4）：54-56.

[137] Sehaqui H，Zhou Q，Berglund L A. High-porosity aerogels of high specific surface area prepared from nanofibrillated cellulose（NFC）[J]. Composites Science and Technology，2011，71：1593-1599.

[138] 刘付胜聪，肖汉宁，李玉平，等. 纳米 TiO_2 表面吸附聚乙二醇及其分散稳定研究 [J]. 无机材料学报，2005，20（2）：310-316.

[139] 胡书春，周祚万. 纳米 PEG/Fe_3O_4 磁流体的制备 [J]. 西安交通大学学报，2004，39（6）：805-808.

[140] Pielichowski K，Flejtuch K. Differential scanning calorimetric studies on poly（ethylene glycol）with different molecular weights for thermal energy storage materials [J]. Polymers for Advanced Technologies，2002，13：690-696.

[141] Radhakrishnan R，Gubbins K E. Free energy studies of freezing in slit pores：an order-parameter approach using Monte Carlo simulation [J]. Molecular Physics，1999，96：1249-1267.

[142] Zhang D，Wu K，Li Z. Tunning effect of porous media´s structure on the phase changing behavior of organic phase changing matters [J]. Journal of Tongji Universty，2004，32：1163-1167.

[143] Qi H S，Chang C Y，Zhang L N. Properties and applications of biodegradable transparent and photoluminescent cellulose films prepared via a green process [J]. Green Chemistry，2009，11：177-184.

[144] Nada A M A，Hassan M L. Thermal behavior of cellulose and some cellulose derivatives [J]. Polymer Degradation and Stability，2000，67：111-115.

[145] Marina I，Voronova，Anatoly G，et al. The effect of drying technique of nanocellulose dispersions on properties of dried materials [J]. Materials Letter，2012，68：164-167.

[146] Wang S L，Shi J Y，Liu C Y，et al. Fabrication of a superhydrophobic surface on a wood substrate [J]. Journal of Applied Polymer Science，2011，22：9362-9365.

[147] Feng L L，Zheng J，Yang H Z，et al. Preparation and characterization of polyethylene glycol/active carbon composites as shape-stabilized phase change materials [J]. Solar Energy Materials and Solar Cells，2011，95（2）：644-650.

[148] Karaman S，Karaipekli A，Sari A，et al. Polyethylene glycol（PEG）/diatomite com-

posite as a novel form-stable phase change material for thermal energy storage [J]. Solar Energy Materials and Solar Cells, 2011, 95 (7): 1647-1653.

[149] Pielichowski K, Flejtuch K. Differential scanning calorimetric studies on poly (ethylene glycol) with different molecular weights for thermal energy storage materials [J]. Polymers for Advanced Technologies, 2002, 13: 690-696.

[150] Alkan C, Sari A, Uzun O. Poly (ethylene glycol) /acrylic polymer blends for latent heat thermal energy storage [J]. American Institute of Chemical Engineers Journal, 2006, 52: 3310-3314.

[151] 郭元强，梁学海. 纤维素/聚乙二醇共混物相变行为及在 DMSO/PF 和 DMAC/LiCl 中相容性的研究 [J]. 纤维素科学与技术，1998, 6 (4): 1-8.

[152] 原小平，丁恩勇. 纳米纤维素/聚乙二醇固-固相变材料的制备及其储能性能的研究 [J]. 林产化学与工业，2007, 27 (2): 67-70.

[153] 郭元强，童真，陈鸣才，等. 聚乙二醇/二醋酸纤维素共混物的相变行为 [J]. 高分子材料科学与工程，2003, 19 (5): 149-153.

[154] 吕社辉，郭元强，陈鸣才，等. 聚乙二醇-纤维素接枝物的合成与表征 [J]. 高分子材料科学与工程，2004, 20 (4): 62-64.

[155] 郭元强，吕社辉，叶四化，等. 聚乙二醇-纤维素接枝物固态相变材料的贮热性能 [J]. 高分子材料科学与工程，2005, 21 (1): 176-178.

[156] Li W D, Ding E Y. Preparation and characterization of cross-linking PEG/MDI/PE copolymer as solid - solid phase change heat storage material [J]. Solar Energy Materials and Solar Cells, 2007, 91 (2): 764-765.

[157] 王海英，刘志明，孟围，等. 一种助催化制备纳米纤维素复合相变材料的方法：中国，201110337976. 4 [P]. 2013-06-05.

[158] 姜勇，丁恩勇，黎国康. 聚乙二醇/二醋酸纤维素相变材料的组成与储能性能间的关系 [J]. 高分子学报，2000 (6): 681-687.

[159] 顾继友，耿志忠，高振华. DSC 法研究苯基异氰酸酯与木素、纤维素、木粉的反应特性 [J]. 林业科学，2007, 43 (9): 57-62.

[160] 张小平，赵孝彬，杜磊，等. 固体填料对聚乙二醇结晶性的影响 [J]. 高分子学报，2004 (3): 388-393.

[161] Wu D F, Wu L C, Zhou W D, et al. Crystallization and biodegradation of polylactide/carbon nanotube composites [J]. Polymer Engineering and Science, 2010, 50 (9): 1721-1733.

[162] Middleton J C, Tipton A J. Synthetic biodegradable polymers as orthopedic devices [J]. Biomaterials, 2000, 21: 2335-2346.

[163] Miller D C, Thapa A, Haberatorh K M, et al. Endothelial and vascular smooth muscle cell function on poly (lactic-co-glycolic acid) with nano-structured surface features [J]. Biomaterials, 2004, 25 (1): 53-61.

[164] Vance R J, Miller D C, Thapa A, et al. Decreased fibroblast cell density on chemically degraded poly-lactic-co-glycolic acid, polyurethane, and polycaprolactone [J]. Biomaterials, 2004, 25: 2095-2103.

[165] Lv Q, Hu K, Feng Q L, et al. Preparation and characterization of PLA/fibroin composite and culture of HepG2 (human hepatocellular liver carcinoma cell line) cells [J]. Composites Science and Technology, 2007, 67 (14): 3023-3030.

[166] 王彬，潘君，刘颖，等. 聚乙二醇接枝聚乳酸的自组装纳米微球的制备及性能 [J]. 化学学报, 2008, 66 (4): 487-491.

[167] Wunderlich B. Macromolecular Physics [M]. New York and London: Academic Press, 1973: 1-388.

[168] 叶树集，陈鸣才，胡红旗. 聚乙二醇在超临界二氧化碳介质中的结晶行为 [J]. 化学研究, 2000, 11 (1): 38-40.

[169] 吴选军，袁继祖，余永富，等. 聚乳酸/聚乙二醇共混材料的性能研究 [J]. 武汉工程大学学报, 2009, 31 (5): 60-63.

[170] 许亮亮，陈强，李利，等. 聚己内酯/聚乙二醇/聚丙交酯两亲性共聚物纳米胶束的制备与表征 [J]. 材料导报, 2006, 20 (11): 131-133.

[171] 李金辉，刘晓兰，张荣军，等. 新型相变储能材料研究进展 [J]. 化工新型材料, 2006, 34 (8): 18-21.

[172] 乔英杰，王德民，张晓红，等. 复合相变储能材料研究与应用新进展 [J]. 材料工程, 2007 (S1): 229-232.

[173] 吕学文，考宏涛，李敏. 基于复合相变储能材料的研究进展 [J]. 材料科学与工程学报, 2010, 28 (5): 797-800.

[174] 曾令可，刘艳春，宋婧，等. 蓄热储能相变复合材料的研究及其进展 [J]. 材料研究与应用, 2008, 2 (4): 479-482.

[175] 盛青青，章学来. 石蜡类复合相变材料的研究进展 [J]. 制冷空调与电力机械, 2008, 29 (2): 18-20, 31.

[176] 张正国，文磊，方晓明，等. 复合相变储热材料的研究与发展 [J]. 化工进展, 2003, 22 (4): 462-465.

[177] 姜传飞，蒋小曙，李书进，等. 石蜡相变复合材料的研究 [J]. 化学工程与装备, 2010 (8): 13-15.

[178] 杨颖，闫洪远. 复合相变储能材料的制备及热性能研究 [J]. 化工新型材料, 2010, 38 (12): 80-82.

[179] 李鑫，王澜，赵子，等. 复合相变储能材料的研究 [J]. 塑料, 2008, 37 (3): 45-47, 57.

[180] 李海建，冀志江，辛志军，等. 复合相变材料的制备 [J]. 材料导报, 2009, 23 (10): 98-100.

[181] 李桦，马晓光，张晓林，等. 相变材料的复合及其调温纺织品 [J]. 纺织学报,

2007，28（1）：68-72，80.

[182] Fan X，Huang K L，Liu S Q，et al. Preparation and characteristic of silver nanoparticles by chemical reduction [J]. Journal of Functional Materials，2007，38（6）：996-999，1002.

[183] Kalishwaralal K，Kanth S B M，Pandian S P K，et al. Silver nano-a trove for retinal therapies [J]. Journal of Controlled Release，2010，145：76-90.

[184] 徐维平. 基于银的复合纳米抗菌材料的研究 [D]. 合肥：中国科学技术大学，2011：1-74.

[185] 刘亚君. Ag纳米粒子的制备及手性性能研究 [D]. 镇江：江苏科技大学，2009.

[186] 徐进之，蔡继业. 纳米银的制备及应用研究进展 [J]. 材料导报，2009，23（14）：15-18.

[187] 郑志刚. 银纳米粒子制备、表征及其杀菌性能研究 [D]. 泰安：山东农业大学，2011.

[188] 张云竹，代凯，施利毅，等. 纳米银粒子的制备及其表征 [J]. 化工新材料，2006，34（7）：31-33.

[189] Ullah M H，Kim I L，Ha C S. Preparation and optical properties of colloidal silver nanoparticles at a high Ag^+ concentration [J]. Materials Letters，2006，60（12）：1496-1501.

[190] He J H，Kunitake T，Nakao A. Facile in situ synthesis of noble metal nanoparticles in porous cellulose fibers [J]. Chemistry of Materials，2003，15（23）：4401-4406.

[191] Jie C，Kimura S，Wada M，et al. Nanoporous cellulose as metal nanoparticles support [J]. Biomacromolecules，2009，10（1）：87-94.

[192] 刘志明，谢成，王海英，等. 纳米纤维素/磁性纳米球的原位合成及表征 [J]. 功能材料，2012，43（12）：1627-1631.

[193] 季君晖，史维明. 抗菌材料 [M]. 北京：化学工业出版社，2003：300-302.

[194] 王海英，孟围，刘志明. 纳米纤维素/银纳米粒子的制备和表征 [J]. 功能材料，2013，44（5）：677-681.

[195] 孙东平，杨加志，李骏，等. 载银细菌纤维素抗菌敷料的制备及其抗菌性能的研究 [J]. 生物医学工程学杂志，2009，5（29）：1034-1038.

[196] Lei Z L，Fan Y H. Preparation and characterization of silver nanocomposites based on copolymers [J]. Acta Physico-Chimica Sinica，2006，22（8）：1021-024.

[197] 刘亚君. Ag纳米粒子的制备及手性性能研究 [D]. 镇江：江苏科技大学，2009.

[198] 费斐，李娟，杨丽珍，等. 纳米银溶胶的制备及其抗菌性研究 [C]. 第十三届全国包装工程学术会议论文集. 武汉：中国振动工程学会全装动力学专业委员会. 中国包装联合会包装工程专业委员会，世界包装组织亚洲包装中心，2010：239-245.

[199] Sun D P，Yang J Z，Wang X. Bacterial Cellulose/TiO_2 hybrid nanofibers prepared by

the surface hydrolysis method with molecular precision [J]. Nanoscale, 2010, 2: 287-293.

[200] Saheb D N, Jog J P. Natural fiber polymer composites: A review [J]. Advances in Polymer Technology, 1999, 18 (4): 351-363.

[201] Tashiro K, Kobayashi M. Theoretical evaluation of three-dimensional elastic constants of native and regenerated celluloses: role of hydrogen bonds [J]. Polymer, 1991, 32: 1516-1526.

[202] Alemdar A, Sain M. Isolation and characterization of nanofibers from agricultural residues-wheat straw and soy hulls [J]. Bioresource Technology, 2008, 99 (6): 1664-1671.

[203] Lu J, Wang T, Drzal L T. Preparation and properties of microfibrillated cellulose polyvinyl alcohol composite materials [J]. Composites: Part A, 2008, 39 (5): 738-746.

[204] 白露，张力平，曲萍，等. 聚乙烯醇/纳米纤维素复合膜的渗透汽化性能及结构表征 [J]. 高等学校化学学报，2011，4 (32)：984-989.

[205] Zimmermann T, Pohler E, Geiger T. Cellulose fibrils for polymer reinforcement [J]. Advanced Engineering Materials, 2004, 6 (9): 754-761.

[206] Johannes L, Hinterstoisser B, Wastyn M, et al. Sugar beet cellulose nanofibril-reinforced composites [J]. Cellulose, 2007, 14 (5): 419-425.

[207] Julien B, Bruzzese C, Dufresne D. Correlation between stiffness of sheets prepared from cellulose whiskers and nanoparticles dimensions [J]. Carbonhydrate Polymers, 2011, 84 (1): 211-215.

[208] Kvien I, Oksman K. Orientation of cellulose nanowhiskers in polyvinyl alcohol [J]. Applied Physics A, 2007, 87 (4): 641-643.

[209] 王振宇，王会友. 响应面优化桔梗多糖可食用复合膜的制备 [J]. 化工进展，2010，29 (2)：297-322.

[210] 王海英，孟围，刘志明. 不同原料 NCC 对 NCC/PVA 复合膜性能的影响 [J]. 化工新型材料，2013，41 (9)：90-92. 95.

[211] 程鹏，高抒，李徐生. 激光粒度仪测试结果及其与沉降法、筛析法的比较 [J]. 沉积学报，2001，19 (3)：450-456.

[212] 韩喜江，张慧娇，徐崇泉，等. 超微颗粒尺寸测量方法比较研究 [J]. 哈尔滨工业大学学报，2004，36 (10)：1331-1334.

[213] 吴鹏，刘志明，赵煦，等. 冷冻预处理对纳米纤维素/聚乙烯醇膜性能的影响 [J]. 林产化学与工业，2013，33 (3)：24-30.

[214] 黄玉东. 聚合物表面与临界技术 [M]. 北京：化学工业出版社，2003：94-114.

[215] Yang Q L, Qi H S, Lue A, et al. Dissolution of natural cellulose into aqueous alkali solution: role of super-molecular structure of cellulose [J]. Carbohydrate Polymers,

2011, 83 (3): 1185-1191.

[216] Kurihara S, Sakamaki S, Mogi S, et al. Crosslinking of poly (vinyl alcohol) -graft-nisopropylacrylamide copolymer membranes with glutaraldehyde and permeation of solutes through the membranes [J]. Polymer, 1996, 37 (7): 1123-1124.

[217] Kim K J, Lee S B, Han N W. Effects of degree of crosslinking on properties of poly (vinyl alcohol) membranes [J]. Polymer Journal, 1993, 25 (12): 1295-1302.

[218] Alves P M A, Carvalho R A, Moraes L C F, et al. Development of films based on blends of gelatin and poly (vinyl alcohol) cross linked with glutaraldehyde [J]. Food Hydrocolloids, 2011, 25 (7): 1751-1757.

[219] Yeom C K, Lee K H. Pervaporation separation of water-acetic acid mixtures through poly (vinyl alcohol) membranes crosslinked with glutaraldehyde [J]. Journal of Membrane Science, 1996, 109 (2): 257-265.

[220] Wang Y H, Hsieh Y L. Crosslinking of polyvinyl alcohol (PVA) fibrous membranes with glutaraldehyde and PEG diacylchloride [J]. Applied Polymer, 2010, 116 (6): 3249-3255.

[221] 刘志明，吴鹏，谢成，等. 聚乙烯醇/纳米纤维素/聚乙烯醇的层层自组装及表征 [J]. 材料工程，2013 (1): 45-51.

[222] Cranston E D, Gray D G. Morphological and optical characterization of polyelectrolyte multilayers incorporating nanocrystalline cellulose [J]. Biomacromolecules, 2006, 7 (9): 2522-2530.

[223] Ye DY, Farriol X. Improving accessibility and reactivity of celluloses of annual pulps for the synthesis of methylcellulose [J]. Cellulose, 2005, 12 (5): 507-512.

[224] Son W K, Youk J H, Lee T S, et al. Electrospinning of ultrafine cellulose acetate fibers: Studies of a new solvent system and deacetvlation of ultrafine cellulose acetate fibers [J]. Journal of Polymer Science Part B: Polymer Physics, 2004, 42: 5-11.

[225] Han S O, Son W K, Youk J H, et a1. Ultrafine porous fibers electrospun from cellulose triacetate [J]. Materials Letter, 2005, 59: 2998-3001.

[226] Wu X H, Wang L G, Huang Y. Application of electrospun ethyl cellulose fiber in drug release systems [J]. Acta Polymerica Sinica, 2006, 2: 264-268.

[227] Frenot A, Henriksson M W, Walkenstrom P. Electrospinning of cellulose-based nanofibers [J]. Journal of Applied Polymer Science, 2007, 103: 1473-1482.

[228] Kulpinski P J. Cellulose nanofibers prepared by the N-methylmorpholine-N-oxide method [J]. Journal of Applied Polymer Science, 2005, 98 (4): 1855-1859.

[229] Kim C W, Frey M W, Marquez M, et al. Preparation of electrospun cellulose nanofibers via direct dissolution [J]. Journal of Polymer Science Part B: Polymer Physics, 2005, 43: 1673-1683.

[230] Viswanathan G, Murugesan S, Pushparaj V, et al. Preparation of biopolymer fibers by

electrospinning from room temperature ionic liquids [J]. Biomacromolecules, 2006, 7: 415-418.

[231] 吴鹏，刘志明. NCC 负载纳米 Fe_3O_4 磁膜材料的交替沉积自组装及表征 [J]. 纤维素科学与技术，2013，21 (1)：1-8，22.

[232] Zhou Y, Ding E Y, Li W D. Synthesis of TiO_2 nanocubesinduced by cellulose nanocrystal (CNC) at low temperature [J]. Materials Letters, 2007, 61 (28): 5050-5052.

[233] 曹扬. Fenton 氧化法降解聚乙烯醇的条件确定及机理初探 [D]. 无锡：江南大学硕士学位论文，2005：3-7.

[234] Bi C, Pan L Q, Xu M, et al. Synthesis and characterization of co-doped wurtzite ZnS nanocrystals [J]. Materials Chemistry and Physics, 2009, 116 (2-3): 363-367.

[235] 刘志明，杨少丽，吴鹏，等. 一种球形纤维素气凝胶的制备方法：中国，201310294233. 2 [P]. 2014-12-03.

[236] 刘志明，杨少丽，吴鹏. 再生竹纤维球形介孔气凝胶的表征 [J]. 科技导报，2014，32 (4/5)：69-73.

[237] Tamon H, Ishizaka H, Yamamoto T, et al. Preparation of mesoporous carbon by freeze drying [J]. Carbon, 1999, 37 (12): 2049-2055.

[238] 唐丽荣，黄彪，戴达松，等. 纳米纤维素碱法制备及光谱性质 [J]. 光谱学与光谱分析，2010，30 (7)：1876-1879.

[239] Oh S Y, Yoo D I, Shin Y, et al. Crystalline structure analysis of cellulose treated with sodium hydroxide and carbon dioxide by means of X-ray diffraction and FTIR spectroscopy [J]. Carbohydrate Research, 2005, 340 (15): 2376-2391.

[240] 陈嘉翔，余家鸾. 植物纤维化学结构的研究方法 [M]. 广州：华南理工大学出版社，1989.

[241] Liu F, Lu J, Shen J, et al. Preparation of mesoporous nickel oxide of sheet particles and its characterization [J]. Materials Chemistry and Physics, 2009, 113 (1): 18-20.

[242] Chu M Q, Liu G J. Synthesis of liposomes-templated CdSe hollow and solid nanospheres [J]. Materials Letters, 2006, 60 (1): 11-14.

[243] Yu J G, Zhao X J, Zhao Q N. Photocatalytic activity of nanometer TiO_2 thin films prepared by the sol-gel method [J]. Meterials Chemistry and Physics, 2001, 69 (1-3): 25-29.

[244] Zhang Q, Li W, Liu S X. Controlled fabrication of nanosized TiO_2 hollow sphere particles via acid catalytic hydrolysis/hydrothermal treatment [J]. Powder Technology, 2011, 212 (1): 145-150.

[245] 王保和，李群. 气凝胶制备的干燥技术 [J]. 干燥技术与设备，2013，11 (4)：18-26.

[246] 沈伟韧，贺飞，赵文宽，等. 超临界干燥法制备 TiO_2气凝胶 [J]. 催化学报，1999，20 (3)：365-367.

[247] 关倩. 木材纤维素气凝胶的制备与性能研究 [D]. 哈尔滨：东北林业大学，2012.

[248] Mei F，Liu C，Zhang L，et al. Microstructural study of binary TiO_2 : SiO_2 nanocrystalline thin films [J]. Crystal Growth，2006，292 (1)：87-91.

[249] Casaletto M P，Ingo G M，Kaciulis S，et al. Surface studies of in vitro biocompatibility of titanium oxide coatings [J]. Applied Surface Science，2001，172 (1-2)：167-177.

[250] Li G，Liu Z Q，Zhang Z，et al. Preparation of titania nanotube arrays by the hydrothermal method [J]. Chinese Journal of Catalysis，2009，30 (1)：37-42.

[251] Dutoit D C M，Schneider M，Baiker A. Titania-silica mixed oxides：I. Influence of sol-gel and drying conditions on structural properties [J]. Journal of Catalysis，1995，153 (1)：165-176.

[252] 卢斌，宋淼，卢辉，等. 常压干燥法制备 TiO_2气凝胶 [J]. 复合材料学报，2012，29 (3)：127-133.

[253] 王建伍，白宇辰，姚微，等. 具有自洁和耐磨功能 SiO_2/TiO_2减反膜的制备与研究 [J]. 无机材料学报，2011，26 (7)：769-773.

[254] 袁晓卫，杨蓦，刘琦，等. α-Fe_2O_3空心球的水热法制备及其对苯酚的吸附性能 [J]. 无机化学学报，2010，26 (2)：285-292.

[255] 吴莉莉. 纳米氧化锌的制备及其光学性能研究 [D]. 济南：山东大学，2005.